普通高等学校"十三五"规划教材·工程管理系列

建筑工程计量与计价

李 慧 张静晓 **主 编**

党 斌 翟 颖 王玉杰 张 磊 **副主编**

人民交通出版社股份有限公司
China Communications Press Co.,Ltd.

内 容 提 要

本书根据高校土建类专业的培养目标、课程的教学特点,结合《建设工程工程量清单计价规范》(GB 50500—2013)、《建筑工程建筑面积计算规范》(GB/T 50353—2013)、《建筑业营改增建设工程计价规则调整实施方案》等最新国家标准及文件编写而成。本书立足基本理论,紧密结合实践,通过案例加强学生的实践能力。全书共八章,内容包括:概述、建设工程计价、工程计量与计价规定、房屋建筑工程量清单编制、房屋装饰工程工程量清单编制、房屋建筑工程量清单计价、房屋装饰工程量清单计价以及 BIM 与工程造价。

本书可作为高等院校工程造价、工程管理、土木工程等专业的教材,也可作为从事工程造价、工程管理及建筑工程技术人员的自学教材和参考用书。

本书配套多媒体课件,需要的教师可联系编辑索取,联系电话010 – 85285865,QQ173587791。

图书在版编目(CIP)数据

建筑工程计量与计价/李慧,张静晓主编. — 北京:
人民交通出版社股份有限公司,2017.11
ISBN 978-7-114-13446-3

Ⅰ.①建… Ⅱ.①李… ②张… Ⅲ.①建筑工程—计量—高等学校—教材 ②建筑造价—高等学校—教材 Ⅳ.①TU723.3

中国版本图书馆 CIP 数据核字(2017)第 012340 号

普通高等学校"十三五"规划教材·工程管理系列

书　　名	:建筑工程计量与计价
著 作 者	:李　慧　张静晓
责任编辑	:郑蕉林
出版发行	:人民交通出版社股份有限公司
地　　址	:(100011)北京市朝阳区安定门外外馆斜街 3 号
网　　址	:http://www.ccpress.com.cn
销售电话	:(010)59757973
总 经 销	:人民交通出版社股份有限公司发行部
经　　销	:各地新华书店
印　　刷	:北京市密东印刷有限公司
开　　本	:787 × 1092　1/16
印　　张	:19
字　　数	:438 千
版　　次	:2017 年 11 月　　第 1 版
印　　次	:2017 年 11 月　　第 1 次印刷
书　　号	:ISBN 978-7-114-13446-3
定　　价	:38.00 元

(有印刷、装订质量问题的图书由本公司负责调换)

前　　言

　　"建筑工程计量与计价"是工程造价、工程管理、土木工程等专业的核心课程之一。我们根据高校土建类专业的人才培养目标、教学计划、建筑工程计量与计价课程的教学特点和要求,结合《建设工程工程量清单计价规范》(GB 50500—2013)和《建筑工程建筑面积计算规范》(GB/T 50353—2013)等最新国家标准编写本书。根据《建筑业营改增建设工程计价规则调整实施方案》,对本书中"建筑安装工程费用组成"相关内容进行了调整,以适应建筑业"营改增"的重大变革。本书突出"工学结合"的指导思想,结合建筑工程计量与计价课程改革要求,强调工程实际运用,按照建筑工程计量与计价实际工作内容,以工程量清单编制的知识需求为主线进行教材体系搭建,以培养学生掌握工程实用理论知识、工程单体(单项)计算、综合项目(工程建设项目)计算、工程量清单和报价书编制方法为目标进行内容编排。本书在编写时重点着眼于培养学生掌握建筑工程计量与计价理论知识,应用清单计价方法编制招标与投标报价书的能力。

　　全书共分八章,内容包括工程计价基础知识、房屋建筑与装饰工程量清单编制与计价、BIM与工程造价。全书紧贴行业实际,反映"营改增"后的行业发展现状。为便于深入理解工程技术、施工工艺流程与工程计量计价的对接,本书注重清单条目的工程技术讲解和例题应用。为便于教学和自学,本书每个章节都附有练习题以巩固学生所学的知识。

　　本书立足基本理论的阐述,注重实际能力的培养,体现了"案例教学法"的指导思想,具有"实用性、系统性、先进性"等特色。本书可作为高等学校工程造价、工程管理、土木工程等专业全日制本、专科的教材,还可供从事工程造价及建筑工程技术的工作人员参考学习。

　　全书编写工作安排如下:李慧编写第一章、第三章一二节、第四章一至三节、

第八章一二节,樊松丽编写第二章一节、第三章三节,翟颖编写第二章二三节,王玉洁编写第二章四节、第八章三四节,张静晓编写第四章四至十节、第五章、第六章一至四节,党斌编写第六章五至七节、第七章。全书由李慧和张静晓主编并统稿。同时,本书在编写过程中参考了大量的规范、标准图集、计价标准等相关专业资料和文献,对这些资料、文献的作者及提供者表示深深的谢意,并对为本书的出版付出辛勤劳动的编辑同志表示衷心的感谢。

限于编者水平有限,书中难免有不当之处,敬请读者批评指正。

编　者

2016 年 9 月于长安大学

目　录

第一章 概　述

本章介绍了基本建设,建设项目,工程造价的含义、分类及构成等相关内容。通过学习,掌握基本建设的概念、程序,建设项目的概念、分类,建设项目工程造价的分类,工程造价的构成;理解建设项目的划分;熟悉工程造价的含义。

第一节　基　本　建　设

一、基本建设概念

基本建设是指国民经济各部门用投资方式来实现以扩大生产能力和工程效益等为目的的新建、改建、扩建工程的固定资产投资及其相关管理活动。它是通过建筑业的生产活动和其他部门的经济活动,把大量资金、建筑材料、机械设备等,经过购置、建造及安装调试等施工活动转化为固定资产,形成新的生产能力或使用效益的过程。与此相关的其他工作,如征用土地、勘察设计、筹建机构和生产职工培训等也属于基本建设的组成部分。基本建设是一种特殊的综合性经济活动,其结果是形成建设项目。

基本建设的内容主要包括:

(1)建筑工程:指永久性和临时性建筑物的土建、采暖、给排水、通风、电气照明等工程;铁路、公路、码头、各种设备基础、工业炉砌筑、支架、栈桥、矿井工作平台、筒仓等构筑物工程;电力和通信线路的敷设、工业管道等工程,各种水利工程及建筑物的平整、清理和绿化工程等。

(2)安装工程:指各种需要安装的机械和设备、电气设备的装配、装置工程和附属设施、管线的装设、敷设工程(包括绝缘、油漆、保温工作等)以及测定安装工程质量、对设备进行的各种试车、修配和整理等工作。

(3)设备、工器具及生产家具的购置:指车间、实验室、医院、学校、车站等所应配备的各种设备、工具、器具、生产家具及实验仪器的购置。

(4)其他工程建设工作:指除上述以外的各种工程建设工作,如勘察设计、征用土地、拆迁安置、生产职工培训、科学研究、施工队伍调迁及大型临时设备等。

固定资产是指在社会再生产过程中,使用一年以上,单位价值在规定限额以上(一般为2 000元)的主要劳动资料和其他物质资料,如建筑物、构筑物、运输设备、电器设备等。凡不同时具备使用年限和单位价值限额两项条件的劳动资料均为低值易耗品。

二、基本建设程序

基本建设程序是指建设项目从设想、选择、评估、决策、设计、施工到竣工验收、交付生产或使用的整个建设活动的各个工作过程及其先后次序。这个程序是由基本建设进程的客观规律(包括自然规律和经济规律)决定的。

一般大中型及限额以上工程项目的建设程序可以分为项目建议书、可行性研究、设计、建设准备、建设实施、生产准备、竣工验收、后评价8个阶段。

1. 项目建议书阶段

项目建议书是拟建单位向有关决策部门提出要求建设某一项目的建设文件,是对建设项目轮廓的设想,是投资决策前的建议性文件。项目建议书的主要作用是对拟建项目的初步说明,论述项目建设的必要性、可行性和获利的可能性,供建设管理部门选择并确定是否进行下一步工作。建筑工程项目建议书是建筑工程建设中的最初阶段,是国家确定建设项目的决策依据,其主要内容是:

(1)项目建设的目的、意义和依据。

(2)产品需求的市场预测和产品销售。

(3)产品方案、生产方法、工艺原则和建设规模。

(4)资源情况、建设条件及协作关系等初步分析。

(5)环境保护及"三废"治理的设想。

(6)工厂组织和劳动定员,资金来源和投资估算。

(7)工厂建设地点、占地面积和建设进度安排。

(8)投资经济效益、社会效益和投资回收年限的初步估计等。

2. 可行性研究阶段

项目建议书批准后,项目法人委托有相应资质的设计、咨询单位,对拟建项目在技术、工程、经济和外部协作条件等方面的可行性,进行全面分析、论证,进行方案比较,并推荐最佳方案。可行性研究报告是项目决策的依据,按国家规定,应达到一定的深度和准确性,其投资估算和初步设计概算的出入不得大于10%,否则将对项目进行重新决策。

一般来说,一个大型新建工业项目的可行性研究报告应包括以下几个方面的内容:

(1)建设的目的和依据。

(2)建设规模、产品及方案。

(3)生产方法或工艺原则。

(4)自然资源、工程地质和水文地质条件。

(5)建厂条件和厂址方案。

(6)资源综合利用、环境保护、"三废"治理的要求。

(7)建设地区或地点,占地数量估算。

（8）建设工期。

（9）总投资估算。

（10）劳动定员及企业组织。

（11）要求达到的经济效益及投资回收期等。

3. 设计阶段

设计是对建设工程实施的计划和安排，决定建设工程的轮廓和功能。设计是根据报批的可行性研究报告进行的，除方案设计外，一般分为初步设计和施工图设计两个阶段。大型及技术复杂项目根据需要，在初步设计阶段后，可增加技术设计或扩大初步设计阶段，进行三阶段设计。

初步设计是根据有关设计基础资料，拟订工程建设实施的初步方案，阐明工程在拟订的时间、地点以及投资数额内在技术上的可能性，并编制项目的总概算。初步设计文件由设计说明书、设计图纸、主要设备原材料表和工程概算书四部分组成。

施工图设计是根据初步设计的要求，满足施工和计价的需要，完整地表现建筑物外形、内部空间分隔、结构体系、构造状况、配套设施以及建设群的组成和周围环境的配合。

4. 建设准备阶段

项目在开工建设之前，要做好各项准备工作。其主要内容包括：征地搬迁；五通一平，即通路、通水、通电、通信、通气和场地平整；工程水文地质勘查；组织对专用设备和特殊材料的订货；工程建设项目报建；委托建设监理；组织施工招标投标，择优确定施工单位，签订承包合同；办理施工许可证等。

5. 建设实施阶段

建设实施是项目决策的实施和建成投产发挥效益的关键环节。新开工建设的时间是指项目计划文件中规定的任何一项永久性工程第一次正式破土开槽开始施工的时间。施工过程中，施工方必须严格遵守施工图纸、施工验收规范的规定，科学地组织施工，并加强施工中的经济核算，同时要做好施工记录，建立技术档案。

6. 生产准备阶段

生产准备是衔接建设和生产的桥梁。建设单位要根据建设项目或主要单项工程的生产技术特点，及时组织并落实做好生产准备工作，保证项目建成后能及时投产或投入使用。生产准备的主要内容有招收和培训人员、生产组织准备、生产技术准备、生产物资准备等。

7. 竣工验收阶段

竣工验收是工程建设过程的最后一个环节，是全面考核建设成果、检验设计和施工质量的重要步骤，也是项目由建设转入生产使用的标志。验收合格后，施工单位应向建设单位办理竣工移交和竣工结算手续。

8. 后评价阶段

后评价是指项目竣工投产运营一段时间后，对项目的运行进行全面评价，即对建设项目的实际成本—效益进行系统审计，将项目的预期结果与项目实施后的终期实际结果进行全面对比考核，对建设项目投资的财务、经济、社会和环境等方面的效益与影响进行全面科学的评价。通过建设项目后评价达到肯定成绩、总结经验、研究问题、找出差距、吸取教训、提出建议、改进工作、不断提高项目决策水平和投资效果的目的。

第二节 建 设 项 目

一、建设项目概念

广义的建设项目是指按固定资产投资方式进行的一切开发建设活动,包括国有经济、城乡集体经济、联营、股份制、外资、港澳台投资、个体经济和其他各种不同经济类型的开发活动。

建设项目是固定资产再生产的基本单位,一般是指经批准包括在一个总体设计或初步设计范围内进行建设,经济上实行统一核算,行政上有独立组织形式,实行统一管理的建设单位。通常以一个企业、事业行政单位或独立的工程作为一个建设项目。一个建设项目包括一个总体设计中的主体工程及相应的附属、配套工程,综合利用工程,环境保护工程,供水、供电工程等。凡是不属于一个总体设计,经济上应分别核算。工艺流程上没有关联的几个独立工程,应分别作为几个建设项目,不能捆在一起作为一个建设项目。

二、建设项目分类

建设项目是基本建设活动的体现。由于工程建设项目种类繁多,为了适应科学管理的需要,要正确地反映工程建设项目的性质、内容和规模,可以从不同的角度对工程建设项目进行分类。

1.按建设项目性质分类

按建设项目性质不同,可分为新建项目、扩建项目、改建项目、恢复项目、迁建项目。

(1)新建项目:是指从无到有、平地起家的新开始建设项目,或对原有项目重新进行总体设计,并使其新增固定资产价值超过原有固定资产价值3倍以上的建设项目。

(2)扩建项目:是指企业为扩大原有产品的生产能力(或效益)或增加新产品生产能力而增建的主要生产车间或工程项目、事业或行政单位增建的业务用房等。

(3)改建项目:是指企业为提高生产效率、改进产品质量或改变产品方向对原有设备或工程进行改造的项目。

(4)恢复项目:是指企事业单位和行政单位的原有固定资产因自然灾害、战争和人为灾害等原因已全部或部分报废,又投资重建的项目。

(5)迁建项目:是指企事业单位由于各种原因经上级批准搬迁到另外地方进行建设的项目。

2.按建设项目在国民经济中的用途分类

按建设项目在国民经济中的用途不同,可分为生产性建设项目和非生产性建设项目。

(1)生产性建设项目:是指直接用于物质生产或满足物质生产需要的建设项目,包括工业建设项目、农业建设项目、基础设施建设项目、商业建设项目。

(2)非生产性建设项目:是指用于满足人民物质和文化生活需要的建设项目以及其他非物质生产的建设项目,包括办公用房建设项目、居住建设项目、公共建设项目、其他建设项目。

3.按建设项目规模分类

按建设项目规模不同,可分为大型规模项目、中型规模项目和小型规模项目。建设项目一般是按批准的可行性研究报告所确定的总额的大小,依据国家颁布的《基本建设项目大中小型划分标准》进行分类。更新改造项目分为限额以上项目和限额以下项目两类。

4.按建设项目投资来源渠道分类

按建设项目投资来源渠道不同,可分为国家投资项目、自筹投资项目、引进外资项目、银行信用筹资项目等。

(1)国家投资项目:指国家预算计划内直接安排的建设项目。

(2)自筹投资项目:指国家预算以外的投资项目。自筹建设项目分为地方自筹项目、企业自筹项目。

(3)引进外资项目:指利用国外和中国港、澳、台地区的资金(包括设备、材料、技术)在本企业进行的固定资产投资项目。

(4)银行信用筹资项目:指企业以负债形式直接由金融机构或其他企业及个人借入资金进行的项目。

5.按建设项目建设过程分类

按建设项目建设过程不同,可分为筹建项目、在建项目、投产项目、收尾项目。

6.按建设项目行业性质和特点分类

按建设项目行业性质和特点不同,可分为竞争性建设项目、基础性建设项目、公益性建设项目。

(1)竞争性建设项目:指投资效益比较高、竞争性比较强的一般性建设项目。

(2)基础性建设项目:指具有自然垄断性、建设周期长、投资额大而效益低的基础设施项目和需要政府重点扶持的一部分基础工业项目,以及直接增强国力的符合经济规模的支柱产业项目。

(3)公益性建设项目:主要包括科技、文教、卫生、体育和环保等设施,公安、检察院、法院等强力机关以及政府机关、社会团体办公设施等。

三、建设项目划分

在工程项目实施过程中,为了准确地确定整个建设项目的建设费用,必须对项目进行科学的分析、研究,并进行合理地划分,把建设项目划分为简单的、便于计算的基本构成项目,最后汇总求出工程项目造价。

一个建设项目是一个完整配套的综合性产品,根据我国在工程建设领域内的有关规定和习惯做法,按照它的组成内容不同,可划分为建设项目、单项工程、单位工程、分部工程、分项工程5个项目层次。

(1)建设项目又称为基本建设项目,一般是指具有设计任务书和总体设计、经济上实行统一核算、管理上具有独立的组织形式的基本建设单位。

(2)单项工程又称工程项目。它是具有独立的设计文件,建成后能独立发挥生产能力或效益的工程。生产性建设项目的单项工程,一般是指能独立生产的车间,包括厂房建筑,设备与管道安装,工具、器具、仪器的购置等。非生产性建设项目的单项工程,是指一所学校的教学楼、图书馆、食堂等,它是建设项目的组成部分。一个建设项目可由一个或几个单项工程组成。单项工程造价组成建设项目总造价,其工程产品价格是由编制单项工程综合造价确定的。

(3)单位工程是具有独立设计,可以独立组织施工,但竣工后一般不能独立发挥生产能力和效益的工程。它是单项工程的组成部分,如一个生产车间是由厂房建筑、电气照明、给水排水、工业管道安装、机械设备安装、电气设备安装等单位工程组成,民用建筑中住宅楼是由建筑装饰工程、电气照明工程、给水排水工程、采暖工程等单位工程组成。单位工程是编制设计总概算、单项工程综合概预算造价的基本依据。单位工程造价一般可由编制施工图造价确定。

(4)分部工程是单位工程的组成部分。它是按单位工程的结构形式、工程部位、构件性质、使用材料、设备种类及型号等的不同来划分的。例如,一般土建工程可分为土石方工程、桩与地基基础工程、砌筑工程、混凝土和钢筋混凝土工程、木结构工程、金属结构工程、屋面及防水工程、防腐工程等分部工程。分部工程费用组成单位工程价格,也是按分部工程发包时确定承发包合同价格的基本依据。

(5)分项工程是分部工程的组成部分。按照不同的施工方法、所使用的材料、不同的构造及规格将一个分部工程更细致地分解为若干个分项工程。如在砖石分部工程的砌砖中,又可划分为砌砖基础、砌内墙、砌外墙、砌空斗砖墙、砌空心墙、砌块墙、砌砖柱等几个分项工程。分项工程是组成单位工程的基本要素,它是工程造价的基本计算单位体,在计价性定额中是组成定额的基本单位体,又称定额子目。

正确分解工程造价编制对象的分项,是有效计算每个分项工程的工程量,正确编制和套用企业定额,计算每个分项工程的单位单价,准确可靠地编制工程造价的一项十分重要的工作。只有正确地把建设项目划分为几个单项工程,再按单项工程到单位工程、单位工程到分部工程、分部工程到分项工程逐步细化,然后从最小的基本要素分项工程开始进行计量与计价,逐步形成分部工程、单位工程、单项工程的工程造价,最后汇总可得到建设项目的工程造价。建设工程的项目划分如图1-1所示。

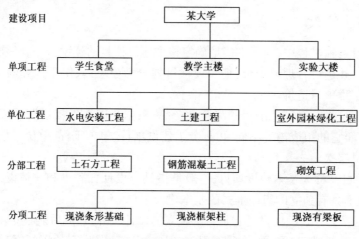

图1-1　建设工程项目划分示意图

第三节 工程造价的含义及分类

一、建设项目工程造价含义

在市场经济条件下,建设项目工程造价具有以下两种含义:

(1)宏观上,即从投资者或业主的角度上,建设项目工程造价是指有计划地建设某项工程,预期开支或实际开支的全部固定资产投资和流动资产投资的费用总和。

(2)微观上,即从承包商、供应商、设计市场供给主体的角度上,工程造价是指为建设某项工程,预期或实际在土地市场、设备市场、技术劳务市场、承包市场等交易活动中形成的工程承发包(交易)价格。

二、建筑工程造价特点

1. 大额性

任何一项建设工程,不仅工程实物庞大,其造价也不是小数,少则几十万元至上百万元,多则千万元甚至数亿元。工程造价的大额性关系到诸多方面的利益,同时也对社会的经济增长产生重大影响。

2. 动态性

工程建设从投资意向决策到竣工验收交付使用,要经历一个较长的建造周期,在建造期间诸如工程变更、材料价格、人工工资、机械设备、费率、利率都可能发生变化,这种变化会直接影响到工程价格(工程造价)。建造周期越长,资金的时间价值越明显,工程造价要随之而变化。到了竣工决算后才能确定最终的工程造价。

3. 单件性

各种建筑有各自的功能和用途,任何一项工程的地质条件、基础类型、结构、造型、平面布局、设备配备、内外装修等各不相同。工程内容和实物个别差异就决定了工程造价单件性的特点。

4. 层次性

建设项目含有多个单项工程(子单项工程),一个单项工程又由多个单位工程组成,与此相适应的工程造价就有建设工程总造价、单项工程造价和单位工程造价3个层次。

5. 阶段性

建设周期长、规模大、造价额大,不能一次确定工程的可靠价格,需要对基本建设程序的各个阶段进行计价,以确保工程造价的确定和控制的科学性。分阶段计价是一个逐步深入细化、逐步靠近最终造价的过程,有时又称为多次计价。

三、工程造价职能

工程造价除具有一般商品价格的职能以外,还具有自己特殊的职能。

1. 预测职能

工程造价的大额性和多变性,无论是投资者或者建筑商都要对拟建工程进行预先测算。

投资者预先测算工程造价不仅作为项目决策依据,同时也是筹集资金、控制造价的依据。承包商对工程造价的测算,既为投标决策提供依据,也为投标报价和成本管理提供依据。

2.控制职能

工程造价的控制职能表现在两个方面:一是对投资的控制,即在投资的各个阶段,根据对造价的多次性预估,对造价进行全过程多层次的控制;二是对以承包商为代表的商品和劳务供应的成本控制。在价格一定的条件下,企业实际成本开支决定着企业的盈利水平。成本越高盈利越低,成本高于价格就危及企业的生存。所以企业要以工程造价来控制成本,利用工程造价提供的信息资料作为控制成本的依据。

3.评价职能

工程造价是评价总投资和分项投资合理性和投资效益的主要依据之一。在评价土地价格、建筑安装产品价格和设备价格的合理性时,就必须利用工程造价资料;在评价建设项目偿贷能力、获利能力和宏观效益时,也可依据工程造价。工程造价也是评价建筑安装企业管理水平和经营成本的重要依据。

4.调控职能

工程建设直接关系到经济增长,也直接关系到国家重要资源分配和资金流向,对国计民生都产生重大影响。所以国家对建设规模、结构进行宏观调控是在任何条件下都不可或缺的,对政府投资项目进行直接调控和管理也是非常必要的。这些都要用工程造价作为经济杠杆,对工程建设中的物资消耗水平、建设规模、投资方向等进行调控和管理。

四、建设项目工程造价分类

建设项目工程造价可以根据不同的建设阶段、编制对象(或范围)、专业性质等进行分类。

1.按工程的建设阶段分类

在基本建设程序的每个阶段都有相应的工程造价形式,如图 1-2 所示。

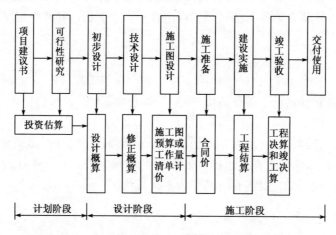

图 1-2　基本建设程序与工程造价形式对照示意图

(1)投资估算:是指建设项目在项目建议书和可行性研究阶段,根据建设规模结合估算指标、类似工程造价资料、现行的设备材料价格,对拟建设项目未来发生的全部费用进行预测和估算。投资估算既是判断项目可行性、进行项目决策的主要依据之一,又是建设项目筹资和控制造价的主要依据。经批准的投资估算是工程造价的目标限额,是编制概预算的基础。

(2)设计概算:是在初步设计或扩大初步设计阶段编制的计价文件;是在投资估算的控制下由设计单位根据初步设计图纸及说明,概算定额(或概算指标),各项费用定额或取费标准,设备、材料预算价格和建设地点的自然、技术经济条件等资料,用科学的方法计算、编制和确定的建设项目从筹建至竣工交付使用所需全部费用的文件。采用两阶段设计的建设项目,初步设计阶段必须编制设计概算。经批准的设计概算是确定建设工程项目总造价、编制固定资产投资计划、签订建设工程项目承包合同和贷款合同的依据,是控制拟建项目投资的最高限额。概算造价可分为建设工程项目概算总造价、单项工程概算综合造价和单位工程概算造价3个层次。

(3)修正概算:是当采用三阶段设计时,在技术设计阶段,随着对初步设计内容的深化,对建设规模、结构性质、设备类型等方面可能进行必要的修改和变动,由设计单位对初步设计总概算做出相应的调整和变动,即形成修正设计概算。一般修正设计概算不能超过原已批准的概算投资额。

(4)施工图预算:是在设计工作完成并经过图纸会审之后,根据施工图纸、图纸会审记录、施工方案、预算定额、费用定额、各项取费标准,建设地区设备、人工、材料、施工机械台班等预算价格编制和确定的单位工程全部建设费用的建筑安装工程造价文件。

(5)合同价:指在工程招投标阶段通过签订总承包合同、建筑安装工程承包合同、设备材料采购合同,以及技术和咨询服务合同确定的价格。合同价属于市场价格的性质,它是由承发包双方,也即商品和劳务买卖双方根据市场行情共同议定和认可的成交价格,但它并不等于实际工程造价。按计价方法不同,建设工程合同有许多类型,不同类型合同的价格内涵也有所不同。按现行的有关规定,3种合同价形式是固定合同价、可调合同价和合同加酬金确定合同价。

(6)工程结算:指承包商按照合同约定和规定的程序,向业主收取已完工程价款清算的经济文件。工程结算分为工程中间结算、年终结算和竣工结算。

(7)竣工决算:指业主在工程建设项目竣工验收后,由业主组织有关部门,以竣工结算等资料为依据编制的反映建设项目实际造价文件和投资效果的文件。竣工决算真实地反映了业主从筹建到竣工交付使用为止的全部建设费用,是核定新增固定资产价值、办理其交付使用的依据,是业主进行投资效益分析的依据。

工程造价各分类之间的关系如图1-3所示。

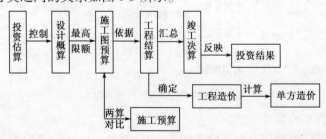

图1-3 工程造价各分类之间的关系

2.按工程的编制对象分类

（1）单位工程造价：是以单位工程为编制对象编制的工程建设费用的技术经济文件，是编制单项工程综合造价的依据和单项工程综合造价的组成部分。按工程性质不同，单位工程造价分为建筑工程、设备及安装工程造价。

（2）单项工程综合造价：是以单项工程为对象的确定其所需建设费用的综合性经济文件。它是由单项工程内各单位工程造价汇总而成。

（3）建设项目总造价：是以建设项目为对象编制的反映建设项目从筹建到竣工验收交付使用全过程建设费用的文件。它是由组成该建设项目的各个单项工程综合造价以及工程建设其他费用、预备费和投资方向调节税等汇总而成。

3.按工程的专业性质分类

按工程的专业性质不同，可分为建筑工程造价、装饰装修工程造价、安装工程造价、市政工程造价、园林绿化工程造价等。

第四节　工程造价的构成

一、建设工程投资构成

工程造价的宏观含义即建设工程投资，含固定资产投资和流动资产投资两部分。具体构成内容如图1-4所示。

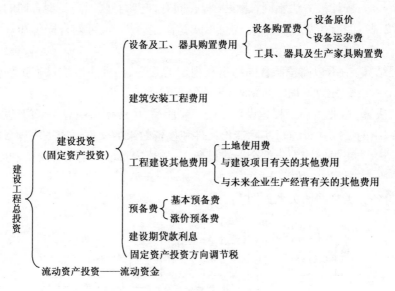

图1-4　我国现行建设工程投资构成

1.设备及工、器具购置费

设备及工、器具购置费用由设备购置费和工具、器具及生产家具购置费组成。在生产性工程建设中，设备及工、器具费用占投资费用比重的增大，意味着生产技术的进步和资本有机构成的提高。

1)设备购置费的构成和计算

设备购置费是指为建设工程购置费或自制的达到固定资产标准的设备、工具、器具的费用。所谓固定资产标准,是指使用年限在一年以上,单位价值在国家或各主管部门规定的限额以上。设备购置费包括设备原价和设备运杂费,即:

$$设备购置费 = 设备原价(或进口设备抵岸价) + 设备运杂费 \qquad (1-1)$$

式(1-1)中,设备原价是指国产标准设备、非标准设备的原价。设备运杂费是指设备原价中未包括的包装和包装材料费、运输费、装卸费、采购费及仓库保管费、供销部门手续费等。

(1)国产设备原价的构成及计算:国产设备原价一般指设备制造厂的交货价,即出厂价或订货合同价。它一般根据生产厂或供应商的询价、报价、合同价确定,或采用一定的方法计算确定。国产设备原价分为国产标准设备原价和国产非标准设备原价。

①国产标准设备原价。国产标准设备原价有两种,即带有备件的原价和不带有备件的原价。在计算时一般采用带有备件的出厂价确定原价。

②国产非标准设备原价。国产非标准设备原价有多种不同的计算方法,如成本计算估价法、系列设备插入估价法、分部组合估价法、定额估价法等,但无论采用哪种方法都应该使非标准设备计价接近实际出厂价。按成本计算估价法,非标准设备的原价由以下各项组成:材料费、加工费、辅助材料费、专用工具费、废品损失费、外购配套件费以及包装费、利润、税金、非标准设备设计费。

(2)进口设备原价的构成及计算:进口设备的原价是指进口设备的抵岸价,即抵达买方边境港口或边境车站,且交完关税为止形成的价格。

通常,进口设备采用最多的是装运港交货方式,即卖方在出口国装运港交货,主要有以下几种价格:装运港船上交货价(FOB),习惯称为离岸价格;运费在内价(CFR)以及运费、保险费在内价(CIF),习惯称到岸价格。装运港船上交货价(FOB)是我国进口设备采用最多的一种货价。进口设备抵岸价的构成可概括如下:

$$进口设备抵岸价 = 货价 + 国外运费 + 运输保险费 + 银行财务费 + 外贸手续费 +$$
$$关税 + 增值税 + 消费税 + 海关监管手续费 + 车辆购置税$$

$$(1-2)$$

(3)设备运杂费的构成及计算:设备运杂费通常由下列各项构成:

①运费和装卸费。国产设备是由设备制造厂交货地点起至工地仓库(或施工组织设计指定的需要安装设备的堆放地点)所发生的运费和装卸费;进口设备是由我国到岸港口或边境车站起至工地仓库(或施工组织设计指定的需要安装设备的堆放地点)所发生的运费和装卸费。

②包装费。指在设备原价中没有包含的、为运输而进行的包装所支出的各种费用。

③设备供销部门手续费。按有关部门规定的统一费率计算。

④采购与仓库保管费。指采购、验收、保留和收发设备所发生的各种费用,包括设备采购人员、保管人员和管理人员的工资、工资附加费、办公费、差旅交通费、仓库和设备供应部门的固定资产使用费、工具器具使用费、劳动保护费、检验试验费等。这些费用应按有关部门规定的采购与保管费费率计算。

设备运杂费按设备原价乘以设备运杂费率计算,其公式为:

$$设备运杂费 = 设备原价 \times 设备运杂费率 \qquad (1\text{-}3)$$

式中,设备运杂费率按有关部门的规定计取。

2)工具、器具及生产家具购置费的构成和计算

工具、器具及生产家具购置费是指新建项目或扩建项目初步设计规定所必须购置的没有达到固定资产标准的设备、仪器、工卡模具、器具、生产家具和备品备件的费用。其一般计算公式为:

$$工具、器具及生产家具购置费 = 设备购置费 \times 定额费率 \qquad (1\text{-}4)$$

2. 工程建设其他费用

工程建设其他费用是指从工程筹建起到工程竣工验收交付使用为止的整个建设期间,除建筑安装工程费用和设备及工、器具购置费用以外的,为保证工程建设顺利完成和交付使用后能够正常发挥效用而发生的各项费用。

按其内容,工程建设其他费用大体可分为土地使用费、与建设项目有关的其他费用、与未来企业生产经营有关的其他费用 3 类。

1)土地使用费

任何一个建设项目都固定于一定地点与地面相连接,必须占用一定量的土地,也就必然要发生为获得建设用地而支付的费用,这就是土地使用费。它是指通过划拨方式取得土地使用权而支付的土地征用及迁移补偿费,或者通过土地使用权出让方式取得土地使用权而支付的土地使用权出让金。

(1)土地征用及迁移补偿费

土地征用及迁移补偿费是指建设项目通过划拨方式取得无限期的土地使用权,依照《中华人民共和国土地管理法》等规定所支付的费用。其总和不得超过被征收土地年产值的 20 倍,土地年产值则按该地被征用 3 年的平均产量和国家的价格计算。其内容包括:土地补偿费,青苗补偿费和被征用土地上的房屋、水井、树木等附着物补偿费,安置补助费,缴纳的耕地占用税或城镇土地使用税、土地登记费及征地管理费等,征地动迁费,水利水电工程水库淹没处理补偿费。

(2)土地使用权出让金

土地使用权出让金是指建设项目通过土地使用权出让方式取得有限期的土地使用权,依照《中华人民共和国城镇国有土地使用权出让和转让暂行条例》(国务院令 55 号)规定所支付的费用。

①明确国家是城市土地的唯一所有者,并分层次,有偿、有限期地出让、转让城市土地。第一层次是城市政府将国有土地使用权出让给用地者,该层次由城市政府垄断经营,出让对象可以是有法人资格的企事业单位,也可以是外商。第二层次及以下层次的转让则发生在使用者之间。

②城市土地的出让和转让可采用协议、招标、公开拍卖等方式。

2)与建设项目有关的其他费用

根据项目的不同,与建设项目有关的其他费用的构成也不尽相同,在进行工程估算及概算中可根据实际情况进行计算。一般包括以下各项:

（1）建设单位管理费

建设单位管理费是指建设项目从立项、筹建、建设、联合试运转、竣工验收、交付使用后评估等全过程管理所需的费用。其内容包括：

①建设单位开办费，是指新建项目为保证筹建和建设工作正常进行所需办公设备、生活家具、用具、交通工具等购置费用。

②建设单位经费，其内容包括工作人员的基本工资、工资性补贴、职工福利费、劳动保护费、劳动保险费、办公费、差旅交通费、工会经费、职工教育经费、固定资产使用费、工具用具使用费、技术图书资料费、生产人员招募费、工程招标费、合同契约公证费、工程质量监督检测费、工程咨询费、法律顾问费、审计费、业务招待费、排污费、竣工交付使用清理及竣工验收费、后评估等费用，不包括应计入设备、材料预算价格的建设单位采购及保管设备材料所需的费用。

建设单位管理费按照单项工程费用之和（包括设备及工、器具购置费和建筑安装工程费用）乘以建设单位管理费率计算。

建设单位管理费率按照建设项目的不同性质、不同规模确定。有的建设项目按照建设工期的规定的金额计算建设单位管理费。

（2）勘察设计费

勘察设计费是指为本建设项目提供项目建议书、可行性研究报告及设计文件等所需要的费用。其内容包括：

①编制项目建议书、可行性研究报告及投资估算、工程咨询、评价及编制上述文件所进行勘察、设计、研究试验等所需要的费用。

②委托勘察、设计单位进行初步设计、施工图设计及概预算编制等所需的费用。

③在规定范围内由建设单位自行完成勘察、设计工作所需的费用。

（3）研究试验费

研究试验费是指为建设项目提供和验证设计参数、数据、资料等所进行的必要的试验费用及设计规定在施工中必须进行试验、验证所需的费用。其内容包括自行或委托其他部门研究试验所需人工费、材料费、试验设备及仪器使用费等。这项费用按照设计单位根据本工程项目的需要提出的研究试验内容和要求计算。

（4）建设单位临时设施费

建设单位临时设施费是指建设期间建设单位所需临时设施的搭设、维修、摊销费用或租赁费用。临时设施包括临时宿舍、文化福利及公用事业房屋与构筑物、仓库、办公室、加工厂以及规定范围内的道路、水、电、管线等临时设施和小型临时设施。

（5）工程监理费

工程监理费是指建设单位委托工程监理单位对工程实施监理工作所需费用。

（6）工程保险费

工程保险费是指建设项目在建设期间根据需要实施工程保险所需费用。其内容包括以各种建筑工程及其在施工过程中的物料、机器设备为保险标的的建筑工程一切险，以安装工程中的各种机器、机械设备为保险标的的安装工程一切险，以及机器损坏保险等。根据不同的工程类别，分别以其建筑、安装工程费乘以建筑、安装工程保险费率计算。

（7）引进技术和进口设备其他费用

引进技术和进口设备其他费用,其内容包括出国人员费用、国外工程技术人员来华费用、技术引进费、分期或延期付款利息、担保费以及进口设备检验鉴定费。

（8）工程承包费

工程承包费是指具有总承包条件的工程公司,对工程建设项目从开始建设至竣工投产全过程的总承包所需的费用。

（9）供电贴费

供电贴费是指按照国家规定,建设项目应交付的供电工程贴费、施工临时用电贴费,是解决电力建设资金不足的临时对策。供电贴费是用户申请用电时,由供电部门统一规划并负责建设的 110kV 以下各级电压外部供电工程的建设、扩充、改建等费用的总称。

（10）施工机构迁移费

施工机构迁移费是指施工机构根据建设任务的需要,经有关部门决定成建制地（指公司或公司所属工程处、工区）由原驻地迁移到另一个地区的一次性搬迁费用。

3）与未来企业生产经营有关的其他费用

（1）联合运转费

联合运转费是指新建企业或新增加生产工艺过程的扩建企业在竣工验收前,按照设计规定的工程质量标准,进行整个车间的负荷联合试运转发生的费用支出大于试运转收入的亏损部分。其内容包括试运转所需的原料、燃料、油料和动力费用,机械使用费,低值易耗品及其他物品的购置费用和施工单位参加联合式运转人员的工资等。试运转收入包括试运转产品销售和其他收入。联合试运转费不包括单台设备调试费及试车费用。联合试运转费一般根据不同性质的项目按需要试运转车间的工艺设备购置费的百分率计算。

（2）生产准备费

生产准备费是指新建企业或新增生产能力的企业,为保证竣工交付使用进行必要的生产准备所发生的费用。其内容包括:

①生产人员培训费。包括自行培训、委托其他单位培训的人员的工资、工资性补贴、职工福利费、差旅交通费、学习资料费、学习费、劳动保护费等。

②生产单位提前进厂参加施工、设备安装、调试等以及熟悉工艺流程及设备性能等人员的工资、工资性补贴、职工福利费、差旅交通费、劳动保护费等。

③办公和生活家具购置费。指为保证新建、改建、扩建项目初期正常生产、使用和管理所必须购置的办公和生活家具、用具的费用。改、扩建项目所需的办公和生活用具购置费,应低于新建项目。其内容包括办公室、会议室、资料档案室、阅览室、文娱室、食堂、浴室、理发店、宿舍和设计规定必须建设的托儿所、卫生所、招待所、中小学校的家具用具购置费。这项费用按照设计定员人数乘以综合指标计算,一般为 600 ~ 800 元／人。

（3）办公和生活家具购置费

办公和生活家具购置费是指为保证新建、改建、扩建项目初期的正常生产、使用和管理所必须购置的办公和生活家具、用具的费用。改、扩建项目所需的办公和生活用具的购置费应低于新建项目。

3. 预备费

按照我国现行规定,预备费包括基本预备费和涨价预备费。

1）基本预备费

基本预备费是指在初步设计及概算内难以预料的工程费用。其内容包括：

（1）在批准的初步设计范围内，技术设计、施工图设计及施工过程中所增加的工程费用，设计变更、局部地基处理等增加的费用。

（2）一般自然灾害造成的损失和预防自然灾害所采取的措施费用。实行工程保险的工程项目费用应适当降低。

（3）竣工验收时为鉴定工程质量对隐蔽工程进行必要的挖掘和修复费用。

基本预备费是按设备及工、器具购置费，建筑安装工程费用和工程建设其他费用三者之和，乘以基本预备费率进行计算的，即：

$$\text{基本预备费} = （\text{设备及工、器具购置费} + \text{建筑安装工程费用} + \text{工程建设其他费用}）\times \text{基本预备费率} \tag{1-5}$$

基本预备费率的取值应执行国家及部门有关规定。

2）涨价预备费

涨价预备费是指建设项目在建设期间内由于价格等变化引起工程造价变化的预测预留费用。其内容包括人工、设备、材料、施工机械的价差费，建筑安装工程费及工程建设其他费用调整，利率、汇率调整等增加的费用。

涨价预备费的测算方法，一般根据国家规定的投资综合价格指数，按估算年份价格水平的投资额为基数，采用复利方法计算，其计算公式为：

$$P_{\mathrm{F}} = \sum_{i=1}^{n} P_i \times \left[(1+i)i - 1 \right] \tag{1-6}$$

式中：P_{F}——涨价预备费；

P_i——建设期第 i 年的投资计划额；

n——建设期年份数；

i——年均投资价格上涨率。

4. 建设期贷款利息

建设期贷款利息包括向国内银行和其他非银行金融机构贷款、出口信贷、外国政府贷款、国际商业银行贷款，以及在境内外发行的债券等在建设期间内应偿还的借款利息。

建设期贷款利息一般是根据贷款额和建设期每年使用的贷款安排和贷款合同规定的年利率进行计算。其计算公式为：

$$q_j = \left(P_{j-1} + \frac{1}{2}A_j \right) i \tag{1-7}$$

式中：q_j——建设期第 j 年应计利息；

P_{j-1}——建设期第 $j-1$ 年末贷款累积金额与利息累计金额之和；

A_j——建设期第 j 年贷款金额；

i——年利率。

5. 投资方向调节税

为了贯彻国家产业政策，控制投资规模，引导投资方向，调整投资结构，加强重点建设，促进国民经济持续、稳定、协调发展，对在我国境内进行固定资产投资的单位和个人征收固定资产投资方向调节税（简称投资方向调节税）。

按国家有关规定,自 2000 年 1 月起,对新发生的投资额暂停征收固定资产投资方向调节税。

二、建筑安装工程费用组成

工程造价的微观含义是指建筑安装工程费用。按照住房和城乡建设部、财政部《关于印发〈建筑安装工程费用项目组成〉的通知》(建标〔2013〕44 号)规定,建筑安装工程费用组成有两种划分方式。

1. 按费用构成要素组成划分

建筑安装工程费按照费用构成要素组成划分:由人工费、材料费、施工机具使用费、企业管理费、利润、规费和税金组成。其中人工费、材料费、施工机具使用费、企业管理费和利润包含在分部分项工程费、措施项目费、其他项目费中(详见图 1-5)。

1)人工费

人工费是指按工资总额构成规定,支付给从事建筑安装工程施工的生产工人和附属生产单位工人的各项费用。内容包括:

(1)计时工资或计件工资:是指按计时工资标准和工作时间或对已做工作按计件单价支付给个人的劳动报酬。

(2)奖金:是指对超额劳动和增收节支支付给个人的劳动报酬。如节约奖、劳动竞赛奖等。

(3)津贴补贴:是指为了补偿职工特殊或额外的劳动消耗和因其他特殊原因支付给个人的津贴,以及为了保证职工工资水平不受物价影响支付给个人的物价补贴。如流动施工津贴、特殊地区施工津贴、高温(寒)作业临时津贴、高空津贴等。

(4)加班加点工资:是指按规定支付的在法定节假日工作的加班工资和在法定日工作时间外延时工作的加点工资。

(5)特殊情况下支付的工资:是指根据国家法律、法规和政策规定,因病、工伤、产假、计划生育假、婚丧假、事假、探亲假、定期休假、停工学习、执行国家或社会义务等原因按计时工资标准或计时工资标准的一定比例支付的工资。

人工费计取公式 1 为:

$$人工费 = \sum(工日消耗量 \times 日工资单价) \tag{1-8}$$

公式 1 主要适用于施工企业投标报价时自主确定人工费,也是工程造价管理机构编制计价定额确定定额人工单价或发布人工成本信息的参考依据。

人工费计取公式 2 为:

$$人工费 = \sum(工程工日消耗量 \times 日工资单价) \tag{1-9}$$

式中,日工资单价是指施工企业平均技术熟练程度的生产工人在每工作日(国家法定工作时间内)按规定从事施工作业应得的日工资总额。

工程造价管理机构确定日工资单价应通过市场调查,根据工程项目的技术要求,参考实物工程量人工单价综合分析确定,其中普工、一般技工、高级技工最低日工资单价分别不得低于工程所在地人力资源和社会保障部门所发布的最低工资标准的 1.3 倍、2 倍、3 倍。

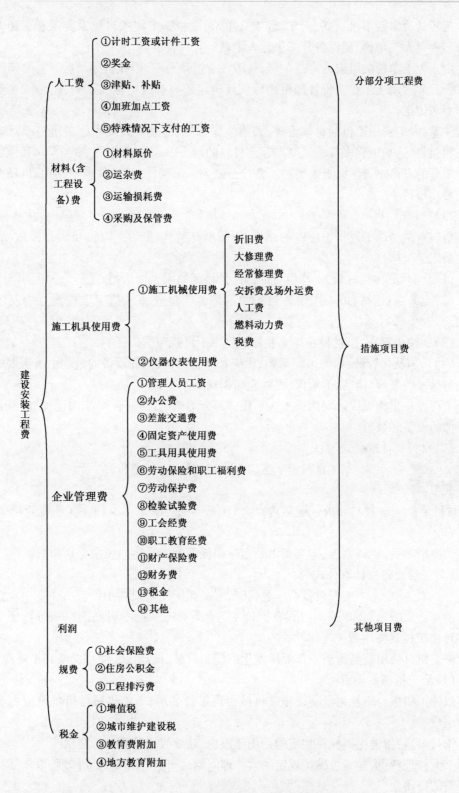

图 1-5 建筑安装工程费用项目组成（按费用构成要素划分）

工程计价定额不可只列一个综合工日单价,应根据工程项目技术要求和工种差别适当划分多种日人工单价,确保各分部工程人工费的合理构成。

由于人工单价的组成内容是工资,一般没有进项税额,因此营改增后不需要调整。

公式2适用于工程造价管理机构编制计价定额时确定定额人工费,是施工企业投标报价的参考依据。

注意:人工费中不包括材料管理、采购及保管员、驾驶员或操作施工机械及运输工具的工人、材料到达工地仓库或施工地点存放材料的地方以前的搬运、装卸工人和其他由管理费支付工资的人员工资。以上人员的工资应分别列入采购保管费、材料运输费、机械费等各相应的费用项目中。

2)材料费

材料费是指施工过程中耗费的原材料、辅助材料、构配件、零件、半成品或成品、工程设备的费用。包括:

(1)材料原价:指材料、工程设备的出厂价格或商家供应价格。

(2)运杂费:指材料、工程设备自来源地运至工地仓库或指定堆放地点所发生的全部费用。

(3)运输损耗费:指材料在运输装卸过程中不可避免的损耗。

(4)采购及保管费:指为组织采购、供应和保管材料、工程设备的过程中所需要的各项费用。包括采购费、仓储费、工地保管费、仓储损耗。

工程设备指构成或计划构成永久工程一部分的机电设备、金属结构设备、仪器装置及其他类似的设备和装置。

(1)材料费计取公式为:

$$材料费 = \sum (材料消耗量 \times 材料单价) \tag{1-10}$$

式中:

$$材料单价 = [(材料原价 + 运杂费) \times (1 + 运输损耗率\%)] \times (1 + 采购保管费率\%) \tag{1-11}$$

营改增之后,材料原价、运杂费以及运输损耗费应按适用的税率分别扣减。

(2)工程设备费计取公式为:

$$工程设备费 = \sum (工程设备量 \times 工程设备单价) \tag{1-12}$$

$$工程设备单价 = [(设备原价 + 运杂费) \times (1 + 采购保管费率\%)] \tag{1-13}$$

3)施工机具使用费

施工机具使用费是指施工作业所发生的施工机械、仪器仪表使用费或其租赁费。

(1)施工机械使用费

以施工机械台班耗用量乘以施工机械台班单价表示,施工机械台班单价应由下列7项费用组成。

①折旧费:指施工机械在规定的使用年限内,陆续收回其原值的费用。

②大修理费:指施工机械按规定的大修理间隔台班进行必要的大修理,以恢复其正常功能所需的费用。

③经常修理费:指施工机械除大修理以外的各级保养和临时故障排除所需的费用。包

括为保障机械正常运转所需替换设备与随机配备工具附具的摊销和维护费用,机械运转中日常保养所需润滑与擦拭的材料费用及机械停滞期间的维护和保养费用等。

④安拆费及场外运费:安拆费指施工机械(大型机械除外)在现场进行安装与拆卸所需的人工、材料、机械和试运转费用以及机械辅助设施的折旧、搭设、拆除等费用;场外运费指施工机械整体或分体自停放地点运至施工现场或由一施工地点运至另一施工地点的运输、装卸、辅助材料及架线等费用。

⑤人工费:指机上司机(司炉)和其他操作人员的人工费。

⑥燃料动力费:指施工机械在运转作业中所消耗的各种燃料及水、电费等。

⑦税费:指施工机械按照国家规定应缴纳的车船使用税、保险费及年检费等。

施工机械使用费计取公式为:

$$施工机械使用费 = \sum(施工机械台班消耗量 \times 机械台班单价) \qquad (1\text{-}14)$$

式中:

$$机械台班单价 = 台班折旧费 + 台班大修费 + 台班经常修理费 + 台班安拆费及场外运费 +$$
$$台班人工费 + 台班燃料动力费 + 台班车船税费 \qquad (1\text{-}15)$$

实行营改增后,台班折旧费、台班大修费、台班经常修理费、台班场外运输费以及台班燃料动力费应按适用的税率进行扣减。台班安拆费和台班人工费一般不予扣减。

注:工程造价管理机构在确定计价定额中的施工机械使用费时,应根据《建筑施工机械台班费用计算规则》结合市场调查编制施工机械台班单价。施工企业可以参考工程造价管理机构发布的台班单价,自主确定施工机械使用费的报价,如租赁施工机械。公式为:

$$施工机械使用费 = \sum(施工机械台班消耗量 \times 机械台班租赁单价) \qquad (1\text{-}16)$$

(2)仪器仪表使用费

指工程施工所需使用的仪器仪表的摊销及维修费用。

仪器仪表使用费计取公式为:

$$仪器仪表使用费 = 工程使用的仪器仪表摊销费 + 维修费 \qquad (1\text{-}17)$$

4)企业管理费

企业管理费是指建筑安装企业组织施工生产和经营管理所需的费用。具体包括:

(1)管理人员工资:指按规定支付给管理人员的计时工资、奖金、津贴补贴、加班加点工资及特殊情况下支付的工资等。

(2)办公费:指企业管理办公用的文具、纸张、账表、印刷、邮电、书报、办公软件、现场监控、会议、水电、热水和集体取暖降温(包括现场临时宿舍取暖降温)等费用。

(3)差旅交通费:指职工因公出差、调动工作的差旅费、住勤补助费,市内交通费和误餐补助费,职工探亲路费,劳动力招募费,职工退休、退职一次性路费,工伤人员就医路费,工地转移费以及管理部门使用的交通工具的油料、燃料等费用。

(4)固定资产使用费:指管理和试验部门及附属生产单位使用的属于固定资产的房屋、设备、仪器等的折旧、大修、维修或租赁费。

(5)工具用具使用费:指企业施工生产和管理使用的不属于固定资产的工具、器具、家具、交通工具和检验、试验、测绘、消防用具等的购置、维修和摊销费。

(6)劳动保险和职工福利费:指由企业支付的职工退职金、按规定支付给离休干部的经费,集体福利费、夏季防暑降温、冬季取暖补贴、上下班交通补贴等。

(7)劳动保护费:指企业按规定发放的劳动保护用品的支出。如工作服、手套、防暑降温饮料以及在有碍身体健康的环境中施工的保健费用等。

(8)检验试验费:指施工企业按照有关标准规定,对建筑以及材料、构件和建筑安装物进行一般鉴定、检查所发生的费用,包括自设试验室进行试验所耗用的材料等费用。不包括新结构、新材料的试验费,对构件做破坏性试验及其他特殊要求检验试验的费用和建设单位委托检测机构进行检测的费用,对此类检测发生的费用,由建设单位在工程建设其他费用中列支。但对施工企业提供的具有合格证明的材料进行检测不合格的,该检测费用由施工企业支付。

(9)工会经费:指企业按《中华人民共和国工会法》规定的全部职工工资总额比例计提的工会经费。

(10)职工教育经费:指按职工工资总额的规定比例计提,企业为职工进行专业技术和职业技能培训,专业技术人员继续教育、职工职业技能鉴定、职业资格认定以及根据需要对职工进行各类文化教育所发生的费用。

(11)财产保险费:指施工管理用财产、车辆等的保险费用。

(12)财务费:指企业为施工生产筹集资金或提供预付款担保、履约担保、职工工资支付担保等所发生的各种费用。

(13)税金:指企业按规定缴纳的房产税、车船使用税、土地使用税、印花税等。

(14)其他:包括技术转让费、技术开发费、投标费、业务招待费、绿化费、广告费、公证费、法律顾问费、审计费、咨询费、保险费等。

企业管理费计算公式为:

(1)以分部分项工程费为计算基础:

$$企业管理费费率(\%) = \frac{生产工人年平均管理费}{年有效施工天数 \times 人工单价} \times \\ 人工费占分部分项工程费比例(\%) \tag{1-18}$$

(2)以人工费和机械费合计为计算基础:

$$企业管理费费率(\%) = \frac{生产工人年平均管理费}{年有效施工天数 \times (人工单价 + 每一工日机械使用费)} \times 100\%$$

$$\tag{1-19}$$

(3)以人工费为计算基础:

$$企业管理费费率(\%) = \frac{生产工人年平均管理费}{年有效施工天数 \times 人工单价} \times 100\% \tag{1-20}$$

实行营改增后,办公费、固定资产使用费、工具用具使用费、检验试验费4项内容所包含的进项税额应予扣除,企业管理费包含的其他项内容不做调整。

注:式(1-18)、式(1-19)、式(1-20)适用于施工企业投标报价时自主确定管理费,是工程造价管理机构编制计价定额确定企业管理费的参考依据。工程造价管理机构在确定计价定额中企业管理费时,应以定额人工费或(定额人工费 + 定额机械费)作为计算基数,其费率根据历年工程造价积累的资料,辅以调查数据确定,列入分部分项工程和措施项目中。

5）利润

利润是指施工企业完成所承包工程获得的盈利。

目前,由于建筑施工队伍生产能力大于建筑市场需求,使得建筑施工企业与其他行业的利润水平之间存在着较大的差距,并且可能在一段时间内不能有大幅度的提高。但从长远发展趋势来看,随着建设管理体制的改革和建筑市场的完善和发展,这个差距一定会逐步缩小。

利润的计算方法为:

（1）施工企业根据企业自身需求并结合建筑市场实际自主确定,列入报价中。

（2）工程造价管理机构在确定计价定额中利润时,应以定额人工费或（定额人工费＋定额机械费）作为计算基数,其费率根据历年工程造价积累的资料,并结合建筑市场实际确定,以单位（单项）工程测算,利润在税前建筑安装工程费的比重可按不低于5％且不高于7％的费率计算。利润应列入分部分项工程和措施项目中。

6）规费

规费是指按国家法律、法规规定,由省级政府和省级有关权力部门规定必须缴纳或计取的费用。

（1）社会保险费

①养老保险费:指企业按照规定标准为职工缴纳的基本养老保险费。

②失业保险费:指企业按照规定标准为职工缴纳的失业保险费。

③医疗保险费:指企业按照规定标准为职工缴纳的基本医疗保险费。

④生育保险费:指企业按照规定标准为职工缴纳的生育保险费。

⑤工伤保险费:指企业按照规定标准为职工缴纳的工伤保险费。

（2）住房公积金

住房公积金是指企业按规定标准为职工缴纳的住房公积金。

社会保险费和住房公积金的计算方法:

社会保险费和住房公积金应以定额人工费为计算基础,根据工程所在地省、自治区、直辖市或行业建设主管部门规定费率计算。其计算公式为:

社会保险费和住房公积金 ＝ ∑（工程定额人工费 × 社会保险费和住房公积金费率）

$$(1-21)$$

式中,社会保险费和住房公积金费率可以每万元发承包价的生产工人人工费和管理人员工资含量与工程所在地规定的缴纳标准综合分析取定。

（3）工程排污费

工程排污费是指按规定缴纳的施工现场工程排污费。

其他应列而未列入的规费,按实际发生计取。

工程排污费等其他应列而未列入的规费应按工程所在地环境保护等部门规定的标准缴纳,按实计取列入。

7）税金

税金是指国家税法规定的应计入建筑安装工程造价内的增值税、城市维护建设税、教育费附加以及地方教育附加。

税金计算公式为：

$$税金 = 税前造价 \times 综合税率(\%) \qquad (1\text{-}22)$$

式(1-22)中综合税率计算公式为：

(1)纳税地点在市区的企业

$$综合税率(\%) = \frac{1}{1 - 3\% - (3\% \times 7\%) - (3\% \times 3\%) - (3\% \times 2\%)} - 1 = 3.477\%$$

$$\qquad (1\text{-}23)$$

(2)纳税地点在县城、镇的企业

$$综合税率(\%) = \frac{1}{1 - 3\% - (3\% \times 5\%) - (3\% \times 3\%) - (3\% \times 2\%)} - 1 = 3.413\%$$

$$\qquad (1\text{-}24)$$

(3)纳税地点不在市区、县城、镇的企业

$$综合税率(\%) = \frac{1}{1 - 3\% - (3\% \times 1\%) - (3\% \times 3\%) - (3\% \times 2\%)} - 1 = 3.284\%$$

$$\qquad (1\text{-}25)$$

(4)实行营业税改增值税的，按纳税地点现行税率计算。不再征收3%的营业税，改为征收适用税率为11%的增值税。

2. 按工程造价形成划分

建筑安装工程费按照工程造价形成由分部分项工程费、措施项目费、其他项目费、规费、税金组成，分部分项工程费、措施项目费、其他项目费包含人工费、材料费、施工机具使用费、企业管理费和利润(图1-6)。

1)分部分项工程费

分部分项工程费是指各专业工程的分部分项工程应予列支的各项费用。

(1)专业工程:指按现行国家计量规范划分的房屋建筑与装饰工程、仿古建筑工程、通用安装工程、市政工程、园林绿化工程、矿山工程、构筑物工程、城市轨道交通工程、爆破工程等各类工程。

(2)分部分项工程:指按现行国家计量规范对各专业工程划分的项目。如房屋建筑与装饰工程划分的土石方工程、地基处理与桩基工程、砌筑工程、钢筋及钢筋混凝土工程等。

各类专业工程的分部分项工程划分见现行国家或行业计量规范。

分部分项工程费计算公式为：

$$分部分项工程费 = \sum(分部分项工程量 \times 综合单价) \qquad (1\text{-}26)$$

式中，综合单价包括人工费、材料费、施工机具使用费、企业管理费和利润以及一定范围的风险费用(下同)。

注:实行营改增后，在对分部分项工程费进行调整时，应在分析综合单价的具体组成内容的基础上进行。

2)措施项目费

(1)措施项目费含义义及内容:措施项目费是指为完成建设工程施工，发生于该工程施工前和施工过程中的技术、生活、安全、环境保护等方面的费用。具体包括:

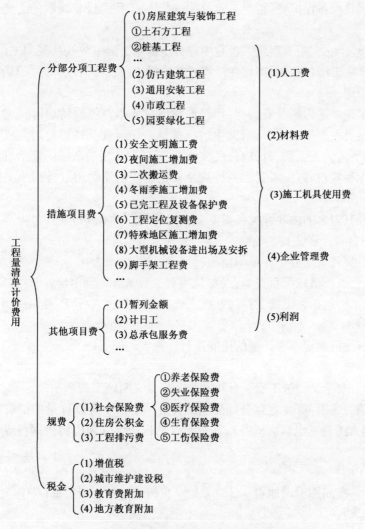

图 1-6　建筑安装工程费用项目组成(按造价形成划分)

①安全文明施工费

a. 环境保护费:指施工现场为达到环保部门要求所需要的各项费用。

b. 文明施工费:指施工现场文明施工所需要的各项费用。

c. 安全施工费:指施工现场安全施工所需要的各项费用。

d. 临时设施费:指施工企业为进行建设工程施工所必须搭设的生活和生产用的临时建筑物、构筑物和其他临时设施费用。包括临时设施的搭设、维修、拆除、清理费或摊销费等。

②夜间施工增加费:指因夜间施工所发生的夜班补助费、夜间施工降效、夜间施工照明设备摊销及照明用电等费用。

③二次搬运费:指因施工场地条件限制而发生的材料、构配件、半成品等一次运输不能到达堆放地点,必须进行二次或多次搬运所发生的费用。

④冬雨季施工增加费:指在冬季或雨季施工需增加的临时设施、防滑、排除雨雪,人工及施工机械效率降低等费用。

⑤已完工程及设备保护费:指竣工验收前,对已完工程及设备采取的必要保护措施所发生的费用。

⑥工程定位复测费:指工程施工过程中进行全部施工测量放线和复测工作的费用。

⑦特殊地区施工增加费:指工程在沙漠或其边缘地区、高海拔、高寒、原始森林等特殊地区施工增加的费用。

⑧大型机械设备进出场及安拆费:指机械整体或分体自停放场地运至施工现场或由一个施工地点运至另一个施工地点,所发生的机械进出场运输及转移费用及机械在施工现场进行安装、拆卸所需的人工费、材料费、机械费、试运转费和安装所需的辅助设施的费用。

⑨脚手架工程费:指施工需要的各种脚手架搭、拆、运输费用以及脚手架购置费的摊销(或租赁)费用。

措施项目及其包含的内容详见各类专业工程的现行国家或行业计量规范。

(2)措施项目费计算公式

①国家计量规范规定应予计量的措施项目,其计算公式为:

$$措施项目费 = \sum(措施项目工程量 \times 综合单价) \qquad (1-27)$$

式中:综合单价包括人工费、材料费、施工机具使用费、企业管理费和利润以及一定范围的风险费用(下同)。

②国家计量规范规定不宜计量的措施项目计算方法如下:

a.安全文明施工费:

$$安全文明施工费 = 计算基数 \times 安全文明施工费费率(\%) \qquad (1-28)$$

计算基数应为定额基价(定额分部分项工程费 + 定额中可以计量的措施项目费)、定额人工费或(定额人工费 + 定额机械费),其费率由工程造价管理机构根据各专业工程的特点综合确定。

b.夜间施工增加费:

$$夜间施工增加费 = 计算基数 \times 夜间施工增加费费率(\%) \qquad (1-29)$$

c.二次搬运费:

$$二次搬运费 = 计算基数 \times 二次搬运费费率(\%) \qquad (1-30)$$

d.冬雨季施工增加费:

$$冬雨季施工增加费 = 计算基数 \times 冬雨季施工增加费费率(\%) \qquad (1-31)$$

e.已完工程及设备保护费:

$$已完工程及设备保护费 = 计算基数 \times 已完工程及设备保护费费率(\%) \qquad (1-32)$$

式(1-29)~式(1-32)措施项目的计费基数和费率参考各地区的定额说明或造价管理机构的相关规定。

注:实行营改增后,安全文明施工费、夜间施工增加费、二次搬运费、冬雨季施工增加费、已完工程及设备保护费等措施项目费,应在分析各措施费的组成内容的基础上进行调整。

3)其他项目费

(1)其他项目费含义及内容

①暂列金额:指建设单位在工程量清单中暂定并包括在工程合同价款中的一笔款项。用于施工合同签订时尚未确定或者不可预见的所需材料、工程设备、服务的采购,施工中可

能发生的工程变更、合同约定调整因素出现时的工程价款调整以及发生的索赔、现场签证确认等的费用。

②计日工:指在施工过程中,施工企业完成建设单位提出的施工图纸以外的零星项目或工作所需的费用。

③总承包服务费:指总承包人为配合、协调建设单位进行的专业工程发包,对建设单位自行采购的材料、工程设备等进行保管以及施工现场管理、竣工资料汇总整理等服务所需的费用。

(2)其他项目费计算方法

①暂列金额由建设单位根据工程特点,按有关计价规定估算,施工过程中由建设单位掌握使用、扣除合同价款调整后如有余额,归建设单位。

②计日工由建设单位和施工企业按施工过程中的签证计价。

③总承包服务费由建设单位在招标控制价中根据总包服务范围和有关计价规定编制,施工企业投标时自主报价,施工过程中按签约合同价执行。

4)规费和税金

规费、税金定义同上述"1.按费用构成要素划分"中的相应定义。

建设单位和施工企业均应按照省、自治区、直辖市或行业建设主管部门发布标准计算规费和税金,不得作为竞争性费用。

复习思考题

一、填空题

1. 建设项目的分类,按建设项目投资来源渠道不同,可分为( )、( )、( )、银行信用筹资项目等。

2. 建设项目的分类,按建设项目性质不同,可分为( )、( )、( )、( )、( )。

3. 一般大中型及限额以上工程项目的建设程序可以分为( )、( )、( )、( )、( )、竣工验收、后评价8个阶段。

4. 一个建设项目可划分( )、( )、( )、( )、( )五个层次。

5. 工程建设其他费用按其内容大体可分为( )、( )与未来企业生产经营有关的其他费用三类。

6. 按我国现行规定,预备费包括( )和( )。

二、简答题

1. 简述我国现行建设工程投资的构成。

2. 建设期贷款利息包括哪些内容?

3. 建设项目工程造价根据不同的建设阶段可分为哪几类?

4. 建设工程造价按构成要素如何划分?

5. 建设工程造价按工程造价形成如何划分?

第二章 建设工程计价

本章要点

本章介绍了建设工程定额、建设工程计价方法及计价模式、工程量清单招标控制价和投标报价的相关内容。通过本章的学习,掌握建设工程定额的概念、分类,建设工程计价模式,综合单价的确定,招标控制价和投标报价的计价程序和区别;熟悉企业定额、施工定额和预算定额的概念、作用、编制原则及编制方法,预算定额消耗指标的确定,建设工程计价方法;理解工程量清单计价与定额计价的不同点;了解建筑工程定额的作用、发展和特性,各类定额之间的区别和联系。

第一节 建设工程定额

一、概述

1.定额的概念

所谓"定",就是规定;"额"就是额度或限度。定额就是规定的额度或限度,即标准。

在现代社会中,生产某一种合格产品,都要消耗一定数量的人工、材料、机械以及资金等。这种消耗数量受生产条件的影响,因此各不相同。根据一定时期的生产水平和产品的质量要求,规定出一个合理的消耗标准,这个标准就称为定额。

建设工程定额是指按照国家有关的产品标准、设计、施工验收规范、质量和安全评定标准,颁发的用于完成规定计量单位合格产品所必须消耗的人工、材料、机械等的消耗量标准。该标准是在一定的社会生产发展水平下,完成某项工程建设合格产品与各种生产消耗之间特定的数量关系,它反映的是一种社会平均消耗水平。

2.定额水平

定额水平就是为完成单位合格产品由定额规定的各种资源消耗应达到的数量标准,它是衡量定额消耗量高低的指标。

建筑工程定额是动态的。它反映的是当时的生产力发展水平。定额水平是一定时期社会生产力水平的反映,它与一定时期生产的机械化程度、操作人员的技术水平、生产管理水平、新材料新工艺和新技术的应用程度以及全体人员的劳动积极性有关。所以,它不是一成不变的,而是随着社会生产力水平的变化而变化的。随着科学技术和管理水平的进步,生产过程中的资源消耗减少,相应地,定额所规定的资源消耗量降低,称之为定额水平提高。但是,在一定时期内,定额水平又必须是相对稳定的。定额水平是制定定额的基础和前提,定额水平不同,定额所规定的资源消耗量也就不同。在确定定额水平时,应综合考虑定额的用途、生产力发展水平、技术经济合理性等因素。需要注意的是,不同的定额编制主体,定额水平是不一样的。政府或行业编制的定额水平,采用的是社会平均水平;而企业编制的定额水平反映的是自身的技术和管理水平,一般为平均先进水平。

3. 建设工程定额的作用

建设工程定额是企业进行科学管理的必备条件,它具有以下几个方面的作用:

(1)建设工程定额是提高劳动生产率的重要手段。施工企业要节约成本,增加盈利和收入,就必须提高劳动生产率。而提高劳动生产率的主要措施是贯彻执行各种定额,把提高劳动生产率的任务落实到每一个班组和个人,促使他们改善操作方式、方法,进行合理的劳动组织,以最少的劳动量投入到相同的生产任务中。

(2)建设工程定额有利于市场行为的规范化,促使市场公平竞争。建设工程定额是投资决策和价格决策的依据,对于投资者和施工企业都有着相应的作用。对于投资者来说,可以根据定额权衡财务状况、方案优劣、支付能力等;对于施工企业来说,可以在投标报价时提出科学的、充分的数据和信息,从而正确地进行价格决策,增强在市场竞争中的主动性。

(3)建设工程定额有利于完善市场信息。定额中的数据来源于市场,来源于大量的施工实践,也就是说定额中的数据是市场信息的反馈。信息的可靠性、完备性、灵敏度对于定额的管理相当重要。当信息可靠性越大、完备性越好以及灵敏度越高时,定额中的数据就越准确,这对于通过建设工程定额所反映的工程造价就较为真实;反之,就必须主动地完善市场信息。

4. 我国定额的发展

在20世纪50年代,我国引进了苏联的一套定额计价制度,20世纪70年代后期又参考和借鉴了欧美和日本等国家对定额进行科学管理的方法。从1949年到20世纪90年代初期,定额计价制度在我国从开始使用到完善,对我国的工程造价管理发挥了巨大作用。所有的工程项目均是按照事先编制好的国家统一颁发的各项工程建设定额标准进行计价,体现了政府对工程项目的投资管理。由于国内长期受"价格"的影响,各种建设要素(如人工、材料、机械等)的价格和消耗量标准等长期保持固定不变,因此可以实行由政府主管部门统一颁布定额,实现对工程造价的有效管理。

随着我国市场经济的不断完善、改革开放及商品经济的不断发展,我国建设市场的各种建设要素价格随市场供求的变化而上下浮动,按照传统的静态计价模式计算工程造价已不再适应。为适应社会主义市场发展的要求,工程定额计价制度由静态转为动态,将过去完全由政府计划统一管理的定额计价改变为"控制量、指导价、竞争费",即根据全国统一基础定额,国家对定额中的人工、材料、机械等消耗"量"统一控制,它们的单"价"由当地造价管理部门定期发布市场信息价作为计价的指导或参考,"费"率的确定由市场竞争情况而定,从而确定工程造价。

应该注意的是,在我国建设市场逐步放开的改革过程当中,虽然已经制定并推广了工程量清单计价制度《建设工程工程量清单计价规范》（GB 50500—2013），但是由于各地实际情况的差异，我国目前的工程造价计价方式又不可避免地出现双轨并行的局面。同时，由于我国各施工企业消耗量定额的长期缺乏，要全面建立企业内部定额尚需时间，因此，我国建筑工程定额还是工程造价管理的重要手段。随着我国工程造价管理体制改革的不断深入和对国际管理的深入了解，市场自主定价模式将逐渐占主导地位。

5．定额的特性

1）科学性

定额是采用科学的态度，运用科学的方法，在研究施工生产客观规律的基础上，通过长期观察、测定及广泛收集资料制定的。在制定过程中，必须对现场的工时、机具及现场生产技术和组织合理的配备等各种情况进行科学的综合分析、研究，使定额中各种消耗量指标能正确地反映当前社会生产力的水平。

2）指导性

运用科学的方法制定的定额具有显著的指导性。定额一经制定颁发，在其范围内应遵守执行，不得随意变更定额内容与水平，以保证全国或某一地区或企业范围内有一个统一的核算尺度，从而为比较、考核经济效果和有效的监督管理提供统一的依据。随着我国工程造价管理制度的改革，各企业可以根据市场的变化和自身情况，自主地调整自己的决策行为。

3）稳定性和时效性

编制任何定额之前都要测算定额的水平，以使编制出的定额在使用过程中能真正地被管理人员接受，但在此水平条件下编制的定额只能反映某一定时期内的生产技术水平和管理水平。因此，定额在某一时期内具有相对的稳定性，并在该时期内具有相应的时效性。

4）统一性

定额的统一性，主要是由国家对经济发展计划宏观调控职能决定的。为了使国民经济按既定的目标发展，需要借助定额对工程建设进行规划、组织、协调和控制。因此，定额在全国或编制建设工程定额的一定的区域范围内是统一的。

6．建设工程定额的分类

建设工程定额是工程建设中各类定额的总称，可以从不同的角度对其进行分类，如图2-1所示。

（1）按生产要素不同，可分为劳动消耗定额、材料消耗定额、机械消耗定额。

①劳动消耗定额。简称劳动定额（也称为人工定额），是指完成一定的合格产品（工程实体或劳务）所规定的劳动消耗的数量标准。主要表现形式是人工时间定额和人工产量定额，互为倒数。

②机械消耗定额。是指在合理使用机械和合理的施工组织条件下，完成一定合格产品（工程实体或劳务）所规定的施工机械消耗的数量标准。机械消耗定额的主要表现形式是机械时间定额和机械产量定额，二者互为倒数。

③材料消耗定额。材料消耗定额是指在合理节约使用材料的条件下，一定的合格产品（工程实体或劳务）所需消耗材料的数量标准。这里的材料是工程建设中使用的原材料、成品、半成品、构配件、燃料以及水、电等动力资源的统称。材料是工程实体构成的主要成分，材料消耗量是否合理，直接关系到建设工程资金的合理利用及资源的有效使用。

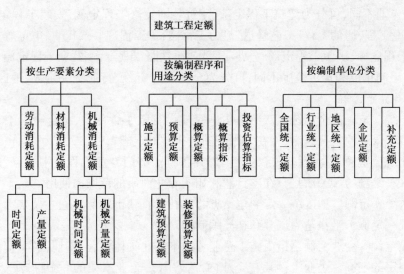

图 2-1　定额的不同分类

（2）按定额编制程序和用途不同，可分为施工定额、预算定额（单位估价表）、概算定额、概算指标与投资估算指标等。

①施工定额。施工定额是工程建设定额中的基础性定额，表示施工过程中某道工序中生产要素消耗量关系的定额。由劳动定额、机械定额和材料定额 3 个相对独立的部分组成。它是生产性定额，是施工企业为组织生产和加强管理在企业内部使用的一种定额，属于企业定额的性质；是用来编制施工预算、施工作业计划、签发施工任务单、限额领料单的依据。施工定额是预算定额的编制基础。

②预算定额。预算定额是在编制施工图预算时，以建筑物或构筑物各个分部分项工程为对象计算人工、机械台班、材料消耗量的一种定额，其内容包括劳动定额、机械台班定额、材料消耗定额 3 个基本部分。预算定额是一种计价性的定额，是概算定额的编制基础。

③概算定额。概算定额是以扩大的分部分项工程为对象编制的，计算和确定该工程项目的劳动、机械台班、材料消耗量所使用的定额，也是一种计价性定额。概算定额是在扩大初步设计阶段，编制设计概算，计算和确定工程概算造价，计算劳动力、机械台班、材料需要量的依据。每一分项概算定额都包含了数项预算定额。

④概算指标。概算指标是概算定额的扩大与合并，是在初步设计阶段编制设计概算，以整个建筑物和构筑物为对象，计算和确定工程的初步设计概算，计算劳动力、机械台班、材料需要量时所采用的一种定额。一般是在概算定额和预算定额的基础上编制的，比概算定额更加综合扩大，也可以是对在建工程或已完工程的预结算资料提炼而成的建安工程造价指标。概算指标通常按工业建筑和民用建筑分别编制。工业建筑中又按各工业部门类别、企业大小、车间结构编制，民用建筑按照用途性质、建筑层高、结构类别编制。

⑤投资估算指标。投资估算指标是在项目建议书和可行性研究阶段编制投资估算、计算投资需要量时使用的一种定额。它非常概略，往往是以独立的单项工程或完整的工程项目为计算对象的建设工程造价指标。投资估算指标一般是根据历史的预、决算资料和价格变动等资料编制的。

（3）按专业不同，可分为建筑工程定额、建筑装饰装修工程定额、安装工程定额（包括电气工程、暖卫工程、通信工程、工艺管道、热力工程、筑护工程、制冷、仪表、电信等安装工程定额）、市政工程定额、矿山工程定额、公路工程定额、铁路工程定额、井巷工程定额等。

（4）按编制单位和执行范围不同，可分为全国统一定额、行业统一定额、地区统一定额、企业定额、补充定额等。

①全国统一定额。全国统一定额是由国家建设行政主管部门，综合全国工程建设中技术和施工组织管理的情况编制，并在全国范围内执行的定额。

②行业统一定额。行业统一定额是考虑到各行业部门专业工程技术特点，以及施工生产和管理水平编制的。一般是只在本行业和相同专业性质的范围内使用。

③地区统一定额。地区统一定额包括省、自治区、直辖市定额。它主要是考虑地区性特点和全国统一定额水平作适当调整和补充编制的。

④企业定额。企业定额是指由施工企业考虑本企业具体情况，参照国家、部门或地区定额的水平制定的定额。企业定额只在企业内部使用，是企业素质的一个标志。企业定额水平一般应高于国家现行定额，才能满足生产技术发展、企业管理和市场竞争的需要。

⑤补充定额。补充定额是指随着设计、施工技术的发展，现行定额不能满足需要的情况下，为了补充缺陷所编制的定额。补充定额只能在制定的范围内使用，可以作为以后修订定额的基础。

二、企业定额和施工定额

1. 企业定额

1）企业定额的概念

企业定额是企业内部根据自身的生产力水平，结合企业实际情况编制的符合本企业实际利益的定额。它既是一个企业自身的劳动生产率、成本降低率、机械利用率、管理费用节约率与主要材料进价水平的集中体现，也是企业采用先进工艺改变常规施工程序从而大大节约企业成本开支的方法。企业定额水平一般应高于国家现行定额水平，才能满足生产技术发展、企业管理和市场竞争的需要。随着我国工程量清单计价模式的推广，统一定额的应用份额将会进一步缩小，而企业定额的作用将会逐渐提高。

对于建筑安装企业来说，企业定额是指建筑安装企业根据本企业的技术水平和管理水平，编制完成单位合格产品所需的人工、材料和机械台班的消耗量，以及其他生产经营要素的消耗量标准。企业定额反映企业的施工生产与生产消耗之间的数量关系，是施工企业生产力水平的体现。企业的技术和管理水平不同，企业定额的水平也不同。企业定额是施工企业进行施工管理和投标报价的基础和依据，从一定意义上讲，企业定额是企业的商业机密，是企业参与市场竞争的核心竞争能力的具体表现。

2）企业定额的构成及表现形式

企业定额应包括工程实体性消耗定额、措施性消耗定额和费用定额。

企业定额的构成及表现形式应视编制的目的而定，可参照中华人民共和国住房和城乡建设部颁发的《全国统一建筑工程基础定额 土建》（GJ 101—1995），也可采用灵活多变的形式，以满足需要和便于使用为准。

企业定额的构成及表现形式主要有以下几种：

(1)企业劳动定额。

(2)企业材料消耗定额。

(3)企业机械台班使用定额。

(4)企业机械台班租赁价格。

(5)企业周转材料租赁价格。

3)企业定额的作用

(1)企业定额是企业计划管理的依据。

(2)企业定额是组织和指挥施工生产的有效工具。

(3)企业定额是计算工人劳动报酬的依据。

(4)企业定额是企业激励工人的条件。

(5)企业定额有利于推广先进技术。

(6)企业定额是编制施工预算和加强企业成本管理的基础。

(7)企业定额是施工企业进行工程投标、编制工程投标报价的基础和主要依据。

4)企业定额的编制原则

作为企业定额,其编制必须体现平均先进性原则、简单适用性原则、以专家为主编制定额原则、独立自主原则、时效性原则和保密原则。

5)企业定额的编制方法

编制企业定额最关键的工作是确定人工、材料和机械台班的消耗量,计算分项工程单价或综合单价。

人工消耗量的确定,首先是根据企业环境,拟定正常的施工作业条件,分别计算测定基本用工和其他用工的工日数,进而拟定施工作业的定额时间。

材料消耗量的确定是通过企业历史数据的统计分析、理论计算、实验室试验、实地考察等方法计算确定包括周转材料在内的净用量和损耗量,从而拟定材料消耗的定额指标。

机械台班消耗量的确定,同样需要按照企业环境,拟定机械工作的正常施工作业条件,确定机械工作效率和利用系数,据此拟定施工机械作业的定额台班与机械作业相关的工人小组的定额时间。

6)企业定额的编制步骤

(1)制订编制计划

①企业定额编制的目的。编制目的决定了企业定额的适用范围,同时也决定了企业定额的表现形式,因此,企业定额编制的目的一定要明确。

②定额水平的确定。企业定额应能真实地反映本企业的消耗量水平。企业定额水平确定的正确与否,是企业定额能否实现编制目的的关键。定额水平过高或过低,背离企业现有水平,对项目成本核算和企业参与投标竞争都不利。

③确定编制方法和定额形式。定额的编制方法很多,对不同形式的定额,其编制方法也不相同。例如,劳动定额的编制方法有技术测定法、统计分析法、类比推算法、经验估算法等;材料消耗定额的编制方法有观察法、试验法、统计法等。因此,定额编制究竟采取哪种方法应根据具体情况而定,可综合应用多种方法进行编制。企业定额应形式灵活、简明适用,

并具有较强的可操作性,以满足投标报价与企业内部管理的要求。

④成立专门机构,由专人负责。企业定额的编制工作是一个系统性的工作,在一开始,就应设置一个专门的机构(中小企业也可由相关部门代管),并由专人负责。而定额的编制应该由定额管理人员、现场管理人员和技术工人完成。

⑤明确应收集的数据和资料。要尽量多地收集与定额编制有关的各种数据。在编制计划书中,要制订一份按门类划分的资料明细表。

⑥确定编制进度目标。定额的编制工作量大,应确定一个合理的工期和进度计划表,可根据定额项目使用的概率有重点的编制,采用循序渐进、逐步完善的方式完成。这样,既有利于编制工作的开展,又能保证编制工作的效率和及时的投入使用。

(2)资料的收集。收集的资料包括:

①有关建筑安装工程的设计规范、施工及验收规范、工程质量检验评定标准和安全操作规程。

②现行定额,包括基础定额、预算定额、消耗量定额和工程量清单计价规范。

③本企业近几年各工程项目的财务报表、公司财务总报表以及历年收集的各类项目经验数据。

④本企业近几年所完成工程项目的施工组织设计、施工方案以及工程成本资料与结算资料。

⑤企业现有机械设备状况、机械效率、寿命周期和价格,机械台班租赁。

⑥本企业近几年主要承建的工程类型及所采用的主要施工方法。

⑦本企业目前工人技术素质、构成比例。

⑧有关的技术测定和经济分析数据。

⑨企业现有的组织机构、管理跨度、管理人员的数量及管理水平。

(3)拟订企业定额的编制方案。主要内容:

①确定企业定额的内容及专业划分。

②确定企业定额的章、节的划分和内容的框架。

③确定合理的劳动组织、明确劳动手段和劳动对象。

④确定企业定额的结构形式及步距划分原则。

(4)企业定额消耗量的确定及定额水平的测算。企业定额消耗量的确定及定额水平的测算与施工定额类似。

7)企业定额与施工定额及预算定额的区别与联系

(1)相互联系

预算定额一般以施工定额为基础进行编制,而企业定额编制时往往以预算定额作为控制的参考依据。企业定额的编制水平一般高于预算定额。施工定额是企业定额中的一种,主要是指施工现场中的人工、材料和机械台班的消耗量标准。它们之间有一定的关联性,都规定了完成单位合格产品所需的人工、材料和机械台班的消耗量标准。

(2)相互区别

①研究对象不同。预算定额以可计价的分部分项工程为研究对象,施工定额以施工过程为研究对象。前者在后者基础上,在研究对象上进行了科学的综合扩大。而企业定额与

施工定额基本相同。

②编制单位和使用范围不同。预算定额由国家、行业或地区建设主管部门编制,是国家、行业或地区建设工程造价计价法规性标准。企业定额是由企业编制,是企业内部使用的定额。

③编制时考虑的因素不同。预算定额综合考虑了众多企业的一般情况,考虑了施工过程中,对前面施工工序的检验,对后继施工工序的准备,以及相互搭接中的技术间歇、零星用工及停工损失等人工、材料和机械台班消耗量的增加因素。企业定额是依据本企业的技术经济状况和施工水平编制的,考虑的是本企业施工的情况;施工定额考虑更多的是现场工程具体的施工技术水平。

④编制水平不同。预算定额采用社会平均水平编制,反映的是社会平均水平;企业定额采用企业自身水平编制,反映的是社会先进水平和个别成本。

2. 施工定额

1)概述

(1)施工定额的概念及性质

施工定额是以同一性质的施工过程或工序为测算对象,确定建筑安装工人在正常的施工条件下,为完成某种单位合格产品所需合理的人工、材料和机械台班的消耗量标准。施工定额由劳动定额、材料消耗定额、机械台班使用定额组成,是最基本的定额。

施工定额是直接用于施工管理中的一种定额,是建筑安装企业的生产定额,它是由地区主管部门或企业根据全国统一劳动定额、材料消耗定额和机械台班使用定额结合地区特点而制定的一种定额。有些地区就直接使用全国统一劳动定额和机械台班使用定额。

(2)施工定额的作用

施工定额是建筑安装企业进行科学管理工作的基础,它的主要作用表现在以下几个方面:

①施工定额是企业编制施工预算,进行工料分析和“两算”对比的基础。

②施工定额是编制施工组织设计、施工作业计划的依据。

③施工定额是加强企业成本管理的基础。

④施工定额是建筑安装企业投标报价的基础。

⑤施工定额是组织和指挥施工生产的有效工具。

⑥施工定额是计算工人劳动报酬的依据,为提高工人劳动积极性创造了条件。

(3)施工定额的编制依据

①经济政策和劳动制度。施工定额虽是技术定额,但它具有很强的法令性,编制施工定额必须依据党和国家的相关方针、政策及劳动制度。

②技术依据。主要是指各类技术规范、规程、标准和技术测定数据、统计资料等。

③经济依据。主要是指各类定额,尤其是现行的各类施工定额及各省、自治区、直辖市乃至企业的有关现行的、历史的定额资料数据;另外还有日常积累的有关材料、机械、能源等消耗的资料、数据。

(4)施工定额的编制原则

①平均先进水平原则。所谓平均先进水平,是指在正常条件下,多数生产者经过努力可

以达到,少数生产者可以接近,个别生产者可以超过的水平。一般情况下,它低于先进水平而略高于平均水平。

②简明适用原则。简明适用原则是在适用基础上的简明。它主要针对施工定额的内容和形式而言,它要求施工定额的内容较丰富,项目较齐全,适用性强,能满足施工组织与管理和计算劳动报酬等多方面的要求。同时要求定额简明扼要,容易为工人和业务人员所理解、掌握,便于查阅和计算等。

③以专为主、专群结合的原则。施工定额的编制工作必须由施工企业中经验丰富、技术与管理知识全面、熟悉国家技术经济政策的专门队伍完成。同时定额的编制和贯彻都离不开群众,因此编制定额必须走群众路线。

(5)施工定额的编制程序

由于编制施工定额是一项政策性强、专业技术要求高、内容繁杂的细致工作,为了保证编制质量和计算的方便,必须采取各种有效的措施、方法,拟定合理的编制程序。

①拟订编制方案

a.明确编制原则、方法和依据。

b.确定定额项目。

c.选择定额计量单位。定额计量单位包括定额产品的计量单位和定额消耗量中的人工、材料、机械台班的计量单位。其计量单位都可能使用几种不同的单位。

②拟定定额的适用范围。首先应明确定额适用于何种经济体制的施工企业,不适用于何种经济体制的施工企业,应给予明确的划定和说明,使编制定额有所依据;其次,应结合施工定额的作用和一般工业、民用建筑安装施工的技术经济特点,在定额项目划分的基础上,对各类施工过程或工序定额。拟定出适用范围。

③拟定定额的结构形式

a.定额结构是指施工定额中各个组成部分的配合组织方式和内容构造。定额结构形式必须贯彻简明适用性原则,适合计划、施工和定额管理的需要,并应便于施工班组的执行。

b.定额结构形式的内容主要包括:定额表格式样,定额中的册、章、节的安排,项目划分、文字说明,计算单位的选定和附录等内容。

④定额水平的测算。在新编定额或修订单项定额工作完成之后,均需进行定额水平的测算对比,为上级有关部门及时了解新编定额的编制过程,反映新编定额的水平或降低的幅度等变化情况,做出分析和说明。只有经过新编定额与现行定额可比项目的水平测算对比,才能对新编加的质量和可行性做出评价,决定可否颁布执行。

2)劳动定额

(1)劳动定额的概念

劳动定额,也称人工定额。它是在正常的施工技术组织条件下,完成单位合格产品所必需的劳动消耗量的标准。这个标准是国家和企业对工人在单位时间内完成产品的数量和质量的综合要求。

劳动定额的表现形式分为时间定额和产量定额两种。

①时间定额。时间定额是指在一定的生产技术和生产组织条件下,某工种、某种技术等级的工人班组或个人完成符合质量要求的单位产品所必需的工作时间。定额时间包括工人

的有效工作时间(准备与结束时间、基本工作时间、辅助工作时间)、不可避免的中断时间和工人必需的休息时间。

时间定额以工日为单位,每个工日工作时间按现行制度规定为8h,其计算方法如下:

$$单位产品时间定额(工日) = \frac{1}{每工产量} \qquad (2-1)$$

或

$$单位产品时间定额(工日) = \frac{小组成员工日数总和}{小组台班产量} \qquad (2-2)$$

②产量定额。产量定额是指在合理的劳动组织和合理地使用材料的条件下,某工种、某种技术等级的工人班组或个人在单位工日中所应完成的合格产品的数量。产量定额的常用计量单位有米(m)、平方米(m^2)、立方米(m^3)、吨(t)、块、根、件、扇等,其计算方法如下:

$$产量定额 = \frac{产品数量}{劳动时间} \qquad (2-3)$$

③时间定额与产量定额的关系。从时间定额与产量定额的概念和公式,我们可以得出,时间定额与产量定额互为倒数,即:

$$时间定额 = \frac{1}{产量定额} \qquad (2-4)$$

(2)工作时间

完成任何施工过程,都必须消耗一定的工作时间。要研究施工过程中的工时消耗量,就必须对工作时间进行分析。

工作时间是指工作班的延续时间。建筑安装企业工作班的延续时间为8h。

工作时间的研究是将劳动者整个生产过程中所消耗的工作时间,根据其性质、范围和具体情况进行科学划分、归类,明确规定哪些属于定额时间,哪些属于非定额时间,找出非定额时间损失的原因,以便拟定技术组织措施,消除产生非定额时间的因素,充分利用工作时间,提高劳动生产率。

对工作时间的研究和分析,可以分工人工作时间和机械工作时间两个系统进行。

①工人工作时间

第一,定额时间。定额时间是指工人在正常施工条件下,为完成一定数量的产品或任务所必须消耗的工作时间。具体内容包括以下5点:

a.准备与结束工作时间。即工人在执行任务前的准备工作(包括工作地点、劳动工具、劳动对象的准备)和完成任务后整理工作时间。通常与工程量大小无关,而与工作性质有关。一般分为班内准备与结束时间、任务内准备与结束时间。班内准备与结束时间具有经常性消耗的特点,如领取材料和工具、工作地点布置、检查安全技术措施、工地交接班等。任务内的准备与结束时间与每个工作日交替无关。仅与具体任务有关,多由工人接受任务的内容决定。

b.基本工作时间。即工人完成与产品生产直接有关的准备工作,如砌砖施工过程的挂线、铺灰浆、砌砖等工作时间。基本工作时间一般与工程量的大小成正比。

c.辅助工作时间。即为了保证基本工作顺利完成而同技术操作无直接关系的辅助性工作时间,如修磨校验工具、移动工作梯、工人转移工作地点等所必需的时间。辅助工作不能使产品的形状、性质、结构位置等发生变化。

d. 休息时间。即工人恢复体力所必需的时间。这种时间是为了保证工人精力充沛地进行工作,所以应作为定额时间。休息时间的长短与劳动条件、劳动强度、工作性质等有关。

e. 不可避免的中断时间。即由于施工工艺特点所引起的工作中断时间,如汽车驾驶员等候装货的时间、安装工人等候构件起吊的时间等。

第二,非定额时间。具体内容包括以下3点:

a. 多余和偶然工作时间。即在正常施工条件下不应发生的时间消耗,如拆除超过规定高度的多余墙体的时间等。

b. 施工本身造成的停工时间。即由于气候变化和水、电源中断而引起的停工时间。停工时间按其性质可分为施工本身造成的停工时间和非施工本身造成的停工时间两种。施工本身造成的停工时间是指由于施工组织不善、材料供应不及时、准备工作不善、工作地点组织不良等情况引起的停工时间;非施工本身造成的停工时间是指由于气候条件以及水源、电源中断等情况引起的停工时间。

c. 违反劳动纪律的损失时间。即在工作班内工人迟到、早退、闲谈、办私事等原因造成的工时损失。

②机械工作时间。机械工作时间的分类与工人工作时间的分类相比,有一些不同点,如在必须消耗的时间中所包含的有效工作时间的内容不同。通过分析可以看到,两种时间的不同点是由机械本身的特点所决定的。

第一,定额时间。

a. 有效工作时间。即包括正常负荷下的工作时间、有根据的降低负荷下的工作时间。

b. 不可避免的无负荷工作时间。即由施工过程的特点所造成的无负荷工作时间,如推土机到达工作段终端后倒车时间、起重机吊完构件后返回构件堆放地点的时间等。

c. 不可避免的中断时间。即与工艺过程的特点、机械使用中的保养、工人休息等有关的中断时间,如汽车装卸货物的停车时间、给机械加油的时间、工人休息时的停机时间等。

其计算公式为:

$$定额时间 = 基本工作时间 + 辅助工作时间 + 准备与结束工作时间 + \qquad (2\text{-}5)$$
$$不可避免的中断时间 + 休息时间$$

第二,非定额时间。

a. 机械多余的工作时间。即机械完成任务时无须包括的工作占用时间,如灰浆搅拌机搅拌时多运转的时间、工人没有及时供料而使机械空运转的延续时间。

b. 机械停工时间。即由于施工组织不好或气候条件影响所引起的停工时间,如未及时给机械加水、加油而引起的停工时间等。

c. 违反劳动纪律的停工时间。即由于工人迟到、早退等原因引起的机械停工时间。

(3)劳动定额的编制方法

①技术测定法。技术测定法是一种科学的调查研究方法,是指根据现场测定资料编制时间消耗定额的一种方法。用技术测定法制定的定额具有较充分的科学依据,因而准确性较高,但工作中运用的技术往往较为复杂,工作量偏大。

②统计计算法。统计计算法是运用测定、统计的方法统计完成某项单位产品时间消耗的数据的一种方法。统计计算法方法简便，只需对统计的资料、数据加以分析和整理，但是统计资料中不可避免地包含着各种不合理的因素。

③经验估计法。经验估计法是根据施工技术人员、生产管理人员和现场工人的实际工作经验，对生产某一产品或完成某项工作所需的人工进行分析，从而确定时间定额耗用量的一种方法。经验估计法编制过程较简单，但是定额精度差，容易受人为因素的影响。

④比较类推法。比较类推法是指首先选择有代表性的典型项目，用技术测定法编制出时间消耗定额，然后根据测定的时间消耗定额用比较类推的方法编制出其他相同类型或相似类型项目时间消耗定额的一种方法。比较类推法简单可行，有一定的准确性，但只能用正比例关系来编制相关定额，故有一定的局限性。

（4）劳动定额的应用

①劳动定额的表现形式

a. 单式表示法。针对某些耗工量大，计量单位为台、件、套等自然计量单位的定额以及部分按工种分列的项目，仅表示时间定额，不表示产量定额。

b. 复式表示法。在同一栏内用分式列出时间定额和产量定额，分子表示时间定额，分母表示产量定额。在《全国建筑安装工程统一劳动定额》中，多采用复式表示法。

②劳动定额的应用。时间定额和产量定额是同一个劳动定额的两种不同的表达方式，但其用途各不相同。

a. 时间定额便于综合，便于计算劳动量、编制施工计划和计算工期。

b. 产量定额具有形象化的优点，便于分配施工任务、考核工人的劳动生产率和签发施工任务单。

【例 2-1】　人工挖二类土，由测时资料可知：挖 $1m^3$ 需消耗基本工作时间 70min，辅助工作时间占工作班延续时间的 2%，准备与结束工作时间占 1%，不可避免的中断时间占 1%，休息时间占 20%。试确定时间定额和产量定额。

解　定额时间为：

$$定额时间 = \frac{70min}{1-(2\%+1\%+1\%+20\%)} = 92(min)$$

时间定额为：

$$时间定额 = \frac{92min}{8\times60min/工日} = 0.192(工日)$$

根据时间定额可计算出产量定额为：

$$\frac{1}{0.192}m^3 = 5.2(m^3)$$

3）材料消耗定额

（1）材料消耗定额的概念

材料消耗定额是指在正常的施工条件和合理使用材料的情况下，完成合格的单位产品所必须消耗的建筑安装材料（如原材料、半成品、制品、预制品、燃料等）的数量标准。在一般的工业与民用建筑中，材料费用占整个工程造价的 60%～70%。因此，能否降低成本在很大程度上取决于建筑材料使用是否合理。

根据材料使用次数不同,建筑材料可分为直接性材料(也称为非周转性材料,是指在建筑工程施工中,一次性消耗并直接构成工程实体的材料)和周转性材料(不能直接构成建筑安装工程的实体,但是完成建筑安装工程合格产品所必需的工具性材料)。

(2)材料消耗定额的构成

材料消耗定额包括直接用于建筑和安装工程上的材料、不可避免的施工废料和材料施工操作损耗。其中直接用于建筑和安装工程上的材料消耗称为材料消耗净用量(材料净耗量),不可避免的施工废料和材料施工操作损耗称为材料损耗量。

材料消耗定额与材料损耗定额之间具有下列关系:

$$材料消耗定额(材料消耗量)=材料消耗净用量+材料损耗量 \qquad (2\text{-}6)$$

$$材料损耗率=\frac{材料损耗量}{材料消耗量}\times100\% \qquad (2\text{-}7)$$

在材料损耗率确定之后,编制材料消耗定额时,通常采用下列公式:

$$材料消耗量=材料消耗净用量\times(1+材料损耗率) \qquad (2\text{-}8)$$

(3)编制材料消耗定额的基本方法

①观测法。观测法又称现场测定法,是指在合理和节约使用材料的前提下,在现场对施工过程进行观察,记录出数据,测定出哪些是不可避免的损耗材料,应该记入定额之中,哪些是可以避免的损耗材料,不应该记入定额之中。通过现场观测,确定出合理的材料消耗量,进而制定出正确的材料消耗定额。

②试验法。试验法又称实验室试验法,由专门从事材料试验的专业技术人员,使用实验仪器来测定材料消耗定额的一种方法。这种方法可以较详细地研究各种因素对材料消耗的影响,且数据准确,但仅适用于在实验室内测定砂浆、混凝土、沥青等建筑材料的消耗定额。

③统计法。所谓统计法,是指对分部(分项)工程拨付一定的材料数量、竣工后剩余的材料数量以及完成合格建筑产品的数量,进行统计计算而编制材料消耗定额的方法。这种方法不能区分施工中的合理材料损耗和不合理材料损耗,因此,得出的材料消耗定额准确性偏低。

④理论计算法。理论计算法又称计算法,它是根据施工图纸,运用一定的数学公式计算材料的耗用量。理论计算法只能计算出单位产品的材料净用量,材料的损耗量还要在现场通过实测取得。例如,$1m^3$ 标准砖墙中,砖、砂浆的净用量计算公式为:

$$砖净用量=\frac{1}{(砖宽+灰缝)\times(砖厚+灰缝)}\times\frac{1}{砖长} \qquad (2\text{-}9)$$

$$砂浆净用量=1m^3 砌体-砖体积 \qquad (2\text{-}10)$$

【例2-2】 用标准砖(240mm×115mm×53mm)砌 1 砖厚墙。试求 $1m^3$ 的砖墙中标准砖、砂浆的净用量。

解 $1m^3$ 的标准 1 砖墙中标准砖的净用量为:

$$砖净用量=\frac{1}{(砖宽+灰缝)\times(砖厚+灰缝)}\times\frac{1}{砖长}$$

$$=\frac{1}{(0.115+0.01)\times(0.053+0.01)}\times\frac{1}{0.24}=529(块)$$

$1m^3$ 的 1 砖墙中砂浆的净用量为：

$$砂浆净用量 = 1m^3 砌体 - 砖体积$$

其中：

$$每块标准砖的体积 = 0.24 \times 0.115 \times 0.053 = 0.001\ 462\ 8(m^3)$$

所以：

$$砂浆净用量 = 1 - 529 \times 0.001\ 462\ 8 = 0.226(m^3)$$

⑤周转性材料消耗量计算。周转性材料在工程中常用的有模板、脚手架等。这些材料在施工中随着使用次数的增加而逐渐被耗用完，故称为周转性材料。周转性材料在定额中是按照多次使用、分次摊销的方法计算。周转性材料消耗定额一般考虑下列 4 个因素：

a. 第一次制造时的材料消耗（一次使用量）。

b. 每周转使用一次材料的损耗（第二次使用时需要补充）。

c. 周转使用次数。

d. 周转材料的最终回收及其回收折价。

定额中周转材料消耗量指标的表示，应当用一次使用量和摊销量两个指标表示。

考虑模板周转使用补充和回收时的计算公式：

$$摊销量 = 周转使用量 - 周转回收量 \tag{2-11}$$

$$投入使用量 = 一次使用量 + 一次使用量 \times (周转次数 - 1) \times 损耗率 \tag{2-12}$$

$$周转回收量 = \frac{周转使用最终回收量}{周转次数} \tag{2-13}$$

$$周转使用量 = \frac{投入使用量}{周转次数} \tag{2-14}$$

不考虑模板周转使用补充和回收时的计算公式：

$$摊销量 = \frac{一次使用量}{周转次数} \tag{2-15}$$

4）机械台班使用定额

机械台班使用定额是施工机械生产率的反映。编制高质量的机械台班使用定额是合理组织机械化施工、有效地利用施工机械、进一步提高机械生产率的必备条件。编制机械台班使用定额，主要包括以下内容：

（1）拟定正常工作的施工条件

机械操作与人工操作相比，劳动生产率在更大的程度上受施工条件的影响，因此更要重视拟定正常工作的施工条件。

（2）确定机械纯工作 1h 的正常生产率

确定机械正常生产率必须先确定机械纯工作 1h 的正常生产率，因为只有先取得机械纯工作 1h 的正常生产率，才能根据机械正常利用系数计算出机械台班使用定额。

机械纯工作时间是指机械必须消耗的净工作时间，它包括正常工作负荷下、有根据降低负荷下、不可避免的无负荷时间和不可避免的中断时间。机械纯工作 1h 的正常生产率，就是在正常施工条件下，由具备一定技能的技术工人操作机械纯工作 1h 的劳动生产率。

确定机械纯工作 1h 的正常生产率可以分为以下三步进行：

第一步,计算机械一次循环的正常延续时间。

第二步,计算机械纯工作 1h 的循环次数。

第三步,计算机械纯工作 1h 的正常生产率。

(3)确定机械正常利用系数

机械正常利用系数是指机械在工作班内工作时间的利用率。机械正常利用系数与工作班内的工作状况有着密切的关系。

确定机械正常利用系数。首先,要计算工作班在正常状况下,准备与结束工作、机械开动、机械维护等工作所必须消耗的时间,以及机械有效工作的开始与结束时间;然后,计算机械工作班的纯工作时间;最后,确定机械正常利用系数。机械正常利用系数的计算公式为:

$$机械正常利用系数 = \frac{工作班机械纯工作时间}{机械工作延续时间} \qquad (2\text{-}16)$$

(4)计算机械台班使用定额

计算机械台班使用定额是编制机械台班定额的最后一步。在确定了机械工作正常条件、机械纯工作 1h 的正常生产率和机械正常利用系数后,就可以确定机械台班使用定额了。机械台班使用定额的计算公式为:

$$机械台班使用定额 = 机械纯工作 1h 的正常生产率 \times 工作班延续时间 \times 机械正常利用系数$$

$$(2\text{-}17)$$

三、预算定额

1. 概述

1)预算定额的概念

预算定额又称消耗量定额,是建筑工程预算基础定额和安装工程预算定额的总称。预算定额是确定一定计量单位的分项工程或结构构件的人工、材料、机械台班消耗量的标准,是国家及地区编制和颁发的一种法令性指标。预算定额是确定单位分项工程或结构构件单价的基础,它体现了国家、建设单位和施工企业之间的一种经济关系。预算定额是工程建设中一项重要的技术经济文件,它的各项指标反映了完成单位分项工程消耗的活劳动和物化劳动的数量限额,这种限额最终决定着单位工程的成本和造价。

2)预算定额的作用

预算定额主要有以下几个方面的作用:

(1)预算定额是编制施工图预算、确定和控制工程造价的主要依据。

(2)预算定额是对设计方案和施工方案进行技术经济比较和分析的依据。

(3)预算定额是编制标底、投标报价的重要依据。

(4)预算定额是建设单位和银行拨付建设资金、工程进度款和编制竣工结算的依据。

(5)预算定额是施工企业进行经济核算和经济活动分析的依据。

(6)预算定额是编制概算定额和概算指标的基础。

3)预算定额与施工定额的区别(表 2-1)

预算定额与施工定额的区别   表 2-1

项 目	施 工 定 额	预 算 定 额
作用	施工企业编制施工预算的依据	编制施工图预算、标底、工程决算的依据
定额内容	单位、分部、分项工程人工、材料、机械台班等消耗量	除人工、材料、机械台班等消耗量外,还有费用及单价(分得越细,综合性越强)
定额水平	比预算定额高出 10% 左右	社会平均水平(大多数企业和地区能达到和超过的水平)
存在幅度差	—	预算定额比施工定额考虑了更多的实际存在的可变因素,加上工序搭接、机械停歇、质量检查等,为此在施工定额的基础上增加一个附加额

4)预算定额的组成

预算定额一般按照工程种类不同,以分部工程分章编制,如土方工程、砖石工程等。每一章又按产品技术规格不同、施工方案不同等分为很多定额项目。整个预算定额手册一般由目录、总说明、分章说明、分项工程定额表和有关附录等组成。而建筑面积计算规则及工程量计算规则可单列成册。分项工程定额表一般由人工消耗定额、材料消耗定额、机械台班消耗定额和单位产品基价组成。

5)预算定额的编制原则

为了保证预算定额的编制质量,充分发挥预算定额在使用过程中的作用,在编制过程中必须贯彻以下原则。

(1)按社会平均水平的原则:在正常施工条件下,以平均的劳动强度、平均的技术熟练程度,在平均的技术装备条件下,完成单位合格产品所需的劳动消耗量就是预算定额的消耗量水平。这种以社会必要劳动时间来确定的定额水平,就是通常所说的平均水平。

(2)简明适用的原则:定额的内容和形式既要满足各方面使用的需要,具有多方面的适用性,同时又要简明扼要、层次清楚、结构严谨。

(3)技术先进、经济合理的原则:技术先进是指定额项目的确定、施工方法和材料的选择等,能够正确反映建筑技术水平,及时采用已成熟并得到普遍推广的新技术、新材料、新工艺,以促进生产的提高和建筑技术的发展。

2. 预算定额的编制依据

(1)现行的劳动定额、材料消耗定额、机械台班使用定额和施工定额。

(2)现行的设计规范、施工验收规范、质量评定标准和安全操作规程。

(3)常用的标准图和已选定的典型工程施工图纸。

(4)成熟推广的新技术、新结构、新材料、新工艺。

(5)施工现场的测定资料、实验资料和统计资料。

(6)过去颁布的预算定额及有关预算定额编制的基础资料。

(7)现行预算定额及预算资料和地区材料预算价格、工资标准及机械台班预算价格。

3. 预算定额的编制程序

预算定额的编制,大致可分为 5 个阶段,即准备阶段、收集资料阶段、编制定额初稿阶段、审核报批阶段和定稿整理资料阶段。

(1)准备阶段:这个阶段的主要任务是拟定编制方案,抽调人员组成专业组;确定编制定额的目的和任务;确定定额编制范围及编制内容;明确定额的编制原则、水平要求、项目划分和表现形式及定额的编制依据;提出编制工作的规划及时间安排等。

(2)收集资料阶段:这个阶段的主要任务是:在已确定的编制范围内,采用表格化收集基础资料,以统计资料为主,注明所需要的资料内容,填表要求和时间范围;邀请建设单位、设计单位、施工单位和管理部门有经验的专业人员,开座谈会,收集他们的意见和建议,收集现行的法律、法规资料,现行的施工及验收规范、设计标准、质量评定标准、安全操作规程等;收集以往的预算定额及相关解释,定额管理部门积累的相关资料;专项测定及科学试验,这主要是指混凝土配合比和砌筑砂浆试验资料等。

(3)编制定额初稿阶段:这个阶段的主要任务是:确定编制细则,包括统一编制表格及编制方法、统一计量单位和小数点位数的要求、统一名称、统一符号、统一用字等,确定项目划分及工程量计算规则;定额人工、材料、机械台班耗用量的计算、复核和测算。

(4)审核报批阶段:这个阶段的主要任务是审核定稿,测算总水平,准备汇报材料。

(5)定稿整理资料阶段:这个阶段的主要任务是印发征求意见稿,修改整理报批,撰写编制说明,立档、成卷。

4.预算定额的编制方法

在基础资料完备可靠的条件下,编制人员应反复熟悉各项资料,确定各项目名称、工作内容、施工方法以及预算定额的计量单位等。在此基础上计算各个分部分项工程的人工、材料和机械的消耗量。

(1)确定各项目的名称、工作内容及施工方法。

(2)确定预算定额的计量单位。

(3)按典型设计图纸和资料计算工程量。

5.预算定额消耗量指标的确定

1)人工消耗量的确定

(1)以劳动定额为基础计算人工工日数的方法:预算定额中的人工消耗指标是指完成该分项工程必须消耗的各种用工,包括基本用工、超运距用工、辅助用工和人工幅度差。

①基本用工。既是指完成单位合格产品所必须消耗的技术工种用工,也是指完成该分项工程的主要用工,如砌筑各种砖墙中的砌砖、运输以及调制砂浆的用工量。其计算公式为:

$$基本用工 = \sum(综合取定的工程量 × 施工劳动定额) \qquad (2-18)$$

②超运距用工。是指预算定额中的材料、半成品的平均水平运距超过劳动定额基本用工中规定的距离所需增加的用工量。超运距是指预算定额取定运距与劳动定额规定的运距之差。其计算公式为:

$$超运距用工 = \sum(超运距材料数量 × 超运距劳动定额) \qquad (2-19)$$

③辅助用工。是指施工现场发生的材料加工等用工,如机械土方工程配合用工,筛石子、淋石灰膏的用工。其计算公式为:

$$辅助用工 = \sum(材料加工数量 × 相应的加工劳动定额) \qquad (2-20)$$

④人工幅度差。是指在劳动定额作业时间之外,在预算定额中应考虑的在正常施工条件下所发生的各种工时损失。内容包括:各工种间的工序搭接及交叉作业互相配合发生的

停歇用工,施工机械的单位工程之间转移及临时水电线路移动所造成的停置,质量检查和隐蔽工程验收工作的影响,班组操作地点转移用工,工序交接时对前一工序不可避免的修理用工,施工中不可避免的其他零星用工。其计算公式为:

$$人工幅度差 = (基本用工 + 超运距用工 + 辅助用工) \times 人工幅度差系数 \qquad (2-21)$$

式中,人工幅度差系数一般为 10% ~ 15% 。人工消耗量指标确定以后,将人工消耗量指标乘以相应的人工单价就可以得出相应的人工费。

(2)以现场测定资料为基础计算人工工日数的方法:根据劳动定额缺项的需要进行测定项目,可采用现场工作日写实等测时方法测定和计算定额的人工消耗量。

(3)人工工日消耗量指标的计算:根据选定的若干份典型工程图纸,经工程量计算后,再计算各项人工消耗量。

2)材料消耗量的确定

预算定额中的材料消耗量指标是由材料的净用量和损耗量所组成。

材料损耗量指在正常施工条件下不可避免、合理的材料损耗,主要由施工操作损耗、场内运输(从现场内材料堆放点或加工点到施工操作点)损耗、加工制作损耗和现场管理损耗(操作地点的堆放及材料堆放地点的管理)所组成。

(1)材料消耗量的分类

完成单位合格产品所必须消耗的材料数,按用途划分为以下 4 种:

①主要材料。是指直接构成工程实体的材料,包括原材料、成品、半成品。

②辅助材料。是指构成工程实体的辅助性材料,如垫木、钉子、铅丝、垫块等。

③周转性材料。是指钢管、模板、夹具等多次周转使用的材料。这些材料是按多次使用、分次摊销的方式计入预算定额的。

④其他材料。是指用量较少、并难以计量,且不构成工程实体,但需配合工程的零星用料,如棉纱、编号用的油漆等。

(2)材料消耗量的计算方法

①按规范要求计算。凡有规定标准的材料,按规范要求计算定额计量单位消耗量,如砖、防水卷材、块料面层等。

②按设计图纸计算。凡设计图纸有标注尺寸及下料要求的按设计图纸尺寸计算材料净用量,如门窗制作用材料等。

③用换算法计算。各种胶结、涂料等材料的配合比用料,可以根据要求换算,得出材料用量。

④用测定法计算。包括试验室试验法和现场观测法。各种强度等级的混凝土及砌筑砂浆按配合比要求耗用原材料的数量,须按规范要求试配,经过试压合格后,并经必要的调整得出水泥、砂子、石子、水的用量。

各地区、各部门都在合理测定和积累资料的基础上编制了材料的损耗率表。材料的消耗量、净用量、损耗率之间关系式如下:

$$材料消耗量 = 材料净用量 + 材料损耗量 = 材料净用量 \times (1 + 材料损耗率) \qquad (2-22)$$

工程中的各种材料消耗量确定以后。将其消耗量分别乘以相应的材料价格后汇总,就可以得出预算定额中相应的材料费。材料费在工程中所占比重较大,材料数量和其价格的取定,必须慎重并合理确定。

【例2-3】 计算 $1m^3$ 砖厚内墙所需砖和砂浆的消耗量。砖与砂浆的损耗率均为 1% 。已知每块标准的体积 $= 0.24 \times 0.115 \times 0.053 = 0.0014628m^3$ 。

解 首先计算砖与砂浆的净用量:

$$砖的净用量 = \frac{1}{0.24 \times (0.24 + 0.01) \times (0.053 + 0.01)} \times 2 \times 1 = 529.1(块)$$

$$砂浆的净用量 = 1 - 529.1 \times 0.0014 = 0.226(m^3)$$

经有代表性图纸测算,一砖内墙中的梁头、垫块所占体积为 0.376% ,总扣减 0.376% 。

则砖与砂浆的消耗量为:

$$砖的消耗量 = 529.1 \times (1 - 0.376\% + 1\%) = 532.4(块)$$

$$砂浆的消耗量 = 0.226 \times (1 - 0.376\% + 1\%) = 0.227(m^3)$$

3)机械台班消耗量的确定

预算定额的机械台班消耗量又称机械台班使用量,计量单位是台班。它是指在合理使用机械和合理施工组织条件下,完成单位合格产品所必须消耗的机械台班数量的标准。预算定额的机械台班消耗量指标,一般是按全国统一劳动定额中的机械台班产量,并考虑一定的机械幅度差进行计算的。每个工作台班按机械工作 $8h$ 计算。

机械幅度差是指全国统一劳动定额规定范围内没有包括实际中必须增加的机械台班消耗量。机械幅度差系数为:土方机械 25% ,打桩机械 33% ,吊装机械 30% 。砂浆、混凝土搅拌机由于按小组配用,以小组产量计算机械台班产量,不另增加机械幅度差。其他分部工程中如钢筋、木材、水磨石加工等各项专用机械的幅度差为 10% 。

$$预算定额机械台班消耗量 = 劳动定额机械台班消耗量 \times (1 + 机械幅度差) \quad (2-23)$$

预算定额中施工机械消耗量台班确定以后,将其乘以相应的机械台班价格,就可以得出相应的机械费。

【例2-4】 用水磨石机械施工配备 2 人,查劳动定额可知产量定额为 $4.76m^2/工日$,考虑机械幅度差为 10% 。试计算每 $100m^2$ 水磨石机械台班消耗量。

解 $$机械台班消耗量 = \frac{100}{4.76 \times 2} \times (1 + 10\%) = 11.55(台班)$$

上述各分项工程人工消耗量、材料消耗量和机械台班消耗量构成了预算定额的主体内容;人工费、材料费、施工机械费之和构成了预算定额中某分部、分项工程的基价。由于人工、材料、机械台班单价随市场变化,在有的预算定额中,对一时未确定或不便统一规定的材料、机械的单价的内容,只列出消耗数量,未列出全部费用。

四、定额的应用

使用建筑工程定额,必须详细了解定额总说明和章节说明,并详细阅读定额的各附录和定额表的附注,从而了解定额的使用范围、工程量计算方法、各种条件变化情况下的换算方法等。

1. 熟悉定额

为了正确运用定额,应注意做到以下几点:

（1）要浏览目录，了解定额分部分项工程的划分情况，这是正确计算工程量、编制预算的前提条件。

（2）要学习消耗量定额的总说明、分部说明，这是正确计算定额的先提条件。随着生产力的发展，新结构、新工艺、新材料不断涌现，现有定额已经不能完全适用，就需要修正定额或补充定额，总说明、分部说明则为换算定额、补充定额提供了依据。所以必须认真学习，深刻理解。

（3）要反复学习，实践练习，掌握建筑面积计算规则和分部、分项工程量计算规则。

只有在学习、理解、熟记上述内容的基础上，才会依据设计图纸和定额，不漏项，也不重复地确定工程量计算项目，正确计算工程量，准确套用定额，以正确计算工程造价。

2. 定额应用

根据施工图纸的具体要求和工程量计算规则，列出工程量清单项目，接下来应该套用定额，主要有 3 种情况。

1）直接套用

施工图设计要求和施工方案与定额工程内容完全一致时，可以"对号入座，直接套用"。

【例 2-5】　某房间进行装修，其天棚为混凝土面，抹混合砂浆，工程量为 24.6m²，计算天棚抹灰的人材机合价。

解　根据某省装饰装修工程预算定额基价，天棚抹混合砂浆（定额编号 3 - 7）：1109.74元/100m²。

例题要求与定额工程内容完全一致，可直接套用。天棚抹灰的合价为：
$$1109.74 \div 100 \times 24.6 = 273.10（元）$$

2）换算套用

当施工图设计要求或施工方案与定额内容基本一致，但有部分不同时，根据定额规定，有以下几种情况：

（1）定额规定不允许换算：为了强调定额的权威性，在总说明和各分部说明中均提出几条不准调整的规定。如"本定额包括施工过程中所需的人工、材料、半成品和机械台班数量，除定额中有规定允许调整外，不能因具体工程施工组织设计、施工方法及工、料、机等耗用与定额不同时进行调整换算。"这类规定首先确定了定额的依据及合理性，同时明确不准调整定额的规定，为其顺利执行提供了必要条件。

（2）定额允许换算、调整：为了使用方便，适当减少子目，定额对一些工、料、机消耗基本相同，只在某一方面有所差别的项目，采用在定额中只列常用做法项目，另外规定换算和调整方法。

①预算定额乘系数的换算。这类换算是根据预算定额章说明或附注的规定对定额子目的某消耗量乘以规定的换算系数，从而确定新的定额消耗量。

②利用定额的附属子目换算。预算定额为了体现定额的简明实用原则，常常设置一些所属子目，提供一个简捷换算的平台。这样，一方面大大压缩了定额项目表的数量，另一方面使定额换算更方便。

③定额基价的换算。预算定额如果包含有预算定额基价时，常常因为图纸中的材料与定额不一致，而施工技术和工艺没有变化而发生换算，如砂浆等级与定额不符、混凝土等级与定额不符等这类换算均属于定额基价的换算。

$$换算后的基价 = 换算前的定额基价 \pm (混凝土或砂浆的定额用量 \times \qquad (2-24)$$
$$两种强度等级的混凝土或砂浆单价差)$$

其换算步骤如下:

a. 从预算定额附录的混凝土、砂浆配合比表中找出该分项工程项目与其相应定额规定不相符并需要进行换算的不同强度等级混凝土、砂浆每立方米的单价。

b. 计算两种不同强度等级混凝土或砂浆的价差。

c. 从定额项目表中找出该分项工程需要进行换算的混凝土或砂浆定额消耗量及该分项工程的定额基价。

d. 计算该分项工程由于混凝土或砂浆强度等级的不同而影响定额原基价的差值。

e. 计算该分项工程换算后的定额基价。

④材料断面换算。当木门窗的设计尺寸与定额规定的截面尺寸不同时,可根据设计的门窗框、扇的断面以及定额断面和定额材积进行定额换算。其换算公式为:

$$换算后的木材体积 = \frac{设计断面}{定额断面} \times 定额材积 \qquad (2-25)$$

式中,定额断面大小可参见预算定额的说明,其中框断面以边框断面为准,扇料以立梃断面为准。换算的步骤为:

a. 从相应的预算定额中查出该门窗框(扇)的定额基价、定额材积和定额断面。

b. 根据设计的门窗框(扇)的断面和定额材积按换算公式计算该门窗框(扇)所需木材体积。

c. 从预算定额的"材料预算价格"中查出相应的木材单价。

d. 按下式计算换算后的定额基价:

$$换算后的基价 = 换算前的定额基价 \pm (换算后的材积 - \qquad (2-26)$$
$$换算前的定额材) \times 相应的木材单价$$

⑤其他换算。定额允许换算的项目是多种多样的,除了上面介绍的几种以外,还有由于材料的品种、规格发生变化而引起的定额换算,由于砌筑、浇筑或抹灰等厚度发生变化而引起的定额换算等,这些换算可以参照以上介绍的换算方法灵活进行。

【例2-6】 某房间现浇混凝土板工程量为4.07m^3,计算现浇混凝土平板的合价。

解 依据某省建筑工程预算定额基价:

①平板,C20混凝土,板厚100以内(定额编号4-36):2594.34元/10m³。

②因例题要求与定额内容不一致,故需要换算定额:

C25混凝土单价为:183.11元/m³,C20混凝土单价为:178.25元/m³,混凝土消耗量为:10.150m³/m³,则定额编号(4-36)换为:

$$2594.34 + (183.11 - 178.25) \times 10.150 = 2643.67(元/10\text{m}^3)$$

③则平板的定额为264.37元/m³。

$$平板的合价为:2643.67 \div 10 \times 4.07 = 1075.97(元)$$

3)补充定额

施工图设计要求或施工工艺、施工机具在定额中没有时,或结构设计采用了新的结构做法,定额缺项,则应先编制补充定额,然后套用。编制补充定额的具体方法,参看各省、自治区、直辖市相关规定。

五、概算定额与概算指标

1. 概算定额

1）概算定额的概念

概算定额是指在预算定额基础上以主要分项工程为准，综合相关分项的扩大定额，具体规定了完成一定计量单位的扩大结构构件或扩大分项工程的人工、材料和机械台班的消耗量标准。

概算定额是将预算定额中相关联的若干分项工程项目，综合扩大为一个概算项目。例如概算定额中的砖基础工程，往往把预算定额中的挖地槽、基础垫层、砌筑基础、敷设防潮层、回填土、余土外运等项目，综合为一项砖基础工程。

2）概算定额的作用

（1）概算定额是初步设计阶段编制建制项目概算和技术设计阶段编制修正概算的依据。建设程序规定采用两阶段设计时，其初步设计阶段必须编制概算；采用三阶段设计时，其技术设计阶段必须编制修正概算，对拟建项目进行总评价。

（2）概算定额是对设计方案进行技术经济分析比较的依据。设计方案技术经济比较，是为了选择出技术先进可靠、经济合理的方案，在满足使用功能的条件下，达到降低造价和资源消耗的目的。概算定额采用扩大综合项目后可为设计方案的比较提供方便条件。

（3）概算定额是建设工程主要材料用量的计算基础。根据概算定额所列材料消耗指标计算工程用料数量，可在施工图设计之前提出申请计划，为材料的采购、供应做好施工准备。

（4）概算定额是编制概算指标和投资估算的依据。

（5）概算定额也可在实行总承包时作为已完工程价款结算的依据。

3）概算定额的编制

（1）编制依据

①现行的设计标准和规范以及施工和验收规范。

②现行的建筑安装工程预算定额。

③各有关部门批准颁发的标准设计图集和有代表性的设计图纸等。

④编制期人工工资标准、材料预算价格和机械台班费用等。

⑤有关施工图预算或工程决算等经济资料。

⑥过去颁发的核算定额。

（2）编制原则

概算定额是在预算定额基础上综合扩大的，在概算定额与预算定额之间允许出现幅度差，一般控制在5%内。

概算定额要贯彻简明适用的原则，做到简明易懂、项目齐全、粗细适度、计算方便、准确可靠，并且要做到不留活口或尽量少留活口。

（3）编制步骤

概算定额的编制一般分为：准备阶段、编制阶段、审查报批阶段3个阶段。

①准备阶段:主要是确定编制机构和人员组成、进行调查研究、了解现行概算定额的执行情况与存在的问题,确定编制范围。在此基础上制定概算定额的编制细则和概算定额项目划分。

②编制阶段:根据已制定的编制细则、定额项目划分和工程量计算规则,进行调查研究,对收集到的设计图纸和资料进行细致的测算和分析,编出概算定额初稿,并将概算定额的分项定额总水平与预算水平相比较控制在允许的幅度之内,以保证两者在水平上的一致性。如果概算定额与预算定额的水平差距较大时,则需对概算定额水平进行必要的调整。

③审查报批阶段:在征求意见并修改之后形成报批稿,经批准之后交付印刷。

4)概算定额的内容

按专业特点和地区特点编制的概算定额,由文字说明、定额项目表格和附录 3 个部分组成。

概算定额的文字说明中有总说明和分章说明,有的还有分册说明。在总说明中,要写明编制的目的和依据、所包括的内容和用途、使用的范围和应遵守的规定以及建筑面积的计算规则。分章说明规定了分部分项工程的工程量计算规则等。

2.概算指标

1)概算指标的概念

概算指标是一种以建筑面积、体积或万元造价为计量单位,以整个建筑物(构筑物)为依据,确定工程按规定计量单位所需消耗的人工、材料、机械台班数量的标准,通常以 $100m^2$、$1 000m^3$、座(构筑物)为概算指标的规定计量单位。概算指标较概算定额更为综合扩大,其构成数据均来自预算定额的有关预算资料。

概算指标按项目划分,有单位工程概算指标(如土建工程概算指标、水暖工程概算指标、电器工程概算指标)、单项工程概算指标和建设工程概算指标等。按费用划分有直接费概算指标和工程造价指标等。

2)概算指标的作用

(1)在设计深度不够的情况下,往往用概算指标编制初步设计概算,以估算工程造价、确定拨款限额。

(2)概算指标是编制基本建设投资计划和申请主要材料的依据。

(3)概算指标是设计单位和建设单位进行设计方案比较和分析投资经济效果的尺度。

3)概算指标的编制

(1)编制依据

①设计标准和规范,施工及验收规范。

②标准设计图和种类工程中具有代表性的典型设计图纸。

③各类工程的结算资料。

④不同结构类型的造价指标。

⑤现行概算定额、预算定额。

⑥材料预算价格、施工机械台班价格及人工工资标准。

（2）编制步骤和方法

概算指标编制同样分为配备工作、初稿编制工作和审定稿3个阶段。

概算指标的构成数据，是通过将各种工程的预算、概算和决算资料进行整理，对有关数据进行分析、归纳和计算而取得的。

4）概算指标的主要内容

以建筑工程概算指标为例，其主要内容有：

（1）编制说明：具体说明指标的作用、编制依据和使用方法等。

（2）指标内容

①示意图或工程情况说明。表明工程结构形式，对工业厂房还进一步表明起重机起重能力。

②经济指标。说明单项工程单方指标，其中含有土建、水暖、电气照明等各单位工程的每 $1m^2$ 造价。

③结构特征及工程量指标。说明建筑物的构造情况及每 $100m^2$ 建筑面积的扩大分期工程的工程量指标。

④人工及主要材料消耗指标。说明每 $100m^2$ 建筑面积的人工及主要材料消耗量指标。

第二节　建设工程计价方法及模式

一、概述

1. 建设工程计价的概念

计价，就是指计算建设工程造价。

建设工程造价即建设工程的价格。建设工程产品的价格是由人工费、材料费、施工机具使用费、管理费、利润、规费及税金组成，这与一般工业产品是相同的。但两者的价格确定方法大不相同，一般工业产品的价格是批量价格，如某规格型号的计算机价格 6980 元/台，则成百上千台该规格型号计算机的价格均是在 6980 元/台，甚至全国一个价。而建设工程产品的价格则不能这样，每个建设工程都必须单独定价，这是由建设工程产品的特点所决定的。

建设产品有建设地点的固定性、施工的流动性、产品的单件性、施工周期长、涉及部门广等特点。每个建设产品都必须单独设计和独立施工才能完成，即使使用同一套图纸，也会因建设地点和时间的不同，地质和地貌构造不同，各地消费水平的不同，人工、材料单价的不同，以及各地规费收取标准的不同等诸多因素影响，带来建设产品价格的不同。因此，建设产品价格必须由特殊的定价方式来确定，那就是每个建设产品必须单独定价。当然，在市场经济条件下，施工企业管理水平不同，竞争获取中标的目的不同，也会影响到建设产品价格高低，建设产品的价格是由市场竞争形成的。

2. 建设工程计价的特征

（1）计价的单件性：建设的每个项目都有特定的用途和目的，不同的结构形式、造型及装饰，特定地点的气候、地质、水文、地形等自然条件，以及当地的政治、经济、风俗等因素不同，再加不同地区构成投资费用的各种生产要素的价格差异，建设施工时可采用不同的工艺设备、建筑材料和施工方案，因此每个建设项目一般只能单独设计、单独建造，根据各自所需的物化劳动和活劳动消耗量逐项计价，即单件计价。

（2）计价的多次性：项目建设要经过 8 个阶段，是一个周期长、规模大、造价高、物耗多的投资生产活动的过程。工程造价则是一个随工程不断展开，逐渐地从估算到概算、预算、合同价、结算价的深化、细化和接近实际造价的动态过程，而不是固定的、唯一的和静止的。因此，必须对各个阶段进行多次计价，并对其进行监督和控制，以防工程费用超支。

（3）计价的组合性：工程造价的计算是由分部组合而成的。一个建设项目是一个复杂的综合体，可以分解为许多有内在联系的独立和不能独立的工程。计价时，需对建设项目进行分解并按其构成进行分步计算，逐层汇总。计价顺序是分部分项工程费用—单位工程造价—单项工程造价—建设项目总造价。

（4）计价方法的多样性：多次性计价有各不相同的依据，对造价的计算也有不同的精确度要求，这就决定了计价方法有多样性特征。如计算概、预算造价的方法有预算单价法、实物单价法和全费用综合单价法，计算投资估算的方法有设备系数法、生产能力指数法等。不同的方法利弊不同，适应条件也不同，计价时要根据具体情况加以选择。

（5）依据的复杂性：由于影响造价的因素多，所以计价的依据种类也多，主要有计算设备和工程量的依据，计算人工、材料、机械等实物消耗量的依据，计算工程单价的依据，计算设备单价的依据，计算措施费、间接费和工程建设其他费用的依据，政府规定的税金，物价指数和工程造价指数等。依据的复杂性不仅使计算过程复杂，而且要求计价人员熟悉各类依据，并加以正确的应用。

二、建设工程计价基本方法

工程造价计价的方法有多种，具体计算时各具特点，但它们的基本过程和原理是相同的。

1. 工程造价计价的影响因素

从工程费用计算角度分析，工程造价计价由小到大的顺序是：分部分项工程单价—单位工程造价—单项工程造价—建设项目总造价。可见，影响工程造价的因素主要有两个：单位价格和实物工程数量。即：

$$\sum_{i=1}^{n}（\text{工程量} \times \text{单位价格}）= \text{工程造价} \tag{2-27}$$

式中：i——第 i 个基本子项；

　　　n——工程结构分解得到的基本子项的数目。

基本子项的单位价格高，工程造价就高；基本子项的实物工程数量越大，工程造价就越高。

2. 基本子项的单位价格

基本子项的单位价格分析一般采用以下两种方法。

1）人材机单价

分部分项工程单价仅由人工、材料、机械资源要素的消耗量和价格形成，即：

$$单位价格 = \sum（分部分项工程的资源要素消耗量 \times 资源要素的价格）\qquad (2-28)$$

该单位价格即为人材机单价。

人工、材料、机械资源要素的消耗量的数据经过长期的搜集、整理和积累形成了工程建设定额，它是工程计价的重要依据，与劳动生产率、社会生产力水平、技术与管理水平密切相关。

资源要素的价格是影响工程造价的关键因素。在市场经济条件下，工程计价时应采用市场价格。

2）综合单价

（1）综合单价的构成

综合单价有全费用单价和部分费用单价两种。

①全费用单价。如果在单位价格中考虑人材机费以外的其他一切费用，则构成的就是全费用综合单价；全费用单价包含了建筑工程造价中的全部费用，是国际上较常用的一种清单报价编制方法。

②部分费用单价。如果在单位价格中考虑人材机费以外的其他某些费用，则构成的就是部分费用单价；部分费用单价是我国目前建筑工程中较常用的清单报价编制方法。根据我国 2013 年 7 月 1 日起实施的国家标准《建设工程工程量清单计价规范》2.0.8 的规定，综合单价指完成一个规定清单项目所需的人工费、材料和工程设备费、施工机具使用费和企业管理费、利润以及一定范围内的风险费用（本书中未特别注明的，综合单价均指此定义）。综合单价包括除规费和税金以外的所有费用，这是因为我国目前建筑市场存在过度竞争的情况，规费和税金作为不可竞争的费用很有必要。

由于各分部分项工程中的人工费、机械费、材料费所占比例不同，各分部分项工程可根据其材料费占人工费、机械费、材料费合计的比例（以 C 代表该项比值）在以下三种程序中选择一种计算其综合单价。

第一种：当 $C > C_0$（C_0 为根据本地区建设工程参考价目表测算所选典型分项工程材料费占人工费、机械费、材料费合计的比例）时，可采用以直接工程费合计为基数组价，见表2-2。此计价模式适用于所有的一般土建工程、机械土石方工程、桩基工程和装饰工程。

以工料机费用为基数组价表 表 2-2

项 目	计 算 式	合 价	其 中			
			人工费	机械费	材料费	一定范围内的风险费
分项工料机费用	$a+b+c+d$	A	a	b	c	d
分项管理费	A 费率	A_1				
分项利润	$(A+A_1) \times$ 费率	A_2				
分项综合单价	$A+A_1+A_2$					

第二种：当 $C < C_0$ 时，以人工费和机械费的合计为基数组价，见表2-3。此计价模式适用于市政工程。

以人工费和机械费合计为基数组价表 表2-3

项　目	计算式	合　价	其　中				
			人工费	材料费		机械费	一定范围内的风险费
				辅材	主材		
分项工料机费用	$a+b+c+d+e$	A	a	b	c	d	e
分项管理费	$(a+d)\times$费率	A_1					
分项利润	$(a+d)\times$费率	A_2					
分项综合单价	$A+A_1+A_2$						

第三种：若分项工程的工料机费用仅以人工费为主时，以人工费为基数组价，见表2-4。此计价模式适用于人工土石方工程、安装工程。

以人工费为基数组价表 表2-4

项　目	计算式	合　价	其　中				
			人工费	材料费		机械费	一定范围内的风险费
				辅材	主材		
分项工料机费用	$a+b+c+d+e$	A	a	b	c	d	e
分项管理费	$a\times$费率	A_1					
分项利润	$a\times$费率	A_2					
分项综合单价	$A+A_1+A_2$						

工程量清单综合单价中风险费用参考本书相关章节中的定义。根据规范规定，综合单价应考虑招标文件中要求投标人承担的风险费用，一般是指技术风险、管理风险和发、承包双方约定的一定幅度内的人工、材料、设备因市场价格波动引起的风险费用。风险费用由投标人直接计入综合单价。

风险的相关规定主要有两个方面：

第一，合理分担：采用工程量清单计价的工程，其工程计价风险实行发包人、承包人合理分担。发包人承担工程量清单计量不准、不全、设计变更等引起的工程量变化方面的风险，承包人承担合同约定的风险内容、幅度内自主报价的风险。

第二，四个原则：风险应在招标文件中及发、承包人双方签订的合同中约定，并应遵循以下原则：①发包人、承包人均不得要求对方承担所有风险、无限风险，也不得变相约定由对方承担所有风险或无限风险。②主要建筑材料、设备因市场波动导致的风险，应约定主要材料、设备的种类及其风险内容、幅度。约定内的风险由承包人自主报价、自我承担，约定外的风险由发包人承担。③法律、法规及省级或省级以上行政主管部门规定的强制性价格调整导致的风险由发包人承担。④承包人自主控制的管理费、利润等风险由承包人承担。

（2）综合单价的确定

清单计价规范与企业定额（如无企业定额，可参考当地预算定额）中规定的工程量计算规则、计量单位、工作内容等不尽相同，据此综合单价有3种确定方法：直接套用企业定额组价、重新计算定额工程量组价和多个子项目组价。

①直接套用企业定额组价。以分部分项工程综合单价的确定为例(下同),清单子目包含的工作内容与定额规定一致,而且在计价规范与定额中规定的工程量计算规则相同时,其单价可直接套用相应的企业定额子目。组价方法如下:

a. 直接套用企业定额子目中的消耗量。

b. 计算工料费用,包括人工费、材料费和施工机具使用费。

注:人工费、材料费和施工机具使用费具体可参考第一章中相关的计算公式。

c. 计算企业管理费和利润:

$$企业管理费 = 基数 \times 管理费费率 \tag{2-29}$$

$$利润 = 基数 \times 利润率 \tag{2-30}$$

式中,基数、费率和利润率具体可参考第一章中关于企业管理费和利润的计算公式。

d. 汇总形成综合单价,即:

$$综合单价 = 人工费 + 材料费 + 施工机具使用费 + 风险费用 + 企业管理费 + 利润 \tag{2-31}$$

②重新计算定额工程量组价。当计价规范给出的分部分项工程的计量单位,与所用的企业定额中的定额子目计量单位不同,或者两者的工程量计算规则不同时,需要按定额中的计算规则重新计算相应的定额工程量之后再进行组价。组价方法如下:

a. 根据企业定额中的计算规则,重新计算定额工程量。

b. 求工料消耗系数,其计算公式为:

$$工料消耗系数 = 定额工程量 \div 清单工程量 \tag{2-32}$$

式中,定额工程量指根据企业定额规定的计算规则计算的工程量;清单工程量指招标文件中给定的工程量。

c. 求出分部分项工程的工料消耗量,其计算公式为:

$$工料消耗量 = 定额消耗量 \times 工料消耗系数 \tag{2-33}$$

d. 计算工料费用,包括人工费、材料费和施工机具使用费。

e. 计算风险费用。

f. 计算管理费和利润,并汇总形成综合单价。

【例2-7】　已知某工程房间门为无亮胶合板门,其洞口尺寸为900mm×2000mm,招标工程量为100樘,根据某地区企业定额,求门的综合单价。

解　采用某地区企业定额,其工程量计算规则是门按洞口面积计算,单位是 m²。假定风险费的基数为材料费,其费率为2%;管理费和利润的基数均为工料机费用(基价),其费率和利润率分别为10%和8%,且假定市场价与定额基价相同。

(1)根据定额工程量计算规则,计算定额工程量:

$$0.9 \times 2 \times 100 = 180 m^2$$

(2)计算工料消耗系数:

$$180 \div 100 = 1.80 m^2/樘$$

即每樘门洞口尺寸为 $1.80 m^2$。

(3)计算工料费用

查某企业定额 B4-1:

人工费:1 409.97 元/100m²

材料费:15 171.76 元/100m²

施工机具使用费:96.77 元/100m²

基价:1 667.50/100m²

根据工料消耗系数,其计价时套用的单价分别为:

人工费:1 409.97 ÷ 100 × 1.8 = 25.379 元/樘

材料费:15 171.76 元 ÷ 100 × 1.8 = 273.092 元/樘

施工机具使用费:96.77 元 ÷ 100 × 1.8 = 1.742 元/樘

基价:25.379 + 273.092 + 1.742 = 300.213 元/樘

风险费:273.092 × 2% = 5.462 元/樘

管理费:300.213 × 10% = 30.021 元/樘

利润:300.213 × 8% = 24.017 元/樘

(4)计算综合单价

$$300.213 + 5.462 + 30.021 + 24.017 = 359.71 \text{ 元/樘}$$

即门的综合单价是 359.71 元/樘。

③多个子项目组价。计价时采用的定额一般是按施工顺序、施工方法编制的,而清单项目具有综合性,如果企业定额子目中的工作内容与计价规范中某清单项目的工作内容不一致,则在计价时,应对企业定额中的多个子项目进行相应组价。其计算公式为:

$$综合单价 = \frac{\sum 主项计价工程量 × 主项综合单价 + \sum_{i=1}^{n} 附项计价工程量 × 子项综合单价}{清单工程量}$$

(2-34)

式中,计价工程量同前边定额工程量的含义,主项计价工程量是对应清单项目的工程量,附项计价工程量是指主项中没有包括的子项目的工程量;清单工程量是指按招标方根据工程量计算规范计算的工程量。

【例2-8】 已知某工程现浇混凝土矩形柱的招标工程量清单为 10.8m³,试计算其综合单价。

解 采用某地区企业定额,现浇混凝土矩形柱定额子目工作内容与清单项目工程内容不一致,应由企业定额中的矩形柱子目和现场搅拌混凝土子目组合而成。已计算出矩形柱主项计价工程量为 10.8m³,其综合单价为 313.24 元/m²;附项为现场混凝土搅拌加工子目,其计价工程量为 10.962m³,综合单价为 45.01 元/m²。

则根据公式 2-28,矩形柱的综合单价为:

$$(10.8 × 313.24 + 10.962 × 45.01) ÷ 10.8 = 358.93 \text{ 元/m}^3$$

即现浇混凝土矩形柱的综合单价为 358.93 元/m³。

三、建设工程计价模式

现阶段,我国存在两种工程造价计价模式:一种是传统的定额计价模式,另一种是工程量清单计价模式。不论哪一种计价模式都是先计算工程量,再计算工程价格。

1. 定额计价模式

定额计价模式是我国传统的计价模式。在招投标时,不论作为招标标底,还是投标报价,其招标人和投标人都需要按国家规定的统一工程量计算规则计算工程量,然后按建设行政主管部门颁发的预算定额计算人工费、材料费、机械费,再按有关费用标准计取其他费用,然后汇总得到工程造价。其整个计价过程中的计价依据是固定的,即法定的"定额"。

采用该方法计算的工程造价由以下几部分费用组成:

$$工程造价 = 人工费 + 材料费 + 施工机具使用费 + 企业管理费 + 利润 + 规费 + 税金$$

$$(2-35)$$

定额是计划经济时代的产物,在特定的历史条件下,起到了确定和衡量工程造价标准的作用,规范了建筑市场,使专业人士在确定工程计价时有所依据、有所凭借。但定额指令性过强,反映在具体的表现形式上,就是把企业的技术装备、施工手段、管理水平等本属于竞争内容的活跃因素固定化了,不利于竞争机制的发挥。目前,定额计价方式已经逐步为清单计价方式所取代。

2. 工程量清单计价模式

1)费用构成

工程量清单计价模式是指由招标人按照国家统一规定的工程量计算规则计算工程数量,由投标人按照企业自身的实力,根据招标人提供的工程数量,自主报价的一种模式。由于"工程数量"由招标人提供,增大了招标市场的透明度,为投标企业提供了一个公平合理的基础和环境,真正体现了建设工程交易市场的公平、公正。"工程价格由投标人自主报价",即定额不再作为计价的唯一依据,政府不再参与,而由企业根据自身技术专长、材料采购渠道和管理水平等,制定企业自己的报价定额,自主报价。为了适应目前工程招投标竞争中由市场形成工程造价的需要,对传统计价模式进行改革势在必行。

采用该方法计算的工程造价由分部分项工程费、措施项目费、其他项目费、规费和税金5部分组成,即:

$$工程造价 = 分部分项工程费 + 措施项目费 + 其他项目费 + 规费 + 税金 \quad (2-36)$$

2)工程量清单计价模式适用范围

工程量清单计价模式适用于工程建设的招投标阶段、施工阶段、竣工阶段等,其特点是一般不可按政策调整工程造价,工程量清单计价中的工程竣工结算价与合同价差异不大。

工程量清单计价是国际通行的竞争性项目招标方式,它将拟建工程全部项目和内容按工程部位性质等列在工程量清单上,作为工程招标文件的组成部分,供投标单位逐项填报单价,通过评标竞争,最终确定合同价。

这种计价方式一方面避免了各投标单位由于项目划分确认的分歧及对设计图纸理解深度的差异而引起工程量的差异,为投标者提供了一个平等竞争的平台;同时也利于中标单位确定后施工合同单价的确定,可有效地进行工程造价的控制。

3)工程量清单计价的编制流程

工程量清单计价的编制流程可以描述为:在统一的工程量清单项目设置的基础上,运用工程量计算规则,根据具体过程的施工图纸计算出各个清单项目的工程量,再根据政府部门发布的或者市场上的工程造价信息和相关数据计算得到过程造价。具体编制流程如图2-2所示。

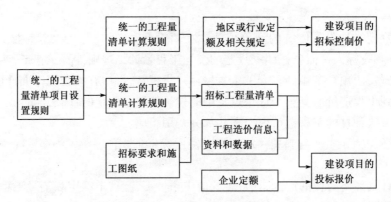

图2-2 清单计价编制流程

4)工程量清单计价方式的特点

从我国工程计价发展来看,定额计价是基础,清单计价是方向。与定额计价相比较,清单计价具有以下一些特点:

(1)采用工程量清单计价方式可以提供一个平等的竞争平台。采用施工图预算来投标报价,由于设计图纸的缺陷,不同施工企业的人员理解不一,计算出的工程量也不同,报价就更相去甚远,也容易产生纠纷。而工程量清单报价就为投标者提供了一个平等竞争的平台,相同的工程量,由施工企业根据自身的实力来填报不同的单价。投标人的这种自主报价,使得企业的优势体现到投标报价中,可在一定程度上规范建筑市场秩序,确保工程质量。清单作为公开招标文件的一部分,也可以避免和遏制招标活动中的弄虚作假、暗箱操作、盲目压价和结算无依据等现象。

(2)采用工程量清单计价方式可以满足市场经济条件下竞争的需要。招标投标过程就是竞争的过程,招标人提供工程量清单,投标人根据自身情况确定综合单价,利用单价与工程量逐项计算每个项目的合价,再分别填入工程量清单表格内,计算出投标总价。施工企业通过采用本企业定额进行清单综合单价的编制;单价成了决定性的因素,定高了不能中标,定低了又要承担过大的风险。单价的高低直接取决于企业管理水平和技术水平的高低,这种局面促成了企业整体实力的竞争,有利于我国建设市场的快速发展。

(3)采用工程量清单计价方式有利于提高工程计价效率,能真正实现快速报价。采用工程量清单计价方式,避免了传统计价方式下招标人与投标人在工程量计算上的重复工作,各投标人以招标人提供的工程量清单为统一平台,结合自身的管理水平和施工方案进行报价,促进了各投标人企业定额的完善和工程造价信息的积累和整理,体现了现代工程建设中快速报价的要求。

(4)采用工程量清单计价方式有利于工程款的拨付和工程造价的最终结算。中标后,业主要与中标单位签订施工合同,中标价就是确定合同价的基础,投标书上的综合单价就成为拨付工程款的依据。业主根据施工企业完成的工程量,可以很容易地确定进度款的拨付额。工程竣工后,根据设计变更、工程量增减等,业主也很容易确定工程的最终造价,可在某种程度上减少业主与施工单位之间的纠纷。

(5)采用工程量清单计价方式有利于业主对投资的控制。采用传统的施工图预算形式,业主对因设计变更、工程量的增减所引起的工程造价变化不敏感,往往等到竣工结算时才知道这些变更对项目投资的影响有多大,但此时常常是为时已晚。而采用工程量清单报价的方式则可对投标变化一目了然,在欲进行设计变更时,能立即知道它对工程造价的影响,业主就能根据投资情况来决定是否变更或进行方案比较,以决定最恰当的处理方法。

5)实施工程量清单计价的意义和作用

推行工程量清单计价是深化工程造价管理的重要内容,是规范建设市场经济秩序的重要措施。工程量清单计价的实施,有利于建立由市场形成工程造价的机制;有利于促进政府转变职能,业主控制投资,施工企业加强管理,"政府宏观调控、部门动态监管、企业自主报价、市场决定价格",有利于在公开、公平、公正的竞争环境中合理确定工程造价,提高投资效益。

6)工程量清单计价的优势

按上述工程量清单计价的特点,可总结出其与传统的计价方法相比的 5 点优势:

(1)满足竞争需要。

(2)为各方提供一个平等的竞争平台。

(3)有利于工程款的拨付和工程造价的最终确定。

(4)有利于实行风险的合理分担。

(5)有利于企业对投资的控制。

3. 清单计价与定额计价的区别和联系

1)清单计价与定额计价的区别

(1)编制工程量的单位不同:传统的定额计价,建设工程的工程量由投标单位按施工图计算;而工程量清单中的工程量是由招标单位统一计算或委托有相应资质的单位进行统一的计算。工程量清单是招标文件的重要组成部分,各投标单位依照招标人提供的工程量清单,根据自身的技术装备、施工经验、企业成本、企业定额、管理水平等自主填写报价单。

(2)编制工程量清单的时间不同:清单报价法中的工程量是在发出招标文件之前开始编制的,而定额计价的工程量则是在发出招标文件之后编制的。

(3)编制的依据不同:定额计价时,人工、材料、机械台班消耗量依据建设行政主管部门颁发的预算定额计算,其单价依据工程造价管理部门发布的价格信息计算。而工程量清单计价法按照计价规范的规定,招标控制价的编制要根据招标文件中的工程量清单和有关要求、施工现场情况、合理的施工方法以及按建设行政主管部门制定的有关工程造价计价办法编制;企业的投标报价则根据企业定额和市场价格信息,或参照建设行政主管部门发布的社会平均消耗定额编制。

(4)计价的表现形式不同:定额计价法一般是工料单价法。工程量清单报价法则是采用综合单价的形式,其报价具有直观、单价相对固定的特点;工程量发生变化时,单价一般不做调整。

(5)费用组成不同:定额计价法的工程造价由人工费、材料费、施工机具使用费、利润、规费和税金组成。工程量清单计价法的工程造价包括分部分项工程费、措施项目费、其他项目费、规费、税金。

(6)评标采用的办法不同:预算定额计价法投标一般采用百分制评分法,以最高分中标。而采用工程量清单计价法投标时,一般采用合理低报价中标法,既对总价评分,又对综合单价进行分析评分。

（7）项目编码不同：定额计价法采用传统的预算定额项目编码，全国各省、自治区、直辖市采用不同的定额子目编码。而工程量清单计价法是按照《建设工程工程量清单计价规范》（GB 50500—2013）中的规定实行全国统一编码，项目编码用 12 位阿拉伯数字表示。

（8）合同价的调整方式不同：定额计价法的合同价可依据变更签证、定额解释、政策性调整等进行调整，有一定的随意性。而工程量清单计价中的综合单价一般是通过投标中报价的形式体现的，一旦中标，报价将作为签订施工合同的依据相对固定下来，工程结算按承包商实际完成工程量乘以清单中相应的单价计算，其单价不能随意调整。工程结算的调整方式主要是索赔。

（9）投标计算口径统一与否不同：因为各投标单位都根据统一的工程量清单报价，达到了投标计算口径的统一。而传统预算定额招标是各投标单位各自计算工程量，且各投标单位计算的工程量均不一致。

（10）反映水平不同：工程量清单计价是实行投标人依据企业自己的管理能力、技术装备水平和市场行情，自主报价。定额其所报的工程造价实际上是社会平均价。

（11）风险处理的方式不同：工程预算定额计价，风险只在投资一方，所有的风险在不可预见费中考虑；结算时，按合同约定，可以调整。可以说投标人没有风险，不利于控制工程造价。

工程量清单计价使招标人与投标人风险合理分担，工程量上的风险由甲方承担，单价上的风险由乙方承担。投标人对自己所报的成本、综合单价负责，还要考虑各种风险对价格的影响，综合单价一经合同确定，结算时不可以调整（除工程量有变化），且对工程量的变更或计算错误不负责任；招标人相应在计算工程量时要准确，对于这一部分风险应由招标人承担，从而有利于控制工程造价。

2）清单计价与定额计价的联系

清单计价模式是在定额计价模式的基础上发展而来的，从这个角度来讲，两种计价方式具有传承性。

（1）两种计价模式下的造价编制程序基本相同：清单计价和定额计价模式都要经过识图、计算工程量、套用定额、计算费用及汇总工程造价等主要程序来确定工程造价。

（2）两种计价模式下投标方均需计算定额工程量：虽然清单计价模式下，工程量由招标方计算，但是投标方在计算费用时，必须根据企业定额规则，先计算定额工程量，再套用定额并确定造价。

（3）两种计价模式下目标相同：两种计价模式下，共同的目标都是正确地计算建筑安装工程费用。虽然具体的计价方式、费用划分及各项费用计算先后顺序不同，但本质上费用构成是一样的，详见第一章第四节"建筑安装工程费用组成"。

第三节　工程量清单招标控制价

一、招标控制价的作用、编制原则及依据

招标控制价的定义参见第三章第三节的内容。它是在工程采用招标发包的过程中，由

招标人根据国家或省级、行业建设主管部门颁发的有关计价规定编制的,其作用是对招标工程发包的最高限价,又称拦标价、预算控制价、最高报价值等。

1. 招标控制价的作用

(1)拦标的作用。招标控制价是招标人在工程招标时能接受投标人报价的最高限价,即投标人的投标报价不能超过招标控制价,否则,其投标将被拒绝。编制招标控制价有利于客观、合理的评审投标报价,防止投标人互相串通围标和恶意哄抬标价。

(2)控制采购预算。招标人编制并公布的招标控制价相当于招标人的采购预算,同时要求不能超过批准的预算。

(3)招标控制价也可以作为确定变更新增项目单价的计算依据。如招标文件对设计变更结算作如下的规定:当变更项目合同单价中没有相同或相类似项目时,可参照招标时招标控制价编制原则编制清单单价,再按原招标时中标价和招标控制价相比下浮相同比例确定变更新增项目单价。

2. 招标控制价的编制原则

招标控制价是招标人控制投资、确定招标工程造价的重要手段,在计算时要力求科学合理、计算准确。招标控制价应当参考国务院和所在省、自治区、直辖市人民政府建设行政主管部门制定的工程造价计价办法和计价依据及其他相关规定,根据市场价格信息,由招标单位或委托有相应资质的工程造价咨询单位进行编制。工程招标控制价编制人员应严格按照国家的有关政策、规定,科学、公正地编制工程招标控制价。

在招标控制价的编制过程中,应遵循以下原则:

(1)根据工程项目划分、计量单位、工程量计算规则及设计图纸、招标文件,并参照国家、行业或地方批准发布的定额和国家、行业、地方规定的技术标准规范及要素市场价格确定工程量和编制招标控制价。

(2)招标控制价作为招标人的期望价格,应力求与市场的实际变化相吻合,要有利于竞争和保证工程质量。

(3)招标控制价应由分部分项工程费、措施项目费、其他项目费、规费和税金组成,一般应控制在批准的建设工程设计概算以内。

(4)招标控制价应考虑人工、材料、设备、机械台班等价格变化因素,还应包括管理费、其他费用、利润、税金、保险等。

(5)一个工程只能编制一个招标控制价。

(6)招标人不得以各种原因任意压低招标控制价价格。

3. 招标控制价的编制依据

工程招标控制价的编制主要需依据以下基本资料和文件:

(1)计价规范、工程量计算规范。

(2)国家或省级、行业建设主管部门颁布的计价定额和计价办法。

(3)工程设计文件、图纸、技术说明及招标时的设计交底,按设计图纸确定的或招标人提供的工程量清单等相关资料。

(4)国家、行业、地方的工程建设标准,包括建设工程施工必须执行的建设技术标准、规范和规程。

（5）工程造价管理机构发布的工程造价信息及市场信息价。

（6）招标人拟订的合理施工方案。

（7）其他相关资料。

二、招标控制价的编制方法

招标控制价由 5 部分内容组成，即分部分项工程量清单计价、措施项目清单计价、其他项目清单计价、规费、税金项目清单计价。其计价程序见表 2-5。

建设单位工程招标控制价计价程序 表 2-5

工程名称： 标段：

序　号	内　　容	计　算　方　法	金　额（元）
1	分部分项工程费	按计价规定计算	
1.1			
1.2			
2	措施项目费	按计价规定计算	
2.1	其中:安全文明施工费	按规定标准计算	
3	其他项目费		
3.1	其中:暂列金额	按计价规定估算	
3.2	其中:专业工程暂估价	按计价规定估算	
3.3	其中:计日工	按计价规定估算	
3.4	其中:总承包服务费	按计价规定估算	
4	规费	按规定标准计算	
5	税金(扣除不列入计税范围的工程设备金额)	(1+2+3+4)×规定税率	

招标控制价合计 = 1 + 2 + 3 + 4 + 5

1. 分部分项工程费计算

应根据招标文件中的分部分项工程量清单项目工程量及确定的综合单价计算。

1）计算分部分项工程综合单价

工程量清单综合单价包括人工费、材料费、机械费，一定范围内的风险、管理费和利润。分部分项工程的综合单价应符合该项目的特征描述及有关要求，并应包括招标文件中要求投标人承担的风险费用。招标文件提供了暂估单价的材料、设备，按暂估单价计入综合单价。分部分项工程清单综合单价分析表格式见表 6-24 ～ 表 6-40。

（1）计算分项工程各定额子目对应的人工费、材料费、机械费。其步骤如下：

①依据分项工程的项目特征和工程内容，查找出最合适的一个或若干个组价定额子目。

②按各子目相应的定额工程量计算规则计算定额工程量。与清单工程量不同，定额工程量是依据定额工程量计算规则和设计文件及施工方案等计算出的工程量。清单工程量是实体工程量（净量），定额工程量则是实体工程量加定额规定的施工增加量。

③查询各定额子目中相应的人工、材料、机械台班单价，结合各子目中人工、材料、机械台班的消耗量确定个定额子目的基价。基价的确定过程可参见第二章第二节。

④计算各(i)定额子目人工费、材料费和机械费。计算公式为：

$$i\text{定额子目人工费} = i\text{定额子目基价中的人工费} \times i\text{定额工程量} \quad (2\text{-}37)$$

$$i\text{定额子目材料费} = i\text{定额子目基价中的材料费} \times i\text{定额工程量} \quad (2\text{-}38)$$

$$i\text{定额子目机械费} = i\text{定额子目基价中的机械费} \times i\text{定额工程量} \quad (2\text{-}39)$$

（2）计算 i 定额子目对应的风险、管理费、利润费用。

根据风险取定的幅度、管理费和利润费率计算出对应的风险费用、管理费及利润。管理费、利润的计算公式如下。

①对于人工土石方工程：

$$\text{管理费} = \text{人工费} \times \text{管理费费率} \quad (2\text{-}40)$$

$$\text{利润} = \text{人工费} \times \text{利润费率} \quad (2\text{-}41)$$

②对于一般土建工程、装饰装修工程：

$$\text{管理费} = （\text{人工费} + \text{材料费} + \text{机械费} + \text{风险费用}）\times \text{管理费费率}$$

$$\text{利润} = （\text{人工费} + \text{材料费} + \text{机械费} + \text{风险费用} + \text{管理费}）\times \text{利润费率}$$

（3）计算分部分项工程综合单价：

$$
\begin{aligned}
j\text{分项工程综合单位} = （\sum_{i \in j} i\text{定额子目人工费} + \sum_{i \in j} i\text{定额子目材料费} + \\
\sum_{i \in j} i\text{定额子目机械费} + \sum_{i \in j} i\text{定额子目风险费用} + \\
\sum_{i \in j} i\text{定额子目管理费} + \sum_{i \in j} i\text{定额子目利润}）\div \\
j\text{分项工程清单工程量}
\end{aligned}
\quad (2\text{-}42)
$$

以上计算过程一般直接用表 2-2 ～表 2-5 确定。

2）分部分项工程量清单计价

分部分项工程综合单价确定后，按照表 7-19 ～表 7-24 分部分项工程量清单与计价表规定的格式进行填写计算，汇总得到单位工程分部分项工程费。计算公式为：

$$\text{单位工程分部分项工程费} = \sum j\text{分项工程清单工程量} \times j\text{分项工程的综合单价} \quad (2\text{-}43)$$

2. 措施项目费计价

措施项目费的计算方法一般有以下几种：

（1）公式参数法。是指按一定的基数乘系数的方法或自定义公式进行计算。这种方法系数的测算难以把握，系数的高低直接反映投标人的施工水平。主要适用于保障性措施项目费计算，如夜间施工、二次搬运费等。由于人工土石方工程、一般土建工程、装饰装修工程计算措施项目费时所采用的取费基础和费率不同，因此，要将分部分项工程分成人工土石方、一般土建、装饰工程三类分别计算。计算公式如下。

人工土石方工程：

$$\text{措施项目费} = \text{人工土石方工程的人工费} \times \text{费率} \quad (2\text{-}44)$$

一般土建及装饰工程：

$$\text{措施项目费} = （\text{分部分项工程费}）\times \text{费率} \quad (2\text{-}45)$$

相关表格参看表 7-16 和表 7-17。

（2）综合单价法。主要用于技术性措施项目费，其与工程实体有紧密的联系。如模板、脚手架、垂直运输等。

（3）安全文明施工措施费。安全文明施工措施费为不可竞争费用，必须按照计价规则的计价程序和省级建设主管部门发布的费率计取。计算公式为：

$$安全文明施工措施费$$
$$=（分部分项工程费+除安全文明施工措施费以外的措施费用+ \qquad (2-46)$$
$$其他项目费）×费率$$

3. 其他项目费计价

其他项目费包括暂列金额、暂估价、总承包服务费和计日工等 4 项，招标人也可根据需要进行补充。其他项目费应按下列规定计价：

（1）暂列金额应按招标人在其他项目清单中列出的金额填写和计算，不得任意改动和调整。投标人投标报价时，材料、工程设备暂估价应按招标工程量清单中列出的单价计入综合单价；专业工程暂估价应按招标人在其他项目清单中列出的金额填写，该汇总价格应计入其他项目工程费中。

（2）计日工按招标人在其他项目清单中列出的项目和数量，自主确定综合单价并计算计日工费用。

（3）总承包服务费根据招标文件中列出的内容和提出的要求自主确定；由投标人依据招标人在招标文件中列出的分包专业工程内容和供应材料、设备情况，按照招标人提出协调、配合与服务要求和施工现场管理需要自行确定费率或自主确定总承包服务费。可参考以下标准计取：

①招标人仅要求对分包的专业工程进行总承包管理和协调时，按分包的专业工程估算造价的 1.5% 计取。

②若招标人要求对分包的专业工程进行总承包管理和协调，并同时要求提供配合服务时，按分包的专业工程估算造价的 3% ~ 5% 计取。

③招标人自行供应材料、设备，交由承包人保管的，总承包人所需的保管费可按招标人供应材料、设备价值的 1% ~ 1.2% 计取。

4. 规费和税金项目计价

规费和税金均为不可竞争费，必须按国家和省级有关部门的规定进行计算。计算公式为：

$$规费=[分部分项工程费+措施项目费（含安全文明施工费）+ \qquad (2-47)$$
$$其他项目费]×规费费率$$

$$税金=[分部分项工程费+措施项目费（含安全文明施工费）+ \qquad (2-48)$$
$$其他项目费+规费]×税率$$

三、编制招标控制价的注意事项

（1）招标控制价应在招标时公布，不应上调或下浮，招标人应将招标控制价及有关资料报送工程所在地工程造价管理机构备查。

（2）投标人经复核认为招标人公布的招标控制价未按照《建设工程工程量清单计价规范》（GB 50500—2013）的规定进行编制的，可向招标人提出未按规定编制的具体内容，并可提出更正要求，若招标人不予受理或受理后办理情况投诉人不满意的，招标人应按招投标监督机构规定的时限在开标前向投标监督机构和工程造价管理机构投诉。招投标监督机构应会同工程造价管理机构对投标人的投诉进行处理,发现确实有错误的,应责成招标人修订。

(3)编制招标控制价下限,即对招标工程限定的最低工程造价,相当于工程的成本价。招标的下限控制价可为判断最低投标价是否低于成本价时,提供基本参考依据,业主可以清楚了解最低中标价同政府规定的标准——社会平均水平价相比能够下浮的幅度。

第四节 工程量清单投标报价

投标价的定义参见第3章第三节的内容。它是在工程采用招标发包的过程中,由投标人按照招标文件的要求,根据工程特点,并结合自身的施工技术、装备和管理水平,依据有关计价规定自主确定的工程造价,是投标人希望达成工程承包交易的期望价格,它不能高于招标人设定的招标控制价。

一、投标报价的编制原则及依据

1. 编制原则

投标报价是承包工程的一个决定性环节,投标价格的计算是工程投标的重要工作,是投标文件的主要内容,招标人把投标人的投标报价作为主要标准来选择中标者,中标价也是招标人和投标人就工程进行承包合同谈判的基础。因此,投标报价是投标人进行工程投标的核心,报价过高会失去承包机会;而报价过低,虽然可能中标,但会给工程承包带来亏损的风险。因此,报价过高或过低都不可取,必须做出合理的报价。

(1)投标报价中除规费、税金及安全文明施工措施费必须按照国家或省级、行业建设主管部门的规定计价不得作为竞争性费用之外,其他项目的投标报价由投标人自己决定。

(2)投标人的投标报价不得低于成本价。

(3)投标人应按招标人提供的工程量清单填报价格。填写的项目编码、项目名称、项目特征、计量单位、工程量必须与招标人提供的相一致。

2. 编制依据

(1)计价规范、工程量计算规范。

(2)国家或省级、行业建设主管部门颁布的计价办法。

(3)企业定额,国家或省级、行业建设主管部门颁布的计价定额。

(4)招标文件、工程量清单及其补充通知、答疑纪要。

(5)建设工程设计文件及相关资料。

(6)施工现场情况、工程特点及拟定的投标施工组织设计或施工方案。

(7)建设项目相关的标准、规范等技术资料。

(8)市场价格信息或工程造价管理机构发布的工程造价信息。

(9)其他相关资料。

二、投标报价工作程序及主要环节

清单报价工作内容繁多,工作量大,时间较紧,因而必须遵循一定的工作程序,周密考虑,统筹安排,使报价工作顺利进行。其计价程序见表2-6。

施工企业工程投标报价计价程序 表2-6

工程名称: 标段:

序　号	内　容	计　算　方　法	金额(元)
1	分部分项工程费	自主报价	
1.1			
1.2			
2	措施项目费	自主报价	
2.1	其中:安全文明施工费	按规定标准计算	
3	其他项目费		
3.1	其中:暂列金额	按招标文件提供金额计列	
3.2	其中:专业工程暂估价	按招标文件提供金额计列	
3.3	其中:计日工	自主报价	
3.4	其中:总承包服务费	自主报价	
4	规费	按规定标准计算	
5	税金(扣除不列入计税范围的工程设备金额)	(1+2+3+4)×规定税率	

投标报价合计 = 1 + 2 + 3 + 4 + 5

工程量清单报价一般经历前期准备、询价及方案确定、估价、报价等4个环节。

1. 询价及方案确定

实行工程量清单计价模式后,投标人自主报价,所有与生产要素有关的价格都全部放开,政府不再进行干预。用什么方式询价、具体询什么价,这是投标人面临的新形势下的新问题。投标人在日常的工作中必须建立价格体系,积累人工、材料、机械台班的价格。除此之外,在编制投标报价时应进行多方询价。询价的主要内容包括材料市场价、人工当地的行情价、机械设备的租赁价、分部分项工程的分包价等。

方案确定是指投标人根据工程特点,确定其施工方案和方法,以及投入的各项资源情况。

2. 估价

估价是指造价人员在施工总进度计划、主要施工方法、分包商和各项资源消耗数量及安排确定后,根据本企业具体情况和水平及询价结果,对本企业完成招标工程所需要支出的费用的估价。具体过程如下:

(1)根据工程所在地具体情况、本企业工料消耗标准、询价结果,以及具体的施工方案确定人、材、机单价。

(2)根据本企业实际情况以及市场询价结果确定管理费率和利润率。

(3)确定基础标价

①分部分项工程费的确定。应根据招标文件中的分部分项工程量清单项目工程量及综合单价计算。分部分项工程量清单项目的综合单价应符合该项目的特征描述及有关要求,并应包括招标文件中要求投标人承担的风险费用。招标文件提供了暂估单价的材料、设备,

按暂估单价计入综合单价。招标人要求投标人自主报价的材料、设备单价可按当期市场价格水平适当浮动,但不得过低(高)于市场价格水平。

②措施项目费的确定。投标人可根据工程实际情况结合施工组织设计,对招标人所列的措施项目进行增补或调整。措施项目费应根据招标文件中的措施项目清单及投标时拟定的施工组织设计或施工方案按《建设工程工程量清单计价规范》(GB 50500—2013)的规定自主确定(其中安全文明施工措施费为不可竞争费,除外)。增补或调补的措施项目在报价单中应单列并予以说明。

③其他项目费的确定。暂列金额和暂估价应按招标人在其他项目清单中列出的金额填写;暂估价中的专业工程暂估价应分专业计列;对于材料、设备暂估价,凡已经计入工程量清单综合单价中的,不在汇总计入暂估价。计日工按招标人在其他项目清单中列出的项目和数量,自主确定综合单价并计算计日工费用;总承包服务费根据招标文件中列出的内容和提出的要求自主确定。

④规费和税金的确定。规费和税金为不可竞争费,应按国家和省级有关部门的规定进行计算。

⑤基础标价(上述5项费用之和)相关规定。投标总价应当与分部分项工程费、措施项目费、其他项目费、规费、税金的合计金额一致。投标综合单价应与综合单价分析表一致,进入综合单价的材料单价应与"材料、设备暂估单价明细表"中的单价相一致。

3. 报价

报价是在估价的基础上,考虑本公司的实际竞争情况,确定在该工程上的预期利润和水平。实际上,报价就是投标决策的问题,灵活运用恰当的投标技巧和报价策略,经过分析、判断、调整得到的报价更具竞争力。

三、招标控制价与投标报价的区别

(1)编制主体不同:招标控制价是由具有编制能力的招标人,或受其委托具有相应资质的工程造价咨询人编制,投标报价是由投标单位编制的。

(2)作用不同:招标控制价是招标人在工程招标时能接受投标人报价的最高限价,即投标人的投标报价不能超过招标控制价,否则,其投标将被拒绝。编制招标控制价主要起到一个拦标线的作用,有利于客观、合理的评审投标报价。投标报价是投标人为争取到投标项目提出的有竞争力的报价。

(3)编制依据不同:招标控制价是依据国家或省级、行业建设主管部门颁发的计价定额以及工程造价管理机构发布的工程造价信息编制。而投标报价是依据企业定额、市场价格,以及施工现场情况、工程特点及拟定的投标施工组织设计或施工方案编制。

复习思考题

一、填空题

1. 按定额编制程序和用途可分为(　　)、(　　)、(　　)、概算定额、概算指标与估算指标等。

2. 建设工程定额按生产要素可分为劳动定额、(　　)、(　　)。

3. 劳动定额按其表现形式的不同,分为(　　　)和(　　　)。

4. 定额时间包括(　　)时间、(　　)时间、(　　)时间和工人需要的休息时间等。

5. 直接用于建筑和安装工程上的材料消耗,称为材料(　　　);不可避免的施工废料和材料施工操作损耗,称为材料(　　　)。

6. 机械台班定额以(　　　)为单位,每一台班按(　　　)计算,其表达形式有(　　　)定额和(　　)定额两种。

7. 工程造价计价模式分为(　　　)和(　　　)。

二、简答题

1. 建设工程计价的特征是什么?

2. 预算定额的概念及其作用有哪些?

3. 试述预算定额与施工定额的区别。

4. 清单计价模式和定额计价模式的区别是什么?

5. 清单计价模式和定额计价模式的联系是什么?

6. 清单计价模式有哪些特点?

7. 招标控制价和投标报价的编制程序分别是什么?

第三章　工程计量与计价规定

本章要点

　　本章介绍了工程量计算规定、建筑面积计算方法、工程量清单计价规范和工程量计算规范的相关内容。通过本章的学习,需要掌握"三线两面两侧一表"等工程计算基数;理解建筑面积的定义;会根据施工图纸计算建筑面积,熟悉工程量清单计价规范和工程量计算规范的主要内容;了解工程量清单计价规范的相关规定。

第一节　概　　述

　　工程量是计算工程造价的原始数据,是计算相关费用、进行工料分析、编制施工组织设计、实现经济核算的主要依据。

　　建筑工程计算工程量时,一般采用工程量计算的一般方法和统筹法两种方法。实际工作中,通常把这两种方法结合起来加以应用。

一、工程量计算的原则

　　工程量的计算是编制施工图预算中最烦琐、最细致的工作。工程量所列分项工程项目是否齐全,计算结果是否准确,直接关系到工程预算的编制速度和质量。为使工程量计算迅速、准确,工程量计算应遵循以下原则:

　　(1)计算工程量的项目必须与现行定额的项目一致

　　计算工程量所列的分项工程项目与现行定额中的分项工程项目一致时,才能准确应用定额的各项指标。尤其是定额子目中综合了其他分项工程时,更要特别注意所列分项的工程内容与选用定额项目所综合的内容一致。如楼地面分部卷材防潮层定额项目中,其工程内容已包括刷冷底子油一道,所以在计算该分项工程时,不能再列刷冷底子油项目,否则就是重复计算工程量。

　　(2)计算工程量的计量单位必须与现行定额的计量单位一致

　　按施工图纸计算工程量时,计量单位必须与现行定额的计量单位一致。定额中各分项工程的计量单位并非单一的,如现浇钢筋混凝土柱、梁、板定额计量单位是 m^3,而现浇钢筋整体楼梯定额计量单位是 m^2,则工程量的计算单位均应与其相同。此外,还应注意定额子目的计量单位是扩大单位。如"$10m^3$""$100m^2$""$100kg$"等,则套用定额时,所计算的工程量计量单位也必须相应扩大。

(3)工程量计算规则必须与现行定额规定的计算规则一致

各地消耗量定额各个分部都列有工程量计算规则。在计算工程量时,应严格执行各章节中规定的计算规则进行计算,以免造成工程量计算中的混乱,使工程造价不正确。

(4)工程量必须严格按施工图纸进行计算

工程量计算项目名称与图纸设计规定保持一致,不得重算、漏算,不得随便修改名称或抬高构造的等级去高套定额。

二、工程量的计算依据

(1)施工图纸及设计说明、相关图纸、设计变更等。
(2)工程施工合同、招投标文件。
(3)建筑安装工程消耗量定额。
(4)建筑工程工程量清单计价规范。
(5)建筑安装工程工程量计算规则。
(6)造价工作手册。

三、工程量计算的一般方法

一个建筑物或构筑物是由多个分部分项工程组成的,少则几十项,多则上百项。计算工程量时,为避免出现重复计算或漏算,必须按照一定的顺序进行。

(1)按施工顺序列项。即按照施工的先后顺序进行工程量的计算,如基础工程按场地平整、挖土方、基础垫层、现浇钢筋混凝土、基础回填土等顺序列项。

(2)按清单计价规范编排顺序列项计算。如按土石方、砌筑工程、混凝土及钢筋混凝土工程等计算工程量。

(3)按施工图纸顺时针方向列项计算。

(4)按构件分类和编码顺序计算。如门窗表等可以按此方法算量。

四、运用统筹法计算工程量

1.统筹法计算原理

利用一般方法计算工程量,可以有效地避免重算、漏算,但难以充分利用各项目中数据间的内在联系,计算工作量较大。运用统筹法计算工程量,就是要分析各分项工程量在计算过程中,相互之间的固有规律及依赖关系。从全局出发,统筹安排计算顺序,以达到节约时间、提高功效的目的。

2.统筹法计算工程量的基本要求

统筹法计算工程量的基本要点是:统筹程序、合理安排;利用基数、连续计算;一次算出、多次应用;结合实际、灵活机动。

(1)统筹程序、合理安排。按以往习惯,工程量大多数是按施工顺序或定额顺序进行计算,往往不能利用数据间的内在联系而形成重复计算。按统筹法计算,突破了这种习惯的做法。

(2)利用基数、连续计算。就是根据图纸的尺寸,把"四条线""两个面"先算好,作为基数,然后利用基数分别计算与它们各自有关的分项工程量。前面的计算项目为后面的计算项目创造条件,后面的计算项目利用前面计算项目的数量连续计算,就能减少许多重复劳,提高计算速度。

(3)一次算出、多次应用。就是预先组织力量,把不能用基数进行连续计算的项目一次编好,汇编成工程量计算手册,供计算工程量时使用。又如定额需要运算的项目,一次性换算出,以后就可以多次使用,因此这种方法方便易行。

(4)结合实际、灵活机动。由于建筑构造型、各楼层面积大小、墙厚、基础断面、砂浆强度等级等都可能不同,不能都用基数进行计算,具体情况要结合图纸灵活计算。

3.基数

基数是指计算分项工程时重复使用的数据。运用统筹法计算工程量,正是借助于基数的充分利用来实现的。它可以使有关数据重复使用而不重复计算,从而减少工作量,提高效率。

根据统筹法原理,经过对土建工程施工图预算中各分项工程量计算过程的分析,我们发现,尽管各分项工程量的计算各有特点,但都离不开"线""面""表"和"册"。归纳起来,包括"三线、两面、两表、一册"。

1)三线

(1)外墙外边线($L_{外}$)。指外墙的外侧与外侧之间的距离。其计算公式为:

$$每段墙的外墙外边线 = 外墙定位轴线长 + 外墙定位轴线至外墙外侧的距离 \quad (3-1)$$

(2)外墙中心线($L_{中}$)。指外墙中线至中线之间的距离。其计算公式为:

$$每段墙的外墙中心线 = 外墙定位轴线长 + 外墙定位轴线至外墙中线的距离 \quad (3-2)$$

(3)内墙净长线($L_{净}$)。指内墙与外墙(内墙)交点之间的连线距离。其计算公式为:

$$每段墙的内墙净长线 = 墙定位轴线长 - 墙定位轴线至所在墙体内侧的距离 \quad (3-3)$$

2)两面

两面是指建筑物的底层建筑面积和底层室内净面积。

(1)底层建筑面积。用 $S_{底}$ 表示。其计算公式为:

$$S_{底} = 建筑物底层平面图中勒脚以上外围水平投影面积 \quad (3-4)$$

(2)底层室内净面积。用 $S_{净}$ 表示。其计算公式为:

$$S_{净} = 建筑物底层平面图中各室内净面积之和 \quad (3-5)$$

3)两表

两表是指根据施工图预算所做的门窗工程量统计计算表和构件工程量统计计算表。

4)一册

有些不能用"线"和"面"计算而又经常用到的数据(如砖基础大放脚折加高度)和系数(如屋面常用坡度系数),需事先汇编成册。当计算有关分项工程量时,即可查阅手册快速计算。

以上介绍了工程量计算的两种方法。由上可以看出,这两种方法各有其优缺点,在实际工作中,通常把这两种方法结合起来应用,即计算工程量时,首先计算基数,然后按照施工顺序利用基数计算各分项工程量。这样,既可以减少工作量、节约时间,又可以避免出现重算、漏算,为准确编制工程造价文件打下良好的基础。

五、工程计量单位

(1)根据《建设工程工程量清单计价规范》(GB 50500—2013),有两个计量单位的,应结合拟建工程项目的实际情况,确定其中一个为计量单位。同一工程项目的计量单位应一致。

(2)工程计量时每一项目汇总的有效位数应遵守下列规定:

①以"t"为单位,应保留小数点后 3 位数字,第 4 位小数四舍五入。

②以"m""m²""m³""kg"为单位,应保留小数点后 2 位数字,第 3 位小数四舍五入。

③以"个""件""根""组""系统"为单位,应取整数。

第二节 建筑面积计算

本节内容是依据国家标准《建筑工程建筑面积计算规范》(GB/T 50353—2013)编写的,适用于新建、扩建、改建的工业与民用建筑工程的面积计算。建筑面积计算除应遵循该规范外,还应符合国家现行的有关标准规定。

一、建筑面积基础知识

建筑面积是指建筑物外墙勒脚以上各层外墙外围水平面积的总和。建筑面积包括使用面积、辅助面积和结构面积。

使用面积是指建筑物各层平面中直接为生产、生活使用的净面积的总和。如办公楼的使用面积是楼中各层办公室面积的总和。

辅助面积是指建筑物各层平面中,为辅助生产或生活活动所占净面积的总和。如楼梯、走道、浴室、厕所、住宅楼中的厨房等面积。

结构面积是指建筑物各层平面中的墙、柱、垃圾道、管道、通风道等所占面积的总和。

建筑平面系数是指建筑物的使用面积与建筑面积的百分比。

在建筑与装饰装修工程量计算中,之所以要计算建筑面积,是因为它具有以下几个方面的意义:

(1)建筑面积是一项重要的技术经济指标,能反映出一个国家的工农业生产发展状况、人民居住条件的改善及教育福利设施发展的程度。例如,截至 2008 年底,我国城市人均居住面积比改革开放前翻了两番。

有了建筑面积,便可以计算出单方造价(元/m²),即:

$$单方造价(元/m^2) = \frac{建筑工程总造价(元)}{建筑面积(m^2)} \tag{3-6}$$

由此给政府有关部门提供了建筑工程控制、发展等方面重要依据。

（2）建筑面积是控制工程进度拨付工程款的重要依据。

（3）建筑面积也是确定某些费用的依据。例如，建筑物超高施工增加费用，是以超高施工部分自然层（包括技术层）建筑面积为基数计算的。

二、建筑面积的计算

由于建筑面积是一项重要的技术经济指标，因此在计算建筑面积时，既要熟练掌握国家和有关部门制定的建筑面积计算规范、规则外，还应具有高度的责任心和一丝不苟的精神。一定要分清哪些计算全面积，哪些计算半面积，哪些不计算面积。

1. 计算建筑面积的部位

（1）单层建筑物的建筑面积，应按其外墙勒脚以上结构外围水平面积计算，并应符合下列规定：

单层建筑物高度在 2.20m 及以上者应计算全面积；高度不足 2.20m 者应计算 1/2 面积。

利用坡屋顶内空间时净高超过 2.10m 的部位应计算全面积；净高在 1.20～2.10m 的部位应计算 1/2 面积；净高不足 1.20m 的部位不应计算面积。

勒脚是指建筑物外墙与室外地面或散水接触部位墙体的加厚部分，如图 3-1 所示。

当设计中无勒脚时，其建筑面积按外墙外围水平面积计算。

单层建筑物的高度是指室内地面与屋面板上表面之间的竖向最短距离。

净高是指楼面或地面与本层楼板底面之间的垂直距离。

（2）单层建筑物内设有局部楼层者，局部楼层的二层及以上楼层，有围护结构的应按其围护结构外围水平面积计算，无围护结构的应按其结构底板水平面积计算。层高在 2.20m 及以上者应计算全面积；层高不足 2.20m 者应计算 1/2 面积。

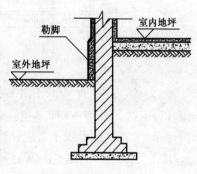

图 3-1　勒脚示意图

【例 3-1】　如图 3-2 是单层建筑内设有局部楼层的单层建筑物。试计算其建筑面积。

解　其建筑面积为：

$$S = (6.00 + 0.12 \times 2) \times (9.00 + 0.12 \times 2) + (2.50 + 0.12 \times 2) \times (3.00 + 0.12 \times 2)$$
$$= 57.66 + 8.88 = 66.54(\text{m}^2)$$

（3）多层建筑物首层应按其外墙勒脚以上结构外围水平面积计算（当设计无勒脚时，其建筑面积按外墙外围水平面积计算），二层及以上楼层应按其外墙结构外围水平面积计算。层高在 2.20m 及以上的应计算全面积；层高不足 2.20m 者应计算 1/2 面积。

（4）多层建筑坡屋顶内和场馆看台下，当设计加以利用时净高超过 2.10m 的部位应计算全面积；净高在 1.20～2.10m 的部位应计算 1/2 面积；当设计不利用或室内净高不足 1.20m 时不应计算面积，如图 3-3 所示。

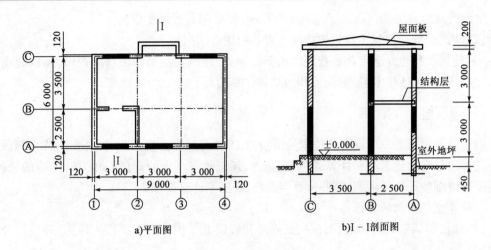

图 3-2 单层建筑物中的局部楼层(尺寸单位:mm)

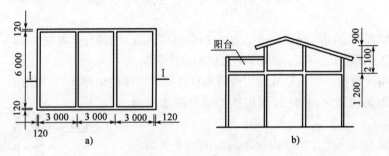

图 3-3 多层建筑物中的坡屋的不同高程(尺寸单位:mm)

(5)地下室、半地下室(如车间、商店、车站、车库、仓库等),包括相应的有永久性顶盖的出入口,应按其外墙上口(不包括采光井、外墙防潮层及其保护墙)外边线所围水平面积计算。层高在 2.20m 及以上者应计算全面积;层高不足 2.20m 者应计算 1/2 面积。

地下室是指房间地平面低于室外地平面的高度超过该房间净高的 1/2,如图 3-4 所示。

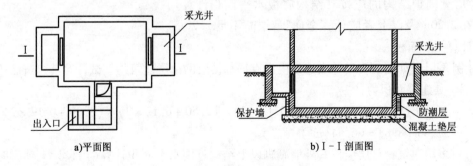

图 3-4 地下室示意图

半地下室是指房间地平面低于室外地平面的高度超过该房间净高的 1/3,且不超过该房间净高的 1/2。如图 3-5 所示。

(6)坡地的建筑物吊脚架空层、深基础架空层,设计加以利用并有围护结构的,层高在 2.20m 及以上的部位应计算全面积;层高不足 2.20m 的部位应计算 1/2 面积。设计加以利用、无围护结构的建筑吊脚架空层,应按其利用部位水平面积的1/2计算;设计不利用的深基础架空层、坡地吊脚架空层、多层建筑坡屋顶内、场馆看台下的空间不应计算面积。如图3-6所示。

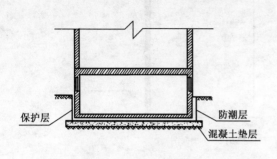

图3-5　半地下室示意图　　　　　图3-6　吊脚架空层示意图

(7)建筑物的门厅、大厅按一层计算建筑面积。门厅、大厅内设有回廊时,应按其结构底板水平面积计算。层高在2.20m及以上者应计算全面积;层高不足2.20m者应计算1/2面积。

(8)建筑物间有围护结构的架空走廊,应按其围护结构外围水平面积计算。层高在2.20m及以上者应计算全面积;层高不足2.20m者应计算1/2面积。有永久性顶盖无围护结构的应按其结构底板水平面积的1/2计算。如图3-7所示。

(9)立体书库、立体仓库、立体车库,无结构层的应按一层计算,有结构层的应按其结构层面积分别计算。层高在2.20m及以上者应计算全面积;层高不足2.20m者应计算1/2面积。

(10)有围护结构的舞台灯光控制室,应按其围护结构外围水平面积计算。层高在2.20m及以上者应计算全面积;层高不足2.20m者应计算1/2面积。

(11)建筑物外有围护结构的落地橱窗、门斗、走廊、挑廊、檐廊,应按其围护结构外围水平面积计算。层高在2.20m及以上者应计算全面积;层高不足2.20m者应计算1/2面积。有永久性顶盖无围护结构的应按其结构底板水平面积的1/2计算。

门斗是指突出建筑物外面有围护结构和顶盖组成的过道空间,如图3-8所示。

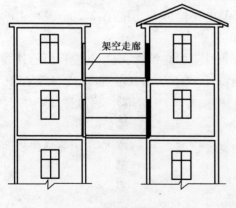

图3-7　架空走廊示意图

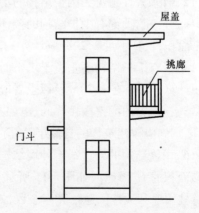

图3-8　门斗示意图

落地橱窗是指突出墙面且根基落地的橱窗,如图3-9所示。

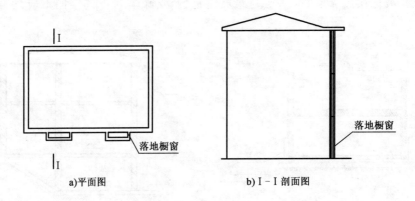

a)平面图 　　　　　　　 b)Ⅰ-Ⅰ剖面图

图3-9　落地橱窗示意图

挑廊是指挑出建筑物外墙的水平交通部分。

走廊是指建筑物用于水平交通的部位。

檐廊是指设在建筑物首层出檐下面的走道。

顶盖设置在建筑物的顶面部位的结构,如图3-10所示。

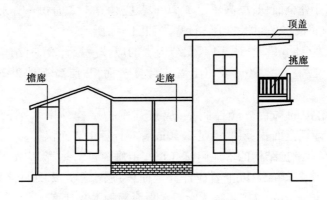

图3-10　挑廊、走廊、檐廊、顶盖示意图

(12)有永久性顶盖无围护结构的场馆看台,应按其顶盖水平投影面积的1/2计算。

(13)建筑物顶部有围护结构的楼梯间、水箱间、电梯机房等,层高在2.20m及以上的应计算全面积;层高不足2.20m应计算1/2面积。

(14)设有围护结构不垂直于水平面而超出底板外沿的建筑物,应按其底板面的外围水平面积计算。层高在2.20m及以上者应计算全面积;层高不足2.20m者应计算1/2面积。

(15)建筑物内的室内楼梯间、电梯井、观光电梯井、提物井、管道井、通风排气竖井、垃圾道、附墙烟囱应按建筑物的自然层计算。

(16)雨篷结构的外边线至外墙结构外边线的宽度超过2.10m者,应按雨篷结构板的水平投影面积的1/2计算,如图3-11所示。

有柱雨篷和无柱雨篷计算应一致,如图3-12所示。

(17)有永久性顶盖的室外楼梯,应按建筑物的自然层的水平投影面积的1/2计算。

无永久性顶盖的室外楼梯,最上层楼梯不计算面积,以下各层均计算建筑面积。

(18)建筑物的阳台均应按其水平投影面积的1/2计算。

(19)有永久性顶盖无围护结构的车棚、货棚、站台、加油站、收费站等,应按其顶盖水平投影面积的1/2计算,如图3-13所示。

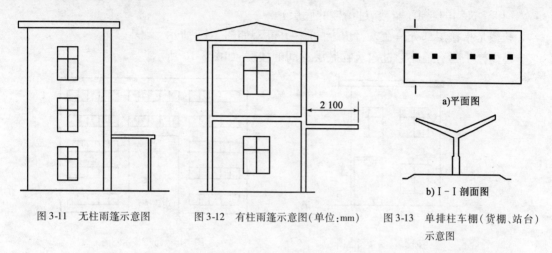

图3-11　无柱雨篷示意图　　　图3-12　有柱雨篷示意图(单位:mm)　　　图3-13　单排柱车棚(货棚、站台)示意图

(20)高低联跨的建筑物,应以高跨结构外边线为界分别计算建筑面积;其高低跨内部连通时,其变形缝应计算在低跨面积内,如图3-14所示。

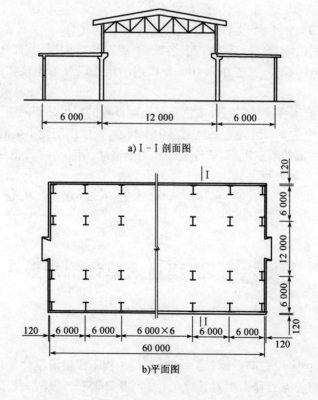

a)Ⅰ-Ⅰ剖面图

b)平面图

图3-14　高低联跨厂房示意图(尺寸单位:mm)

(21)以幕墙作为围护结构的建筑物,应按幕墙外边线计算建筑面积。

(22)建筑物外墙外侧有保温隔热层的,应按保温隔热层外边线计算建筑面积。

(23)建筑物内的变形缝,应按其自然层合并在建筑物面积内计算。

2.不计算建筑面积的部位

(1)建筑物的通道(骑楼、过街楼的底层)。

骑楼是指楼层部分跨在人行道上的临街楼房,如图3-15所示。

过街楼是指有道路穿过建筑物底层空间的楼房,如图3-16所示。

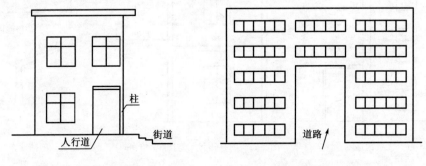

图3-15 骑楼示意图   图3-16 过街楼示意图

(2)建筑物内的设备管道夹层。

(3)建筑物内分隔的单层房间,舞台及后台悬挂幕布、布景的天桥、挑台等。

(4)屋顶水箱、花架、凉棚、露台、露天游泳池。

(5)建筑物内的操作平台、上料平台、安装箱和罐体的平台。

(6)勒脚、附墙柱、垛、台阶、墙面抹灰、装饰面、镶贴块料面层、装饰性幕墙、空调室外机搁板(箱)、飘窗、构件、配件、宽度在 2.10m 及以内的雨篷以及与建筑物内不相连通的装饰性阳台、挑廊。

飘窗是指供人们远眺或观察室外事物且采光而设置的突出外墙的窗。

装饰性阳台是指主要起装饰效果且与室内不相通,而使用功能不全的阳台。

(7)无永久性顶盖的架空走廊、室外楼梯和用于检修、消防等室外钢楼梯、爬梯。

(8)自动扶梯、自动人行道。

(9)独立烟囱、烟道、地沟、油(水)罐、气柜、水塔、贮油(水)池、贮仓、栈桥、地下人防通道、地铁隧道。

第三节 工程量清单计价规范

一、概述

2012 年 12 月,国家相关部委颁布了新的《建设工程工程量清单计价规范》(GB 50500—2013)、《房屋建筑与装饰工程工程量计算规范》(GB 50854—2013),并于 2013 年 7 月开始实行(见图3-17、图3-18)。

UDC		
	中华人民共和国国家标准	
P		GB 50500-2013

建设工程工程量清单计价规范

Code of bills of quantities and valuation for
construction works

2012 - 12 - 25 发布　　　　　2013 - 07 - 01 实施

中华人民共和国住房和城乡建设部
中华人民共和国国家质量监督检验检疫总局　联合发布

图 3-17　计价规范（封面）

UDC		
	中华人民共和国国家标准	
P		GB 50854-2013

房屋建筑与装饰工程工程量计算规范

Standard method of measurement for building
construction and fitting-out works

2012 - 12 - 25 发布　　　　　2013 - 07 - 01 实施

中华人民共和国住房和城乡建设部
中华人民共和国国家质量监督检验检疫总局　联合发布

图 3-18　专业工程工程量计算规范（封面）

2013 国家标准清单规范总体由《建设工程工程量清单计价规范》（GB 50500—2013）和各专业工程工程量计算规范两部分内容组成,共 10 本;是依据《中华人民共和国建筑法》《中华人民共和国合同法》《中华人民共和国招标投标法》等法律法规,按照我国工程造价管理改革的总体目标,本着国家宏观调控、市场竞争形成价格的原则制定的。

《建设工程工程量清单计价规范》（GB 50500—2013）共 1 本,其组成内容为:总则、术语、一般规定、工程量清单编制、招标控制价、投标报价、合同价款约定、工程计量、合同价款调整、合同价款期中支付、竣工结算与支付、合同解除的价款结算与支付、合同价款争议的解决、工程造价鉴定、工程计价资料与档案和工程计价表格等。其目的主要是规范建设工程造价计价行为,统一建设工程计价文件的编制原则和计价方法。

《建设工程工程量计算规范》（GB 50500—2013）按照专业不同共分为 9 册,包括《房屋建筑与装饰工程工程量计算规范》（GB 50854—2013）、《通用安装工程工程量计算规范》（GB 50856—2013）、《市政工程工程量计算规范》（GB 50857—2013）、《园林绿化工程工程量计算规范》（GB 50858—2013）、《仿古建筑工程工程量计算规范》（GB 50855—2013）等,其组成内容为总则、术语、工程计量、工程量清单编制和附录。其目的主要是规范各专业建设工程造价计量行为,统一专业工程工程量计算规则、工程量清单的编制方法。

二、规范主要内容

《建设工程工程量清单计价规范》（GB 50500—2013）的主要内容如下。

1. 总则

总则共 7 条,规定了建设工程工程量清单计价规范制定的目的、依据、适用范围、工程量清单计价活动应遵循的基本原则等基本事项。

1）制定依据

为规范建设工程造价计价行为，统一建设工程计价文件的编制原则和计价方法，根据《中华人民共和国建筑法》《中华人民共和国合同法》《中华人民共和国招标投标法》等法律法规，制定本规范。

2）实施清单计价规范的目的

实施清单计价规范的目的就是为规范施工发承包计价行为，统一建设工程工程量清单的编制和计价方法。不论采用任何计价方式的建设项目，除工程量清单专门性条文规定外，合同价款约定、工程计量与价款支付等均应执行本规范的有关条文。

3）计价规范的适用范围

计价规范适用于建设工程发承包及实施阶段的计价活动。

工程发承包及实施阶段的计价活动包括：招标工程量清单编制、招标控制价编审、投标价编制与复核、工程合同价款约定、工程计量、合同价款调整、竣工结算与支付、合同解除以及工程计价表格等。

4）工程造价的组成

建设工程发承包及实施阶段的工程造价应由分部分项工程费、措施项目费、其他项目费、规费和税金组成。

5）工程造价文件的编制与核对

招标工程量清单、招标控制价、投标报价、工程量、合同价款调整、合同价款结算与支付以及工程造价鉴定等工程造价文件的编制与核对，应由具有专业资格的工程造价专业人员承担。

承担工程造价文件编制与核对的工程造价人员及其所在单位，应对工程造价文件的质量负责。

6）应遵循的原则

建设工程施工发承包活动应遵循客观、公正、公平的原则。

2. 术语

术语共计 52 条，对规范特有专业用语给予定义或说明含义，以尽可能避免规范在实施过程中由于不同理解造成的争议。主要包括以下内容。

1）清单与项目

（1）工程量清单

载明建设工程分部分项工程项目、措施项目、其他项目的名称和相应数量以及规费、税金项目等内容的明细清单。

（2）招标工程量清单

招标人依据国家标准、招标文件、设计文件以及施工现场实际情况编制，随招标文件发布供投标报价的工程量清单，包括其说明和表格。

（3）已标价工程量清单

构成合同文件组成部分的投标文件中已标明价格，经算术性错误修正（如有）且承包人已确认的工程量清单，包括其说明和表格。

（4）分部、分项工程

分部工程是单项或单位工程的组成部分，是按照结构部位、路段长度及施工特点或施工任务将单项或单位工程划分为若干分部的工程。

分项工程是分部工程的组成部分,是按不同施工方法、材料、工序及路段长度等将分部工程划分为若干分项或项目的工程。

(5)措施项目

为完成工程项目施工,发生于工程施工准备和施工过程中的技术、生活、安全、环境保护等方面的项目。

2)项目标识

(1)项目编码

分部分项工程和措施项目清单名称的阿拉伯数字标识。

(2)项目特征

构成分部分项工程和措施项目自身价值的本质特征。

3)工程计价

(1)综合单价

完成一个规定清单项目所需的人工费、材料和工程设备费、施工机具使用费和企业管理费、利润以及一定范围内的风险费用。

(2)风险费用

隐含于已标价工程量清单综合单价中,用于化解发承包双方在工程合同中约定内容和范围内的市场价格波动风险的费用。

(3)工程成本

承包人为实施合同工程并达到质量标准,在确保安全施工的前提下,必须消耗或使用的人工、材料、工程设备、施工机械台班及其管理等方面发生的费用和按规定缴纳的规费和税金。

(4)暂列金额

招标人在工程量清单中暂定并包括在合同价款中的一笔款项。用于工程合同签订时尚未确定或者不可预见的所需材料、工程设备、服务的采购,施工中可能发生的工程变更、合同约定调整因素出现时的合同价款调整以及发生的索赔、现场签证确认等的费用。

(5)暂估价

招标人在工程量清单中提供的用于支付必然发生但暂时不能确定价格的材料、工程设备的单价以及专业工程的金额。

(6)计日工

在施工过程中,承包人完成发包人提出的工程合同范围以外的零星项目或工作,按合同约定的单价计价的一种方式。

(7)总承包服务费

总承包人为配合协调发包人进行的专业工程发包,对发包人自行采购的材料、工程设备等进行保管以及施工现场管理、竣工资料汇总整理等服务所需的费用。

(8)安全文明施工费

承包人按照国家法律、法规等规定,在合同履行中为保证安全施工、文明施工、保护现场内外环境等所采用的措施发生的费用。

（9）费用

承包人为履行合同所发生或将要发生的所有合理开支,包括管理费和应分摊的其他费用,但不包括利润。

（10）利润

承包人完成合同工程获得的盈利。

（11）规费

根据国家法律、法规规定,由省级政府或省级有关权力部门规定施工企业必须缴纳的,应计入建筑安装工程造价的费用。

（12）税金

国家税法规定的应计入建筑安装工程造价内的营业税、城市维护建设税、教育费附加和地方教育附加。

（13）招标控制价

招标人根据国家或省级、行业建设主管部门颁发的有关计价依据和办法,以及拟定的招标文件和招标工程量清单,结合工程具体情况编制的招标工程的最高投标限价。

（14）投标价

投标人投标时响应招标文件要求所报出的对已标价工程量清单汇总后标明的总价。

4）其他术语

包括单价合同、总价合同、成本加酬金合同、索赔、发包人、承包人、造价工程师、工程结算、竣工结算价等。

3. 一般规定

包括计价方式、发包人提供材料和工程设备、承包人提供材料和工程设备及计价风险。其中强制性条文如下:

（1）使用国有资金投资的建设工程发承包,必须采用工程量清单计价。

（2）工程量清单应采用综合单价计价。

（3）措施项目中的安全文明施工费必须按国家或省级、行业主管部门的规定计算,不得作为竞争性费用。

（4）规费和税金必须按国家或省级、行业建设主管部门的规定计算,不得作为竞争性费用。

（5）承包人应根据合同工程进度计划的安排,向发包人提交材料和工程设备交货的日期计划。发包人应按计划提供。

（6）除合同约定的发包人提供的材料和工程设备外,合同工程所需的材料和工程设备应由承包人提供,承包人提供的材料和工程设备均应由承包人负责采购、运输和保管。

（7）建设工程发承包,必须在招标文件、合同中明确计价中的风险内容及其范围,不得采用无限风险、所有风险或类似语句规定计价中的风险内容及范围。

4. 工程量清单编制

共6节19条,强制性条文4条,规定了招标工程量清单编制人及其资格、工程量清单的组成内容、编制依据和各组成内容的编制要求。

1)一般规定

(1)编制人

招标工程量清单具有专业性强、内容复杂、技术含量高的特点,是工程量清单计价的基础,应作为编制招标控制价、投标报价、计算或调整工程量、索赔等的依据之一。因此,工程量清单应由具有编制能力的招标人或受其委托,具有相应资质的工程造价咨询人编制。

(2)招标工程量清单组成

招标工程量清单应由分部分项工程项目清单、措施项目清单、其他项目清单、规费和税金项目清单组成。

(3)工程量清单编制依据

①本规范;②国家或省级、行业建设主管部门颁发的计价依据和办法;③建设工程设计文件;④与建设工程项目有关的标准、规范、技术资料;⑤拟定的招标文件;⑥施工现场情况、工程特点及常规施工方案;⑦其他相关资料。

2)分部分项工程项目

其强制性条文如下:

(1)分部分项工程项目清单必须载明项目编码、项目名称、项目特征、计量单位和工程量。

(2)分部分项工程项目清单必须根据相关工程现行国家计量规范规定的项目编码、项目名称、项目特征、计量单位和工程量计算规则进行编制。

分部分项工程量清单应标明拟建工程的全部分部分项实体和相应数量。编制时应避免错项、漏项。分部分项工程量清单的内容应满足规范管理、方便管理的要求和满足计价行为的要求。

3)措施项目

措施项目清单必须根据相关工程现行国家计量规范的规定编制,应根据拟建工程的实际情况列项。

4)其他项目

其他项目清单主要体现了招标人提供的一些与拟建工程有关的特殊要求。应按照下列内容列项:暂列金额、暂估价、计日工及总承包服务费。

暂列金额应根据工程特点按有关计价规定估算。暂估价中的材料、工程设备暂估单价应根据工程造价信息或参照市场价格估算,列出明细表;专业工程暂估价应分不同专业,按有关计价规定估算,列出明细表。计日工应列出项目名称、计量单位和暂估数量。总承包服务费应列出服务项目及其内容等。

5)规费

规费项目清单应按照下列内容列项:

(1)社会保险费:包括养老保险费、失业保险费、医疗保险费、生育保险费、工伤保险费。

(2)住房公积金。

(3)工程排污费。

6)税金

税金项目清单应包括下列内容:

（1）营业税。

（2）城市维护建设税。

（3）教育费附加。

（4）地方教育附加。

7）工程量清单编制原则

根据规范内容，工程量清单编制原则包括"五个统一、三个自主、两个分离"。

（1）五个统一

分部分项工程量清单包括的内容应满足两方面的要求：一是满足方便管理和规范管理的要求；二是满足工程计价的要求。为满足上述要求，工程量清单编制必须符合按照"五个统一"的规定执行，即项目编码统一、项目名称统一、计量单位统一、计算规则统一以及项目特征统一。

（2）三个自主

工程量清单计价是市场形成工程造价的主要形式。要求投标人在投标报价时自主确定工料机消耗量、自主确定工料机单价、自主确定措施项目费及其他项目费的内容和费率。

（3）两个分离

指量价分离、清单工程量与计价工程量分离。

8）工程量清单编制一般规定

（1）工程量清单应根据本规范附录规定的项目编码、项目名称、项目特征、计量单位和工程量计算规则进行编制。

（2）工程量清单的项目编码，应采用十二位阿拉伯数字表示。一至九位应按附录的规定设置，十至十二位应根据拟建工程的工程量清单项目名称和项目特征设置，同一招标工程的项目编码不得有重码。

全国统一编码的前九位数不得变动，后三位由清单编制人员根据设置的清单项目编制。如 C30 混凝土圆柱的项目采用编码 010502003001，如图 3-19 所示。

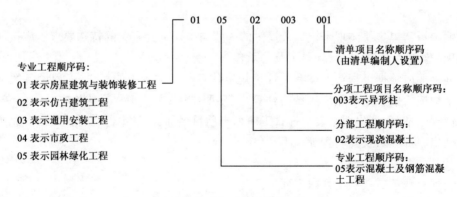

图 3-19　分部分项工程量清单编码

（3）工程量清单的项目名称应按本规范附录的项目名称结合拟建工程的实际确定。

应考虑该项目的规格、型号、材质等特征要求，结合拟建工程的实际情况，使其项目具体化。名称设置时应考虑三个因素：一是项目名称；二是项目特征；三是拟建工程的实际情况。

（4）工程量清单项目特征应按本规范附录中规定的项目特征，结合拟建工程项目的实际予以描述。

工程量清单的项目特征是确定一个清单项目综合单价不可缺少的重要依据,在编制的工程量清单中必须对其项目特征进行准确和全面的描述。但在实际的工程量清单项目特征描述中有些项目特征用文字往往又难以准确和全面地予以描述,因此为达到规范、统一、简捷、准确、全面描述项目特征的要求,在描述工程量清单项目特征时应按以下原则进行:

①项目特征描述的内容按本规范附录规定的内容,项目特征的表述按拟建工程的实际要求,能满足确定综合单价的需要。

②若采用标准图集或施工图纸能够全部或部分满足项目特征描述的要求,项目特征描述可直接采用详见××图集或××图号的方式。对不能满足项目特征描述要求的部分,仍应用文字描述。

统一名称的项目由于材料品种、型号、规格、材质的不同,反映在综合单价上的差别很大。项目特征的描述是编制分部分项工程量清单十分重要的内容,对一些有特殊要求的施工工艺、材料、设备等也应在规范规定的工程量清单"总说明""材料价格表"中作必要的说明。

当同一标段(或合同段)的一份工程量清单中含有多个单位工程且工程量清单是以单位工程为编制对象时,在编制工程量清单时应特别注意对项目编码十至十二位的设置不得有重码的规定。例如一个标段(或合同段)的工程量清单中含有三个单位工程,每一单位工程中都有项目特征相同的实心砖墙砌体,在工程量清单中又需反映三个不同单位工程的实心砖墙砌体工程量时,则第一个单位工程的实心砖墙的项目编码应为010401003001,第二个单位工程的实心砖墙的项目编码应为010401003002,第三个单位工程的实心砖墙的项目编码应为010401003003,并分别列出各单位工程实心砖墙的工程量。

由此可见,清单项目特征的描述,应根据计价规范附录中有关项目特征的要求,结合技术规范、标准图集、施工图纸,按照工程结构、使用材质及规格或安装位置等,予以详细而准确地表述和说明。可以说离开了清单项目特征的准确描述,清单项目就将没有生命力。

(5)《建设工程工程量清单计价规范》(GB 50500—2013)各项目仅列出了主要工作内容,除另有规定和说明这外,应视为已经包括完成该项目所列或未列的全部工作内容。

房屋建筑与装饰工程涉及电气、给排水、消防等安装工程的项目,按照现行国家标准《通用安装工程工程量计算规范》(GB 50856—2013)的相应项目执行;涉及仿古建筑工程的项目,按现行国家标准《仿古建筑工程工程量计算规范》(GB 50855—2013)的相应项目执行;涉及室外地面(路面)、室外给排水等工程的项目,按现行国家标准《市政工程工程量计算规范》(GB 50857—2013)的相应项目执行。

编制工程量清单出现附录中未包括的项目,编制人应做补充,并报省级或行业工程造价管理机构备案,省级或行业工程造价管理机构应汇总报住房和城乡建设部标准定额研究所。

补充项目的编码由本规范的代码01与B和三位阿拉伯数字组成,并应从01B001其顺序编制,同一招标工程的项目不得重码。

5.投标报价

1)一般规定

强制性规定有以下两条:

（1）投标报价不得低于工程成本。

（2）投标人必须按招标工程量清单填报价格。项目编码、项目名称、项目特征、计量单位、工程量必须与招标工程量清单一致。

2）编制与复核

（1）综合单价中应包括招标文件中划分的应由投标人承担的风险范围及其费用，招标文件中没有明确的，应提请招标人明确。

（2）分部分项工程和措施项目中的单价项目，应根据招标文件和招标工程量清单项目中的特征描述确定综合单价计算。

（3）其他项目费应按下列规定报价

①暂列金额应按招标工程量清单中列出的金额填写。

②材料、工程设备暂估价应按招标工程量清单中列出的单价计入综合单价。

③专业工程暂估价应按招标工程量清单中列出的金额填写。

④计日工应按招标工程量清单中列出的项目和数量，自主确定综合单价并计算计日工金额。

⑤总承包服务费应根据招标工程量清单中列出的内容和提出的要求自主确定。

（4）投标总价应当与分部分项工程费、措施项目费、其他项目费和规费、税金的合计金额一致。

6. 工程计量

1）一般规定

（1）工程量必须按照相关工程现行国家计量规范规定的工程量计算规则计算。

（2）因承包人原因造成的超出合同工程范围施工或返工的工程量，发包人不予计量。

2）单价合同的计量

（1）工程量必须以承包人完成合同工程应予计量的工程量确定。

（2）施工中进行工程计量时，当发现招标工程量清单中出现缺项、工程量偏差，或因工程变更引起工程量的增减时，应按承包人在履行合同义务中完成的工程量计算。

3）总价合同的计量

采用经审定批准的施工图纸及其预算方式发包形成的总价合同，除按照工程变更规定的工程量增减外，总价合同各项目的工程量应为承包人用于结算的最终工程量。

7. 工程计价表格

工程计价表宜采用统一格式。工程计价表格的设置应满足工程计价的需要，方便使用。详见附录。

1）工程量清单的编制规定

（1）工程量清单编制使用表格

封-1、扉-1、表-08、表-11、表-12（不含表-12-6～表-12-8）、表-13、表-20、表-21或表-22。

（2）总说明应按下列内容填写

①工程概况：建设规模、工程特征、计划工期、施工现场实际情况、自然地理条件、环境保护要求等。

②工程招标和专业工程发包范围。

③工程量清单编制依据。

④工程质量、材料、施工等的特殊要求。

⑤其他需要说明的问题。

2)招标控制价、投标报价、竣工结算的编制规定

(1)使用表格

①招标控制价使用表格包括:封-2、扉-2、表-01、02、03、04、08、09、11、12(不含表-12-6~表-12-8)、13、20、21或22。

②投标报价使用的表格包括:封-3、扉-3、表-01、02、03、04、08、09、11、12(不含表-12-6~表-12-8)、13、16、招标文件提供的表-20、21或22。

③竣工结算使用的表格包括:封-4、扉-4、表-01、05、06、07、08、09、10、11、12、13、14、15、16、17、18、19、20、21或22。

(2)总说明应按下列内容填写

①工程概况:建设规模、工程特征、计划工期、合同工期、实际工期、施工现场及变化情况、施工组织设计的特点、自然地理条件、环境保护要求等。

②编制依据等。

(3)投标人应按招标文件的要求,附工程量清单综合单价分析表。

(4)工程量清单计价程序

工程量清单计价是在业主提供的工程量清单的基础上,按照清单计价规范规定,依据工程量清单和综合单价法,进行市场交易、竞争定价的活动过程。其程序为:

①做好各项计价准备工作,包括以下内容:

a. 熟悉工程量清单。

b. 明确所编制的计价文件的用途,搜集并熟悉编制依据。

c. 收集各种资源价格信息,主要指市场要素价格。

d. 优选施工方案和方法以及其他工作。

②计算分部分项工程费,并将结果填入附录的分部分项工程量清单与计价表中。

③计算措施项目费,并将结果填入附录的相应表格内。

措施项目清单计价表中的序号、项目名称,必须按措施项目清单中的相应内容填写。投标人可根据施工组织设计采取的措施增加项目。

措施项目清单计价中,保障性措施项目一般根据省级、行业建设主管部门颁发的费用定额确定,以"项"为单位,采用费率的方式综合计价,其格式见总价措施项目清单与计价表,其费用应包括除规费、税金外的全部费用。

以工程量形式表现的技术性措施项目应根据拟建工程的施工组织设计或施工方案、消耗量定额及其单价,按分部分项工程量清单计价方式,即采用综合单价计算确定,单价措施项目清单与计价表格式见同分部分项工程量清单与计价表。

$$措施项目费 = 保障性措施项目费 + 技术性措施项目费$$
$$= \sum(计费基础 \times 相应费率) + \sum(工程量 \times 综合单价)$$

(3-7)

④计算其他项目费,并将结果填入附录的相应表格中。

其他项目清单表中的序号、项目名称,必须按其他项目清单中的相应内容填写。暂列金

额和暂估价必须按招标人提出的数额填写。暂估价中的专业工程暂估价应分专业填写,对于材料、设备暂估价,凡材料、设备暂估价已经计入工程量清单综合单价中的,不再汇总计入暂估价;投标人部分(总承包服务费和计日工)的费用以综合单价法计算。

计日工按招标人在其他项目清单中列出的项目和数量,确定其综合单价后计算其费用;总承包服务费根据招标文件中列出的内容和提出的要求进行确定。

⑤计算规费、税金,并将结果填入附录的相应表格内。

规费和税金应按国家或省级、行业建设主管部门的规定计算,不得作为竞争性费用。

⑥计算单位工程报价,并将结果填入附录的相应表格内。

$$单位工程报价 = 分部分项工程费 + 措施项目费 + 其他项目费 + 规费 + 税金 \quad (3-8)$$

综上所述,以陕西省单位工程造价的计价程序为例,如表3-1所示。

工程量清单计价程序 表 3-1

序　号	内　　容	计　算　式
1	分部分项工程费	∑(综合单价×工程数量) + 可能发生的差价
2	措施项目费	∑(计费基础×相应费率) + ∑(综合工日×工程数量) + 可能发生的差价
3	其他项目费	暂列金额 + 暂估价 + ∑工程量×综合单价 + 可能发生的差价
4	规费	(1+2+3)×费率
5	税金	(1+2+3+4)×税率
6	工程造价	1+2+3+4+5

表3-1中"可能发生的差价"是指合同约定或政府规定计入工程造价总价,但不计入综合单价的费用,如由发包人承担的除工程量变化以外的风险费按差价计列。差价主要是在工程结算时计算,不计入综合单价,只计取规费和税金。

⑦计算单项工程报价,并将结果填入附录的相应表格内。

单位工程名称按照单位工程汇总表的工程名称填写。金额按照单位工程汇总表的合计金额填写。

$$单项工程报价 = \sum 单位工程报价 \quad (3-9)$$

⑧计算建设项目总报价,并将结果填入附录的相应表格内。

单项工程名称按照单项工程费汇总表的工程名称填写。金额按照单项工程费汇总表的合计金额填写。

$$建设项目总报价 = \sum 单项工程报价 \quad (3-10)$$

⑨核对、填写总价、封面、打印、整理、装订、盖章等。

封面格式见本规范附录中的相关表格。

复习思考题

一、填空题

1. 最新的工程量清单计价规范于( )年( )月开始施行。

2. 各专业工程工程量计算规范的目的主要是规范各专业建设工程造价计量行为,统一( )、( )。

3. 工程量清单是指载明(　　)项目、(　　)项目、(　　)项目的名称和数量以及(　　)和(　　)等内容的明细清单。

4. 项目编码是指(　　)和(　　)清单名称的阿拉伯数字标识。

5. 招标控制价是由(　　)编制的招标工程(　　)限价。

6. 工程量清单应采用(　　)计价。

7. 措施项目费中的安全文明施工(　　)作为竞争性费用。

8. 分部分项工程项目清单必须载明(　　)、(　　)(　　)(　　)和(　　)。

9. 运用统筹法计算工程量时,三线是指(　　)、(　　)和(　　)。

10. 运用统筹法计算工程量时,两面是指(　　)和(　　)。

11. 运用统筹法计算工程量时,两表是指(　　)和(　　)。

二、简答题

1. 简述工程量计算的依据与方法。

2. 门厅、大厅面积如何确定?

3. 地下室和半地下室的建筑面积如何确定?

4. 建筑物哪些部位不计算建筑面积?

5. 实施工程量清单计价规范目的是什么?

6. 综合单价包括哪些费用?

7. 工程量清单的编制原则是什么?

8. 工程量清单的计价程序是什么?

第四章　房屋建筑工程量清单编制

> ## 本章要点
>
> 本章介绍了土石方工程、地基处理与边坡支护工程、桩基工程、砌筑工程、混凝土及钢筋工程、金属结构工程、木结构工程、门窗工程、房屋及防水工程以及保温、隔热、防腐工程10项房屋建筑工程工程量清单的相关内容。通过本章的学习,要求了解各项房屋建筑工程的基础知识;掌握各项装饰工程工程量清单编制的内容和方法;根据实例学会编制房屋建筑工程工程量清单。

第一节　土石方工程清单计量

一、土石方工程基础知识

土石方工程包括土方工程、石方工程以及回填工程,主要涉及土(石)方的挖掘、运输、回填、压实等工作。施工工艺包括场地平整、土方开挖、土方运输、土方回填夯实等。

计算土石方工程量前,应确定下列各项资料:

(1)土壤及岩石类别的确定

我国各地区土壤的种类繁多,不同的土质会直接影响到开挖方法、施工方案、劳动量消耗、施工工期,从而影响到工程费用。

建筑及装饰装修工程清单项目及计算规则中的土壤和岩石的区别是按照"土壤及岩石(普氏)分类表"来划分的(见表4-1)。该表共分16类,前4类为土,后12类为石。其中Ⅰ、Ⅱ类合并,称为普通土;Ⅲ类称为坚土;Ⅳ类称为砂砾坚土;Ⅴ类称为松石;Ⅵ~Ⅷ称为次坚石;Ⅸ~Ⅻ类称为普坚石。由于土壤类别直接关系到土方工程造价的多少,因此在编制工程预算时,对土壤应认真分类、准确套用综合单价,正确编制预算。

(2)地下水位标高及排(降)水方法

土石方工程由于基础埋置深度和地下水位不同以及受到季节施工的影响,有干土与湿土之分。干、湿土的划分应根据地质勘查资料中的地下水位为划分标准,地下水位以上为干土,地下水位以下为湿土。

土壤及岩石(普氏)分类　　　　　　　　　　　　　　　　　表 4-1

普氏分类	土 壤 及 岩 石 名 称	天然湿度下平均重度（kN/m³）	极限压碎强度（kg/cm²）	用轻钻孔机钻进1m耗时（min）	开挖方法及工具	普氏系数（紧固系数）f
I	砂	1 500			用尖锹开挖	0.5～0.6
	砂壤土	1 600				
	腐殖土	1 200				
	泥炭	600				
II	轻壤和黄土类土	1 600			用锹开挖并少数用镐开挖	0.6～0.8
	潮湿而松散的黄土，软的盐渍土和碱土	1 600				
	平均15mm以内的松散而软的砾石	1 700	—	—		
	含有草根的密实腐殖土	1 400				
	含有直径在30mm以内根类的泥炭和腐殖土	1 100				
	掺有卵石、碎石和石屑的砂和腐殖土	1 650				
	含有卵石或碎石杂质的胶结成块的填土	1 750				
	含有卵石、碎石和建筑料杂质的砂壤土	1 900	—	—	—	—
III	肥黏土其中包括石炭纪、侏罗纪的黏土和冰黏土	1 800			用尖锹并同时用镐开挖(30%)	0.8～1.0
	重壤土、粗砾石，粒径为15～40mm的碎石和卵石	1 750				
	干黄土和掺有碎石或卵石的自然含水量黄土	1 790	—	—		
	含有直径大于30mm根类的腐殖黏土或泥炭	1 400				
	掺有碎石或卵石和建筑碎料的土壤	1 900				
IV	土含碎石重黏土，其中包括侏罗和石英纪的硬黏土	1 950	—		用尖锹并同时用镐和撬棍开挖(30%)	1.0～1.5
	含有碎石、卵石、建筑碎料和重达25kg的顽石(总体积10%以内)等杂质的肥黏土和重壤土	1 950			用尖锹并同时用镐和撬棍开挖(30%)	1.0～1.5
	冰渍黏土，含有质量在50kg以内的巨砾，其含量为总体积10%以内	2 000				
	泥板岩	2 000				
	不含或含有质量达10kg的顽石	1 950				

续上表

普氏分类	土壤及岩石名称	天然湿度下平均重度（kN/m³）	极限压碎强度（kg/cm²）	用轻钻孔机钻进1m耗时（min）	开挖方法及工具	普氏系数（紧固系数）f
V	含有质量在50kg以内的巨砾（占体积10%以上）的冰渍石	2 100	<200	<3.5	部分用手凿工具、部分用爆破开挖	1.5~2.0
	矽藻岩和软白垩岩	1 800				
	胶结力弱的砾岩	1 900				
	各种不坚实的片岩	2 600				
	石膏	2 200				
VI	凝灰岩和浮石	1 100	200~400	3.5	用风镐和爆破法开挖	2~4
	松软多孔和裂隙严重的石灰岩和介质石灰岩	1 200				
	中等硬变的片岩	2 700				
	中等硬变的泥灰岩	2 300				
VII	石灰石胶结的带有卵石和沉积岩的砾石	2 200	400~600	6.0		4~6
	风化的和有大裂缝的黏土质砂岩	2 000				
	坚实的泥板岩	2 800				
	坚实的泥灰岩	2 500				
VIII	砾质花岗岩	2 300	600~800	8.5	用爆破方法开挖	6~8
	泥灰质石灰岩	2 300				
	黏土质砂岩	2 200				
	砂质云母片岩	2 300				
	硬石膏	2 900				
IX	严重风化的软弱的花岗岩、片麻岩和正长岩	2 500	800~1 000	11.5		8~10
	滑石化的蛇纹岩	2 400				
	致密的石灰岩	2 500				
	含有卵石、沉积岩的渣质胶结的砾岩	2 500				
	砂岩	2 500				
	砂质石灰质片岩	2 500				
	菱镁矿	3 000				
X	白云石	2 700	1 000~1 200	15.0	用爆破方法开挖	10~12
	坚固的石灰岩	2 700	—	—	—	—
	大理石	2 700	—	—	—	—
	石灰胶结的致密砾石	2 600	—	—	—	—
	坚固砂质片岩	2 600	—	—	—	—

续上表

普氏分类	土壤及岩石名称	天然湿度下平均重度（kN/m³）	极限压碎强度（kg/cm²）	用轻钻孔机钻进1m耗时（min）	开挖方法及工具	普氏系数（紧固系数）f
XI	粗花岗岩	2 800	1 200~1 400	18.5	—	12~14
	非常坚硬的白云岩	2 900	—	—	—	—
	蛇纹岩	2 600	—	—	—	—
	石灰质胶结的含有火成岩之卵石的砾石	2 800				
	石英胶结的坚固砂岩	2 700	1 200~1 400	18.5	—	12~14
	粗粒正长岩	2 700	—	—	—	—
XII	具有风化痕迹的安山岩和玄武岩	2 700	1 400~1 600	22.0		14~16
	片麻岩	2 600	—	—	—	—
	非常坚固的石灰岩	2 900	—	—	—	—
	硅质胶结的含有火成岩之卵石的砾岩	2 900				
	粗石岩	2 600	—	—	—	—
XIII	中粒花岗岩	3 100	1 600~1 800	27.5		16~18
	坚固的片麻岩	2 800	—	—	—	—
	辉绿岩	2 700	—	—	—	—
	玢岩	2 500	—	—	—	—
	坚固的粗面岩	2 800	—	—	—	—
	中粒正长岩	2 800	—	—	—	—
XIV	非常坚硬的细粒花岗岩	3 300	1 800~2 000	32.5		18~20
	花岗岩麻岩	2 900	—	—	—	—
	闪长岩	2 900	—	—	—	—
	高硬度的石灰岩	3 100	—	—	—	—
	坚固的玢岩	2 700	—	—	—	—
XV	安山岩、玄武岩、坚固的角页岩	3 100	2 000~2 500	46.0		20~25
	高硬度的辉绿岩和闪长岩	2 900	—	—	—	—
	坚固的辉长岩和石英岩	2 800	—	—	—	—
XVI	拉长玄武岩和橄榄玄武岩	3 300	>2 500	>60	—	>25

（3）土方、沟槽、基坑挖（填）起止标高、施工方法及运距。

（4）岩石开凿、爆破方法、石渣清运方法及运距。

（5）其他有关资料

如施工现场地形图、建筑与施工总平面图、现场的施工条件、施工组织设计、施工技术措施等资料。

二、工程量清单项目

1.土方工程(编号:010101)

土方工程包括平整场地,挖一般土方,挖沟槽土方,挖基坑土方,冻土开挖,挖淤泥、流砂,管沟土方7项。

(1)平整场地(项目编码:010101001)

一般的工业与民用建筑工程为了便于放线,施工前要对场地进行平整。平整场地是"五通一平"的内容之一,是一项施工准备工作。当建筑场地高程确定后,规定±30cm以内的挖、填、运、找平属场地平整(图4-1)。

工程内容:包括土方挖填、场地找平及运输。

项目特征:在编制工程量清单时,除注明项目编码、项目名称等外,还要详细描述项目特征,包括土壤类别、弃土运距、取土运距。

工程量计算规则:《建设工程工程量清单计价规范》(GB 50500—2013)规定平整场地工程量按设计图示尺寸以建筑物底层面积(m^2)计算。

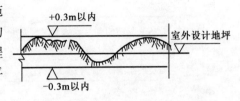

图4-1 平整场地示意图

【例4-1】 某建筑物基础平面图和剖面图如图4-2所示,土壤类别为Ⅱ类土。试求该工程平整场地的工程量。

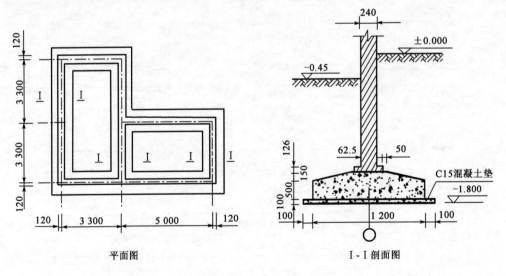

平面图   Ⅰ-Ⅰ剖面图

图4-2 某建筑物基础平面图和剖面图(尺寸单位:mm)

解 根据平整场地工程量计算规则规定,应按设计图示尺寸以建筑物底层面积计算。

$$S_{底} = (3.30 \times 2 + 0.12 \times 2) \times (3.30 + 0.12 \times 2) + 5.0 \times (3.30 + 0.12 \times 2)$$
$$= 6.84 \times 3.54 + 5.0 \times 3.54$$
$$= 24.21 + 17.70$$
$$= 41.91(m^2)$$

(2)挖一般土方(项目编码:010101002)

沟槽、基坑、一般土方的划分为：底宽小于(等于)7m,底长大于3倍底宽为沟槽；底长小于(等于)3倍底宽、底面积小于(等于)150m为基坑；超出上述范围则为一般土方。

工程内容：排地表水、土方开挖、围护(挡土板)及拆除、基底钎探和运输。

项目特征：在编制工程量清单时,应详细描述项目特征,包括土壤类别和挖土深度。

工程量计算规则：按图示尺寸以体积计算。

其他规定：土方体积应按挖掘前的天然密实体积计算。如需按天然密实体积折算时,应按表4-2的系数计算。

土方体积折算系数表 表4-2

天然密实度体积	虚方体积	夯实后体积	松填体积
0.77	1.00	0.67	0.83
1.00	1.30	0.87	1.08
1.15	1.50	1.00	1.25
0.92	1.20	0.80	1.00

注：①虚方指未经碾压、堆积时间≤1年的土壤。

②本表按《全国统一建筑工程预算工程量计算规则》(GJDGZ 101—1995)整理。

③设计密实度超过规定的,填方体积按工程设计要求执行；无设计要求按各省、自治区、直辖市或行业建设行政主管部门规定的系数执行。

挖土方平均厚度,应按自然地面测量高程至设计地坪高程间的平均厚度确定。

湿土的划分应按地质资料提供的地下常水位为界,地下常水位以下为湿土。

(3)挖沟槽土方(项目编码:010101003)

底宽小于(等于)7m,底长大于3倍底宽为沟槽,如图4-3所示。

图4-3 沟槽

工程内容：包括排地表水；土方开挖；围护(挡土板)及拆除；基底钎探和运输。

项目特征：在编制工程量清单时,应详细描述项目特征,包括土壤类别和挖土深度。

工程量计算规则：房屋建筑按设计图示尺寸以基础垫层底面积乘以挖土深度计算,构筑物按最大水平投影面积乘以挖土深度(原地面平均标高至坑底高度)以体积计算。

其他规定：挖沟槽土方时应适当留出下步施工工序必需的工作面,工作面的宽度应按施工组织设计所确定的宽度计算,如无施工组织设计时可参照表4-3数据计算。

基础施工所需工作面宽度计算表　　　　表 4-3

基 础 材 料	每边各增加工作面宽度(mm)
砖基础	200
浆砌毛石、条石基础	150
混凝土基础垫层支模板	300
混凝土基础支模板	300
基础垂直面做防水层	1 000(防水层面)

挖沟槽土方时,一类、二类土深在 1.25m 以内,三类土深在 1.5m 以内,四类土深在 2m 以内,均不考虑放坡。超过以上深度,如需放坡,按施工图示尺寸计算(图 4-4、图 4-5)。如设计不明确,可按表 4-4 计算(放坡自垫层上表面开始计算)。

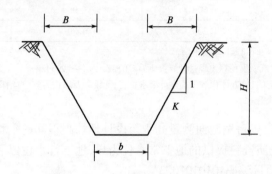

图 4-4　放坡施工示意图

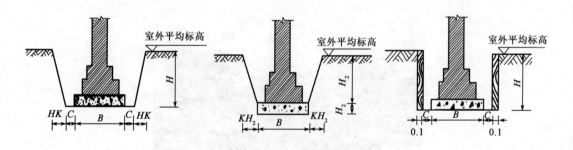

图 4-5　工作面、放坡面与挖深示意图

B-垫层宽度;H-挖土深度;C-工作面宽度;K-放坡系数

放 坡 系 数　　　　表 4-4

土 类 别	放坡起点 (m)	人工挖土	机械挖土		
			在坑内作业	在坑上作业	顺沟槽在坑上作业
一类、二类土	1.20	1 : 0.5	1 : 0.33	1 : 0.75	1 : 0.5
三类土	1.50	1 : 0.33	1 : 0.25	1 : 0.67	1 : 0.33
四类土	2.00	1 : 0.25	1 : 0.10	1 : 0.33	1 : 0.25

挖沟槽工程量计算式如下。

不放坡、不设挡土板时:

$$V = (B + 2C) \times H \times (L_{中} + L_{内槽})$$

由垫层下表面放坡时:

$$V = (B + 2C + KH) \times H \times (L_{中} + L_{内槽})$$

由垫层上表面放坡时:

$$V = \left[B \times H_1 + (B + KH_2) \times H_2 \right] \times (L_{中} + L_{内槽})$$

支设双面挡土板时:

$$V = (B + 2C + 0.2) \times H \times (L_{中} + L_{内槽})$$

(4)挖基坑土方(项目编码:010101004)

规定底长小于(等于)3 倍底宽、底面积小于(等于)150m² 为基坑,如图4-6 所示,挖基坑土方的工程量清单项目同挖沟槽土方基本一致。

工程内容:包括排地表水、土方开挖、围护(挡土板)及拆除、基底钎探和运输。

项目特征:在编制工程量清单时,应详细描述项目特征,包括土壤类别和挖土深度。

工程量计算规则:房屋建筑按设计图示尺寸以基础垫层底面积乘以挖土深度计算,构筑物按最大水平投影面积乘以挖土深度(原地面平均标高至坑底高度)以体积计算。

(5)冻土开挖(项目编码:010101005)

冻土是指在 0℃ 以下且含有冰的土。冻土按冬夏是否冻融交替分为季节性冻土和永冻土两类。

图4-6 基坑

工程内容:包括爆破、开挖、清埋及运输。

项目特征:在编制工程量清单时应描述冻土的厚度。

工程连计算规则:按图示按设计图示尺寸开挖面积乘厚度以体积计算。

(6)挖淤泥、流砂(项目编码:010101006)

淤泥是河流、湖沼、水库、池塘中沉积的泥砂,所含有机物较多,常呈灰黑色,有异味、稀软状,坍落度较大。

挖土方深度超过地下水位时,坑底周边或地下的土层随地下水涌入基坑,这种和水形成流动状态的土壤称为流砂。

工程内容:包括挖淤泥、流砂;弃淤泥、流砂;即开挖和运输。

项目特征:应描述挖掘深度;弃淤泥、流砂的距离。

工程量计算规则:按设计图示位置、界限以体积(m³)计算。

其他规定:挖方出现流砂、淤泥时,可根据实际情况由发包人与承包人双方签字处理。

(7)管沟土方(项目编码:010101007)

本项目适用于管沟土方的开挖、回填。

工程内容:包括排地表水、土方开挖、挡土板的支拆、运输、回填。

项目特征:应描述土壤类别、管外径、挖沟平均深度、弃土运距及回填要求。

工程量计算规则:按设计图示以管道中心线长度(m)计算。

其他规定:有管沟设计时,平均深度以沟底垫层底表面高程至交付施工场地高程计算;无管沟设计时,直埋管(管道安装好后,无沟盖板保护,直接回填土)深度应按管底外表面高程至交付施工场地高程的平均高程计算。

2.石方工程(编号:010102)

石方工程包括挖一般石方(010102001)、挖沟槽石方(010102002)、挖基坑石方(010102003)、基底摊座(010102004)、管沟石方(010102005)五个项目。

(1)挖一般石方(项目编码:010102001)

工程内容:包括排地表水;凿石;运输。

项目特征:需要描述岩石类别;开凿深度;弃渣运距。

工程量计算规则:按设计图示尺寸以体积计算。

其他规定:石方体积应按挖掘前的天然密实体积计算。如需按天然密实体积折算时,应按规范表4-5计算。

石方体积折算系数 表4-5

石方类别	天然密实度体积	虚方体积	松填体积	码方
石方	1.0	1.54	1.31	—
块石	1.0	1.75	1.43	1.67
砂夹石	1.0	1.07	0.94	—

注:本表按建设部颁发《爆破工程消耗量定额》(GYD-102—2008)整理。

(2)挖沟槽石方(项目编码:010102002)

工程内容:包括排地表水;凿石;运输。

项目特征:应描述岩石类别;开凿深度以及弃渣运距。

工程量计算规则:按设计图示尺寸沟槽底面积乘以挖石深度以体积计算。

(3)挖基坑石方(项目编码:010102003)

工程内容:包括排地表水;凿石;运输。

项目特征:需要描述岩石类别;开凿深度以及弃渣运距。

工程量计算规则:按设计图示尺寸基坑底面积乘以挖石深度以体积计算。

(4)基底摊座(项目编码:010102004)

工程内容:包括排地表水;凿石;运输。

项目特征:需要描述岩石类别;开凿深度以及弃渣运距。

工程量计算规则:按设计图示尺寸以展开面积计算。

(5)管沟石方(项目编码:010102005)

管沟石方项目适用于管道(给排水、工业、电力、通信)电缆沟及连接井(检查井)等。

工程内容:包括排地表水;凿石;回填;运输。

项目特征:应描述岩石类别;管外径;挖沟深度。

工程量计算规则:以米计量,按设计图示以管道中心线长度计算;以立方米计量,按设计图示截面积乘以长度计算。

3. 回填(编号:010103)

本项目适用于基础回填、室内回填、场地回填。

(1)回填方(项目编码:010103001)

工程内容:包括运输;回填;压实。

项目特征:应描述密实度要求,填方材料品种,填方粒径要求,填方来源、运距。

工程量计算规则:按设计图示尺寸以体积(m^3)计算。

场地回填:回填面积乘平均回填厚度。

室内回填:主墙间面积乘回填厚度,不扣除间隔墙。

基础回填:挖方体积减去自然地坪以下埋设的基础体积(包括基础垫层及其他构筑物)。

(2)余方弃置(项目编码:010103002)

工程内容:包括余方点装料运输至弃置点。

项目特征:应描述废弃料品种、运距。

工程量计算规则:按挖方清单项目工程量减利用回填方体积(正数)计算。

三、工程量计算规则解读

(1)挖土应按自然地面测量标高至设计地坪标高的平均厚度确定。竖向土方、山坡切土开挖深度应按基础垫层底表面标高至交付施工现场地标高确定。无交付施工场地标高时,应按自然地面标高确定。

(2)挖沟槽、基坑、一般土方因工作面和放坡增加的工程量(管沟工作面增加的工程量),是否并入各土方工程量中,按各省、自治区、直辖市或行业建设主管部门的规定实施。如并入各土方工程量中,办理工程结算时,按经发包人认可的施工组织设计规定计算,编制工程量清单时,可按表4-3、表4-4、表4-6规定计算。

管沟施工每侧所需工作面宽度计算表 表4-6

管沟材料＼管道结构宽(mm)	≤500	≤1 000	≤2 500	>2 500
混凝土及钢筋混凝土管道(mm)	400	500	600	700
其他材质管道(mm)	300	400	500	600

注:①本表按《全国统一建筑工程预算工程量计算规则》(GJDGZ 101—1995)整理。
　　②管道结构宽:有管座的按基础外缘,无管座的按管道外径。

(3)挖方出现流砂、淤泥时,应根据实际情况由发包人与承包人双方现场签证确认工程量。

(4)管沟土方项目适用于管道(给排水、工业、电力、通信)、光(电)缆沟(包括人孔桩、接口坑)及连接井(检查井)等。

(5)挖石应按自然地面测量标高至设计地坪标高的平均厚度确定。基础石方开挖深度应按基础垫层底表面标高至交付施工现场地标高确定,无交付施工场地标高时,应按自然地面标高确定。

（6）厚度 > ±300mm 的竖向布置挖石或山坡凿石应按本节中挖一般石方项目编码列项。

（7）弃渣运距可以不描述，但应注明由投标人根据施工现场实际情况自行考虑，决定报价。

（8）岩石的分类应按表4-1确定。

（9）石方体积应按挖掘前的天然密实体积计算。如需按天然密实体积折算时，应按规范表3-5系数计算。

（10）沟槽、基坑、一般石方的划分为：底宽≤7m，底长>3倍底宽为沟槽；底长≤3倍底宽、底面积≤150m² 为基坑；超出上述范围则为一般石方。

（11）填方密实度要求，在无特殊要求情况下，项目特征可描述为满足设计和规范的要求。

（12）填方材料品种可以不描述，但应注明由投标人根据设计要求验方后方可填入，并符合相关工程的质量规范要求。

（13）填方粒径要求，在无特殊要求情况下，项目特征可以不描述。

（14）如需买土回填应在项目特征填方来源中描述，并注明买土方数量。

四、工程量清单编制示例

【例4-2】 图4-2所示为某建筑物基础平面图和剖面图（土壤为Ⅱ类，外运3km）。根据图示尺寸，试编制挖基础土方工程量清单，并计算施工图工程量。

解 工程量清单是由招标方按《建设工程工程量清单计价规范》的规定计算编制的文件。

首先根据图示尺寸可知此项目为挖沟槽土方，计算出挖沟槽土方工程量。根据计算规则和图示尺寸以及前面的注解，可算出基础底层面积为：

$$S_底 = （外墙垫层中心线长 + 内墙垫层净长）× 垫层底面宽度$$

$$= （L_中 + L_净）× 垫层底面宽度$$

$$= [（3.3×6+5.0×2）+（3.3-0.7×2）] ×1.4（m²）$$

$$= 44.38（m²）$$

$$挖土深度 = 1.80（m）-0.45（m）= 1.35（m）$$

$$挖沟槽土方工程量 = S_底 × 挖土深度$$

$$= 44.38（m²）×1.35（m）$$

$$= 59.91（m³）$$

由此可编制出挖基础土方工程量清单见表4-7。

挖沟槽土方工程量清单 表4-7

工程名称：某工程

序号	项目编码	项目名称	项目特征	计量单位	工程数量
1	010101003001	挖沟槽土方	Ⅱ类土，钢筋混凝土条形基础，素混凝土垫层，宽1.4m，长31.7m，挖土深1.35m，弃土运距3km	m³	55.91

【例 4-3】 图 4-1 所示为某建筑物基础平面和剖面图,混凝土基础以下的 C15 混凝土垫层体积为 4.438m^3,钢筋混凝土基础体积为 23.11m^3,砖基础体积为 5.30m^3,室内地面厚度为 100mm,室内地面高程为 ±0.000。试计算施工方案工程量,并编制土方回填工程量清单。

解 基础土方回填工程量 = 挖土方体积 – 设计室外地坪以下埋设的基础体积

$$= 59.91 - 4.44 - 23.11 - 5.30$$
$$= 27.06(\text{m}^3)$$

室内土方回填工程量 = 主墙间净面积 × 回填厚度

$$= [(6.6 - 0.24) \times (3.3 - 0.24) + (5 - 0.24) \times$$
$$(3.3 - 0.24)] \times (0.45 - 0.1)$$
$$= (19.46 + 14.57) \times 0.35$$
$$= 11.91(\text{m}^3)$$

将上面计算的数据、项目特征及编码等填入土(石)方回填工程量清单见表 4-8。

土(石)方回填工程量清单 表 4-8

工程名称:某工程

序号	项目编码	项目名称	项 目 特 征	计量单位	工程数量
1	010103001001	基础土方回填	回填夯实,土方运距 3km	m^3	27.06
2	010103001002	室内土方回填	回填土分层夯实,土方运距 3km	m^3	11.91

第二节 地基处理与边坡支护工程

一、地基处理与边坡支护基础知识

地基处理与边坡支护工程包括地基处理以及基坑与边坡支护项目。

地基处理是按照上部结构对地基的要求,对地基进行必要的加固或改良,提高地基土的承载力,保证地基稳定,减少房屋的沉降或不均匀沉降,消除湿陷性黄土的湿陷性及提高其抗液化能力。常见的地基处理方法包括换填垫层、铺设木工合成材料、预压地基、强夯地基、振冲密实(不填料)、振冲桩(填料)、砂石桩、水泥粉煤灰碎石桩、深层搅拌桩、夯实水泥土桩、粉喷桩、高压喷射注浆桩、石灰桩、灰土(土)挤密桩、柱锤冲扩桩、注浆地基、褥垫层等。

为保证边坡及其环境的安全,需要对边坡采取支挡、加固与防护措施。边坡支护的常见处理方法有地下连续墙(见图 4-7)、咬合灌注桩、圆木桩、预制钢筋混凝土板桩、型钢桩、钢板桩、锚杆(锚索)、土钉、喷射混凝土、水泥砂浆、混凝土支撑、钢支撑等。

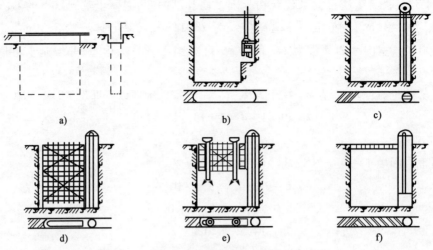

图 4-7　地下连续墙施工顺序

a)挖导沟,筑导墙;b)挖槽;c)吊放接头管;d)吊放钢筋笼;e)浇筑水下混凝土;f)拔出接头管成墙

二、工程量清单项目

1. 地基处理(编号:010201)

(1)换填垫层(项目编码:010201001)

工程内容:工程内容包括振密或夯实;材料运输。

项目特征:材料种类及配比;压实系数;掺加剂品种。

工程量计算规则:按图示尺寸以面积计算。

(2)铺设木工合成材料(项目编码:010201002)

工程内容:包括挖填锚固沟;铺设;固定;运输。

项目特征:需要详细;品种及规格。

工程量计算规则:按图示尺寸以面积计算。

(3)预压地基(项目编码:010201003)

工程内容:包括排水竖井、盲沟、滤水管;铺设砂垫层、密封膜;堆载、卸载或抽气设备安拆、抽真空;材料运输。

项目特征:应描述井种类、断面尺寸、排列方式、间距、深度;预压方法;预压荷载、时间;砂垫层厚度。

工程量计算规则:按图示尺寸以加固面积计算。

(4)强夯地基(项目编码:010201004)

工程内容:包括夯填材料;强夯;夯填材料运输。

项目特征:需描述夯击能量;夯击遍数;夯击点布置形式、间距;地耐力要求;夯填材料种类。

工程量计算规则:按图示尺寸以加固面积计算。

(5)振冲密实(不填料)(项目编码:010201005)

工程内容:包括振冲加密;泥浆运输。

项目特征:应描述地层情况;振密深度及孔距。

工程量计算规则:按图示尺寸以加固面积计算。

(6)振冲桩(填料)(项目编码:010201006)

工程内容:工程内容包括振冲成孔、填料、振实;材料运输;泥浆运输。

项目特征:应描述地层情况;空桩长度、桩长;桩径;填充材料种类。

工程量计算规则:以米计量,按设计图示尺寸以桩长计算;以立方米计量,按设计桩截面乘以桩长以体积计算。

(7)砂石桩(项目编码:010201007)

工程内容:包括成孔;填充、振实;材料运输。

项目特征:应描述地层情况;空桩长度、桩长;桩径;成孔方法;材料种类、级配。

工程量计算规则:当以米计量时,按设计图示尺寸以桩长(包括桩尖)计算;以立方米计量,按设计桩截面乘以桩长(包括桩尖)以体积计算。

(8)水泥粉煤灰碎石桩(项目编码:010201008)

工程内容:包括成孔;混合料制作、灌注、养护;材料运输。

项目特征:应描述地层情况;空桩长度、桩长;桩径;成孔方法;混合料强度等级。

工程量计算规则:按设计图示尺寸以桩长(包括桩尖)计算。

(9)深层搅拌桩(项目编码:010201009)

工程内容:包括预搅下钻、水泥浆制作、喷浆搅拌提升成桩;材料运输。

项目特征:应描述地层情况;空桩长度、桩长;桩截面尺寸;水泥强度等级、掺量。

工程量计算规则:按设计图示尺寸以桩长计算。

(10)粉喷桩(项目编码:010201010)

工程内容:包括预搅下钻、喷粉搅拌提升成桩;材料运输。

项目特征:地层情况;空桩长度、桩长;桩径;粉体种类、掺量;水泥强度等级、石灰粉要求。

工程量计算规则:按设计图示尺寸以桩长计算。

(11)夯实水泥土桩(项目编码:010201011)

工程内容:包括成孔、夯底;水泥土拌和、填料、夯实;材料运输。

项目特征:地层情况;空桩长度、桩长、桩径;成孔方法;水泥强度等级;混合料配比。

工程量计算规则:按设计图示尺寸以桩长(包括桩尖)计算。

(12)高压喷射注浆桩(项目编码:010201012)

工程内容:包括成孔;水泥浆制作、高压喷射注浆;材料运输。

项目特征:需要描述地层情况;空桩长度、桩长;桩截面;注浆类型、方法;水泥强度等级。

工程量计算规则:按设计图示尺寸以桩长计算。

(13)石灰桩(项目编码:010201013)

工程内容:包括成孔;混合料制作、运输、夯填。

项目特征:应描述地层情况;空桩长度、桩长、桩径;成孔方法;掺和料种类、配合比。

工程量计算规则:按设计图示尺寸以桩长(包括桩尖)计算。

(14)灰土(土)挤密桩(项目编码:010201014)

工程内容:包括成孔;灰土拌和、运输、填充、夯实。

项目特征:应描述地层情况;空桩长度、桩长、桩径;成孔方法;灰土级配。

工程量计算规则:按设计图示尺寸以桩长(包括桩尖)计算。

(15)柱锤冲扩桩(项目编码:010201015)

工程内容:包括安拔套管;冲孔、填料、夯实;桩体材料制作、运输。

项目特征:应描述地层情况;空桩长度、桩长、桩径;成孔方法;桩体材料种类、配合比。

工程量计算规则:按设计图示尺寸以桩长计算。

(16)注浆地基(项目编码:010201016)

工程内容:包括成孔;注浆导管制作、安装;浆液制作、压浆;材料运输。

项目特征:应描述地层情况;空钻深度、注浆深度;注浆间距;浆液种类及配比;注浆方法。

工程量计算规则:以米计量,按设计图示尺寸以钻孔深度计算;以立方米计量,按设计图示尺寸以加固体积计算。

(17)褥垫层(项目编码:010201017)

工程内容:包括材料拌和、运输、铺设、压实。

项目特征:应描述厚度;材料品种及比例。

工程量计算规则:以平方米计量,按设计图示尺寸以铺设面积计算;以立方米计量,按设计图示尺寸以体积计算。

2.基坑与边坡支护

(1)地下连续墙(项目编码:010202001)

工程内容:包括导墙挖填、制作、安装、拆除;挖土成槽、固壁、清底置换;混凝土制作、运输、灌注、养护;接头处理;土方、废泥浆外运;打桩场地硬化及泥浆池、泥浆沟。

项目特征:应描述地层情况;导墙类型、截面;墙体厚度;成槽深度;混凝土类别、强度等级;接头形式。

工程量计算规则:按设计图示墙中心线长乘以厚度乘以槽深以体积计算。

(2)咬合灌注桩(项目编码:010202002)

工程内容:包括成孔、固壁;混凝土制作、运输、灌注、养护;套管压拔;土方、废泥浆外运;打桩场地硬化及泥浆池、泥浆沟。

项目特征:应描述地层情况;桩长、桩径;混凝土类别、强度等级;部位。

工程量计算规则:以米计量,按设计图示尺寸以桩长计算;以根计量,按设计图示数量计算。

(3)圆木桩(项目编码:010202003)

工程内容:包括工作平台搭拆;桩机竖拆、移位;桩靴安装;沉桩。

项目特征:应描述地层情况;桩长;材质;尾径;桩倾斜度。

工程量计算规则:以米计量,按设计图示尺寸以桩长(包括桩尖)计算;以根计量,按设计图示数量计算。

(4)预制钢筋混凝土板桩(项目编码:010202004)

工程内容:包括工作平台搭拆;桩机竖拆、移位;沉桩;桩板连接。

项目特征:应描述地层情况;送桩深度、桩长、桩截面;沉桩方法;连接方式;混凝土强度等级。

工程量计算规则:以米计量,按设计图示尺寸以桩长(包括桩尖)计算;以根计量,按设计图示数量计算。

(5)型钢桩(项目编码:010202005)

工程内容:包括工作平台搭拆;桩机竖拆、移位;打(拔)桩;接桩;刷防护材料。

项目特征:需要描述地层情况或部位;送桩深度、桩长;规格型号;桩倾斜度;防护材料种类;是否拔出。

工程量计算规则:以吨计量,按设计图示尺寸以质量计算;以根计量,按设计图示数量计算。

(6)钢板桩(项目编码:010202006)

工程内容:包括工作平台搭拆;桩机竖拆、移位;打拔钢板桩。

项目特征:应描述地层情况;桩长;板桩厚度。

工程量计算规则:以吨计量,按设计图示尺寸以质量计算;以平方米计量,按设计图示墙中心线长乘以桩长以面积计算。

(7)锚杆(锚索)(项目编码:010202007)

工程内容:包括钻孔、浆液制作、运输、压浆;锚杆、锚索索制作、安装;张拉锚固;锚杆、锚索施工平台搭设、拆除。

项目特征:包括地层情况;锚杆(索)类型、部位;钻孔深度;钻孔直径;杆体材料品种、规格、数量预应力浆液种类、强度等级。

工程量计算规则:以米计量,按设计图示尺寸以钻孔深度计算;以根计量,按设计图示数量计算。

(8)土钉(项目编码:010202008)

工程内容:钻孔、浆液制作、运输、压浆;锚杆、土钉制作、安装;锚杆、土钉施工平台搭设、拆除。

项目特征:应描述地层情况;钻孔深度;钻孔直;置入方法;杆体材料品种、规格、数量;浆液种类、强度等级。

工程量计算规则:以米计量,按设计图示尺寸以钻孔深度计算;以根计量,按设计图示数量计算。

(9)喷射混凝土、水泥砂浆(项目编码:010202009)

工程内容:包括修整边坡;混凝土(砂浆)制作、运输、喷射、养护;钻排水孔、安装排水管;喷射施工平台搭设、拆除。

项目特征:需要描述部位;厚度;材料种类;混凝土(砂浆)类别、强度等级。

工程量计算规则:按设计图示尺寸以面积计算。

(10)混凝土支撑(项目编码:010202010)

工程内容:模板(支架或支撑)制作、安装、拆除、堆放、运输及清理模内杂物、刷隔离剂等;混凝土制作、运输、浇筑、振捣、养护。

项目特征:应描述部位;混凝土强度等级。

工程量计算规则:按设计图示尺寸以体积计算。

(11)钢支撑(项目编码:010202011)

工程内容:包括支撑、铁件制作(摊销、租赁);支撑、铁件安装;探伤;刷漆;拆除;运输。

项目特征:应描述部位;钢材品种、规格;探伤要求。

工程量计算规则:按设计图示尺寸以质量计算,不扣除孔眼质量,焊条、铆钉、螺栓等不另增加质量。

三、工程量规则解读

(1)地层情况按表4-9和表4-10的规定,并根据岩土工程勘察报告按单位工程各地层所占比例(包括范围值)进行描述。对无法准确描述的地层情况,可注明由投标人根据岩土工程勘察报告自行决定报价。

土 壤 分 类　　　　　　　　　　　　　　　　表4-9

土壤分类	土壤名称	开挖方法
一类、二类土	粉土、砂土(粉砂、细砂、中砂、粗砂、砾砂)、粉质黏土、弱中盐渍土、软土(淤泥质土、泥炭、泥炭质土)、软塑红黏土、冲填土	用锹、少许用镐、条锄开挖。机械能全部直接铲挖满载者
三类土	黏土、碎石土(圆砾、角砾)混合土、可塑红黏土、硬塑红黏土、强盐渍土、素填土、压实填土	主要用镐、条锄,少许用锹开挖。机械需部分刨松方能铲挖满载者或可直接铲挖但不能满载者
四类土	碎石土(卵石、碎石、漂石、块石)、坚硬红黏土、超盐渍土、杂填土	全部用镐、条锄挖掘、少许用撬棍挖掘。机械须普遍刨松方能铲挖满载者

注:本表土的名称及其含义按国家标准《岩土工程勘察规范》(GB 50021—2001)[2009年版]定义。

岩 石 分 类　　　　　　　　　　　　　　　　表4-10

岩石分类		代表性岩石	开挖方法
极软岩		(1)全风化的各种岩石; (2)各种半成岩	部分用手凿工具、部分用爆破法开挖
软质岩	软岩	(1)强风化的坚硬岩或较硬岩; (2)中等风化—强风化的较软岩; (3)未风化—微风化的页岩、泥岩、泥质砂岩等	用风镐和爆破法开挖
	较软岩	(1)中等风化—强风化的坚硬岩或较硬岩; (2)未风化—微风化的凝灰岩、千枚岩、泥灰岩、砂质泥岩等	用爆破法开挖
硬质岩	较硬岩	(1)微风化的坚硬岩; (2)未风化—微风化的大理岩、板岩、石灰岩、白云岩、钙质砂岩等	用爆破法开挖
	坚硬岩	未风化—微风化的花岗岩、闪长岩、辉绿岩、玄武岩、安山岩、片麻岩、石英岩、石英砂岩、硅质砾岩、硅质石灰岩等	用爆破法开挖

注:本表依据国家标准《工程岩体分级级标准》(GB 50218—2014)和《岩土工程勘察规范》(GB 50021—2001)[2009年版]整理。

（2）项目特征中的桩长应包括桩尖,空桩长度＝孔深－桩长,孔深为自然地面至设计桩底的深度。

（3）高压喷射注浆类型包括旋喷、摆喷、定喷,高压喷射注浆方法包括单管法、双重管法、三重管法。

（4）如采用泥浆护壁成孔,工作内容包括土方、废泥浆外运;如采用沉管灌注成孔,工作内容包括桩尖制作、安装。

（5）其他锚杆是指不施加预应力的土层锚杆和岩石锚杆。置入方法包括钻孔置入、打入或射入等。

（6）基坑与边坡的检测、变形观测等费用按国家相关取费标准单独计算,不在本清单项目中。

四、工程量清单编制示例

【例4-4】　计算图4-8预制钢筋混凝土板桩30根的工程量并编制工程量清单。已知:土壤级别二级土,混凝土等级 C30,轨道式柴油打桩机打桩,运桩距离5km,桩间距6m。

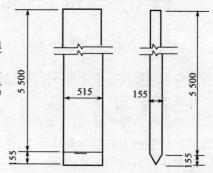

解　（1）列项目010202004001。

（2）计算工程量

$(5.5 + 0.155) \times 0.155 \times 0.515 \times 30 = 13.54\text{m}^3$

（3）工程量清单（见表4-11）。

图4-8　预制钢筋混凝土板桩(尺寸单位:mm)

工 程 量 清 单　　　　　　　　　　　　　　　　表4-11

序号	项目编码	项目名称	项目特征	计量单位	工程数量
1	010202004001	预制钢筋混凝土板桩	二级土,单桩长 5 500mm,共30根,桩截面515mm×155mm,混凝土等级 C30,轨道式柴油打桩机打桩,运桩距离5km,桩间距6m	m³	13.54

第三节　桩基工程清单计量

一、桩基工程基础知识

当地基土上部为软弱土层,且荷载很大,采用浅基础已不能满足地基变形与强度要求时,可利用地基下部较坚硬的土层作为基础。常用的深基础有桩基础、沉井及地下连续墙等。

桩基础由桩身及承台组成,桩身全部或部分埋入土中,顶部由承台联成一体,在承台上修建上部建筑物,如图4-9所示。

桩基工程包括打桩和灌注桩。

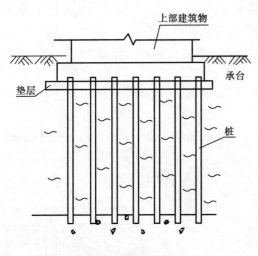

图 4-9　桩基础示意图

打桩是指利用桩锤的冲击克服土对桩的阻力,使桩沉到预定深度或达到持力层。打桩应遵守"重锤低击"的原则。打桩分为预制钢筋混凝土方桩、预制钢筋混凝土管桩、钢管桩、凿桩头四项。

灌注桩是直接在桩位上就地成孔,然后在孔内安放钢筋笼灌注混凝土而成。灌注桩能适应各种地层,无须接桩,施工时无振动、无挤土、噪声小,宜在建筑物密集地区使用。但其操作要求严格,施工后需较长的养护期方可承受荷载,成孔时有大量土渣或泥浆排出。根据成孔工艺不同,分为干作业成孔灌注桩、泥浆护壁成孔灌注桩、套管成孔灌注桩和爆扩成孔灌注桩等。灌注桩施工工艺近年来发展很快,还出现夯扩沉管灌注桩、钻孔压浆成桩等一些新工艺。

桩按承载性状分类,可分为摩擦型桩和端承型桩。摩擦型桩分为摩擦桩和端承摩擦桩,摩擦桩荷载绝大部分由桩周围土的摩擦力承担,而桩端阻力可以忽略不计;端承摩擦桩荷载主要是由桩身摩擦力承担的桩。端承型桩分为端承桩和摩擦端承桩,端承桩荷载绝大部分由桩尖支承力来承担,而桩侧阻力可以忽略不计;摩擦端承桩荷载主要是由桩端阻力承担的桩。桩按施工方法分类可分为预制桩、灌注桩等。按桩身材料不同分为木桩、砂桩、灰土桩、碎石桩、混凝土桩、钢板桩。按照断面形式不同分为方桩、空心管桩。

桩基础种类较多,施工也比较复杂,为正确计算工程量和使用定额,在计算桩基础工程量前,必须了解和确定以下有关事项。

(1)确定土质级别:定额项目中大部分子目都按土壤级别划分,分为一级土和二级土两个级别。

(2)确定施工方法、工艺流程及采用机型、桩、土壤泥土运距。

二、工程量清单项目

1.打桩(编号:010301)

(1)预制钢筋混凝土方桩(项目编码:010301001)

工程内容:包括工作平台搭拆;桩机竖拆、移位;沉桩;接桩;送桩。

项目特征:需要描述应描述地层情况;送桩深度和桩长;桩截面;桩倾斜度;沉桩方法;接桩方式;混凝土强度等级。

工程量计算规则:以米计量,按设计图示尺寸以桩长(包括桩尖)计算;以立方米计量,按设计图示截面积乘以桩长(包括桩尖)以实体积计算;以根计量,按设计图示数量计算。

(2)预制钢筋混凝土管桩(项目编码:010301002)

工程内容:包括工作平台搭拆;桩机竖拆、移位;沉桩;接桩;送桩;桩尖制作安装;填充材料、刷防护材料。

项目特征:需要描述地层情况;送桩深度和桩长;桩外径、壁厚;桩倾斜度;沉桩方法;桩尖类;混凝土强度等级;填充材料种类;防护材料种类。

工程量计算规则:以米计量,按设计图示尺寸以桩长(包括桩尖)计算;以立方米计量,按设计图示截面积乘以桩长(包括桩尖)以实体积计算;以根计量,按设计图示数量计算。

(3)钢管桩(项目编码:010301003)

工程内容:包括工作平台搭拆;桩机竖拆、移位;沉桩;接桩;送桩;切割钢管、精割盖帽;管内取土;填充材料、刷防护材料。

项目特征:需要描述地层情况;送桩深度、桩长;材质;管径和壁厚;桩倾斜度;沉桩方法;填充材料种类;防护材料种类。

工程量计算规则:以吨计量,按设计图示尺寸以质量计算;以根计量,按设计图示数量计算。

(4)凿桩头(项目编码:010301004)

工程内容:包括截(切割)桩头;凿平;废料外运。

项目特征:需要描述桩类型;桩头截面及高度;混凝土强度等级;有无钢筋。

工程量计算规则:以立方米计量,按设计桩截面乘以桩头长度以体积计算;以根计量,按设计图示数量计算。

2.灌注桩(编号:010302)

(1)泥浆护壁成孔灌注桩(项目编码:010302001)

工程内容:包括护筒埋设;成孔、固壁;混凝土制作、运输、灌注、养护;土方、废泥浆外运;打桩场地硬化及泥;浆池、泥浆沟。

项目特征:需要描述地层情况;空桩长度、桩长、桩径;成孔方法;护筒类型、长度;混凝土类别、强度等级。

工程量计算规则:以米计量,按设计图示尺寸以桩长(包括桩尖)计算;以立方米计量,按不同截面在桩上范围内以体积计算;以根计量,按设计图示数量计算。

(2)沉管灌注桩(项目编码:010302002)

工程内容:包括打(沉)拔钢管;桩尖制作及安装;混凝土制作、运输、灌注、养护。

项目特征:需要描述地层情况;空桩长度及桩长;复打长度;桩径;沉管方法;桩尖类型;混凝土类别和强度等级。

工程量计算规则:以米计量,按设计图示尺寸以桩长(包括桩尖)计算;以立方米计量,按不同截面在桩上范围内以体积计算;以根计量,按设计图示数量计算。

(3)干作业成孔灌注桩(项目编码:010302003)

工程内容:包括成孔、扩孔;混凝土制作、运输、灌注、振捣、养护。

项目特征:需要描述地层情况;空桩长度及桩长、桩径;扩孔直径、高度;成孔方法;混凝土类别、强度等级。

工程量计算规则:以米计量,按设计图示尺寸以桩长(包括桩尖)计算;以立方米计量,按不同截面在桩上范围内以体积计算;以根计量,按设计图示数量计算。

(4)挖孔桩土(石)方(项目编码:010302004)

工程内容:包括排地表水;挖土、凿石;基底钎探;运输。

项目特征:需要描述地层情况;挖孔深度;弃土(石)运距。

工程量计算规则:按设计图示尺寸截面积以挖孔深度以立方米计算。

(5)人工挖孔灌注桩(项目编码:010302005)

工程内容:包括护壁制作;混凝土制作、运输、灌注、振捣、养护。

项目特征:需要描述桩芯长度;桩芯直径、扩底直径、扩底高度;护壁厚度、高度;护壁混凝土类别、强度等级;桩芯混凝土类别、强度等级。

工程量计算规则:以立方米计量,按桩芯混凝土体积计算;以根计量,按设计图示数量计算。

(6)钻孔压浆桩(项目编码:010302006)

工程内容:包括钻孔、下注浆管、投放骨料、浆液制作、运输、压浆。

项目特征:需要描述地层情况;空钻长度、桩长;钻孔直径;水泥强度等级。

工程量计算规则:以米计量,按设计图示尺寸以桩长计算;以根计量,按设计图示数量计算。

(7)灌注桩后压浆(项目编码:010302007)

工程内容:包括注浆导管制作、安装;浆液制作、运输、压浆。

项目特征:需要描述注浆导管材料规格;注浆导管长度;单孔注浆量;水泥强度等级。

工程量计算规则:按设计图示以注浆孔数计算。

三、工程量计算规则解读

(1)地层情况按规定并根据岩土工程勘察报告按单位工程各地层所占比例(包括范围值)进行描述。对无法准确描述的地层情况,可注明由投标人根据岩土工程勘察报告自行决定报价。

(2)项目特征中的桩截面、混凝土强度等级、桩类型等,可直接用标准图代号或设计桩型进行描述。

(3)打桩项目包括成品桩购置费,如果用现场预制桩,应包括现场预制的所有费用。

(4)项目特征中的桩长应包括桩尖,空桩长度 = 孔深 − 桩长,孔深为自然地面至设计桩底的深度。

(5)项目特征中的桩截面(桩径)、混凝土强度等级、桩类型等可直接用标准图代号或设计桩型进行描述。

(6)泥浆护壁成孔灌注桩是指在泥浆护壁条件下成孔,采用水下灌注混凝土的桩。其成孔方法包括冲击钻成孔、冲抓锥成孔、回旋钻成孔、潜水钻成孔、泥浆护壁旋挖成孔等。

(7)沉管灌注桩的沉管方法包括锤击沉管法、振动沉管法、振动冲击沉管法、内夯沉管法等。

(8)干作业成孔灌注桩是指不用泥浆护壁和套管护壁的情况下,用钻机成孔后,下钢筋笼,灌注混凝土的桩,适用于地下水位以上的土层使用。其成孔方法包括螺旋钻成孔、螺旋钻成孔扩底、干作业的旋挖成孔等。

(9)桩基础的承载力检测、桩身完整性检测等费用按国家相关取费标准单独计算,不在本清单项目中。

四、工程量清单编制示例

【例4-5】　按图4-10所给条件计算混凝土方桩工程量并根据已知条件编制清单。已知:一级土,单桩长8m,共240根。需要接成24m装,共80根,桩截面250mm×250mm,C20预制混凝土、碎石40、P.S 42.5,用轨道式柴油打桩机打桩。运桩距离5km,桩间距6m。

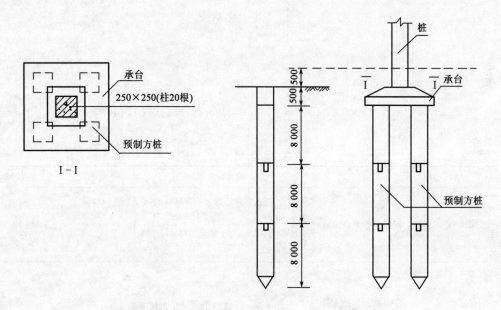

图4-10　预制混凝土方桩(尺寸单位:mm)

解　清单工程量计算:

$$L = 8.0 \times 3 \times 4 \times 20 = 1\ 920\ (\text{m})$$

工程量清单编制,详见表4-12。

分部分项工程量清单　　　　　　　　　　表4-12

序号	项目编码	项目名称	项目特征	计量单位	工程数量
1	010301001001	预制钢筋混凝土方桩	一级土,单桩长8m,共240根,接成24m装,共80根,桩截面250mm×250mm,C20预制混凝土、碎石40、P.S42.5,轨道式柴油打桩机打桩,运桩距离5km,桩间距6m	m	1 920

【例4-6】　如图4-11所示为混凝土灌注桩,采用泥浆护壁成孔技术。螺旋钻机钻孔灌注混凝土桩共15根,根据图示尺寸试编制工程量清单。

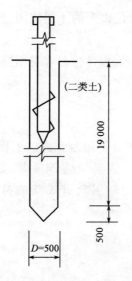

（二类土）

19 000

500

$D=500$

图 4-11　螺旋钻机钻孔（尺寸单位：mm）

解　清单工程量计算：

$$V = 3.14 \times 0.5 \times 0.5 \times (19 + 0.5) \times 15 = 229.61 (\text{m}^3)$$

工程量清单编制，见表 4-13。

工　程　量　清　单　　　　　　　　　　表 4-13

序号	项目编码	项目名称	项目特征	计量单位	工程数量
1	010302001001	泥浆护壁成孔灌注桩	土壤级别为二级土，单根桩长度为 19m；共 15 根；截面尺 φ500；混凝土强度等级 C25；泥浆运距 4km；螺旋钻机钻孔	m³	229.61

第四节　砌筑工程清单计量

一、砌筑工程基础知识

砌体工程是指在建筑工程中使用普通黏土砖、承重黏土空心砖、蒸压灰砂砖、粉煤灰砖、各种中小型砌块和石材等材料进行砌筑的工程。

砌筑工程包括砖砌体、砌块砌体、石砌体、垫层 4 项。其中砖砌体适用于砖基础、砖砌挖孔桩护壁、实心砖墙、多孔砖墙、空心砖墙、空斗墙、空花墙、填充墙、实心砖柱、多孔砖柱、砖检查井、零星砌砖、砖散水、地坪、砖地沟、砖明沟等。砌块砌体包括砌块墙、砌块柱。石砌体包括石基础、石勒脚、石墙、石挡土墙、石柱、石栏杆、石护坡、石台阶、石坡道、石地沟、石明沟。

以下为砌筑工程基本规定：

（1）标准砖尺寸应为 240mm×115mm×53mm。标准砖墙计算厚度应按表 4-14 计算。

砖数(厚度)	1/4	1/2	3/4	1	$1\frac{1}{2}$	2	$2\frac{1}{2}$	3
计算厚度/mm	53	115	180	240	365	490	615	740

标准砖墙计算厚度表　　　　表4-14

（2）砖基础与砖墙（身）划分应以设计室内地坪为界（有地下室的按地下室室内设计地坪为界），以下为基础，以上为墙（柱）身。基础与墙身使用不同材料，位于设计室内地坪±300mm以内时以不同材料为界，超过±300mm时以设计室内地坪为界。砖围墙应以设计室外地坪为界，以下为基础，以上为墙身（图4-12）。

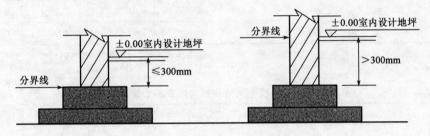

图4-12　基础与墙身分界示意图

二、工程量清单项目

1. 砖砌体（编号：010401）

（1）砖基础（项目编码：010401001）

砖基础项目适用于各种类型砖基础：柱基础、墙基础、管道基础等。

工程内容：包括砂浆制作、运输；砌砖；防潮层铺设；材料运输。

项目特征：应描述砖品种、规格、强度等级；基础类型；砂浆强度等级；防潮层材料种类。

工程量计算规则：按设计图示尺寸以体积计算，包括附墙垛基础宽出部分体积，扣除地梁（圈梁）、构造柱所占体积。不扣除基础大放脚T形接头处的重叠部分及嵌入基础内的钢筋、铁件、管道、基础砂浆防潮层和单个面积≤0.3m²的孔洞所占体积。靠墙暖气沟的挑檐不增加基础长度；外墙按外墙中心线，内墙按内墙净长线计算。砖基础放脚形式见图4-13。

其他规定：当砖基为大放脚时，可参照表4-15、表4-16进行折为墙高和断面面积计算，参照表4-17、表4-18进行折为体积计算。

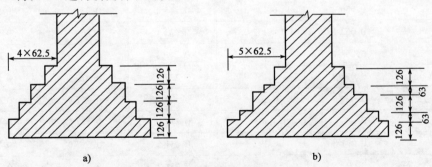

图4-13　砖基础放脚形式（尺寸单位：mm）

a）等高式；b）间隔式

等高式标准砖墙基大放脚折为墙高和断面面积表　　表4-15

大放脚层数	折算为墙高(m)						折算为断面面积(m³)
	1/2 砖(0.115)	1 砖(0.240)	1.5 砖(0.365)	2 砖(0.490)	2.5 砖(0.615)	3 砖(0.740)	
一	0.137	0.066	0.043	0.032	0.026	0.021	0.015 75
二	0.411	0.197	0.129	0.096	0.077	0.064	0.047 25
三	0.822	0.394	0.256	0.193	0.154	0.128	0.094 50
四	1.369	0.656	0.432	0.321	0.256	0.213	0.157 50
五	2.054	0.984	0.647	0.432	0.384	0.319	0.236 30
六	2.876	1.378	0.906	0.675	0.538	0.447	0.330 80

注:本表折算墙基高度均以标准砖双面放脚为准。每层大放脚高为两皮砖,每层放出1/4砖(单面)。折算墙高＝大放脚断面面积/墙厚。

不等高式标准砖墙基大放脚折为墙高和断面面积表　　表4-16

大放脚层数	折算为墙高(m)						折算为断面面积(m³)
	1/2 砖(0.115)	1 砖(0.240)	1.5 砖(0.365)	2 砖(0.490)	2.5 砖(0.615)	3 砖(0.740)	
一(一低)	0.069	0.033	0.022	0.016	0.013	0.011	0.007 88
二(一高一低)	0.342	0.164	0.108	0.080	0.064	0.053	0.039 38
三(二高一低)	0.685	0.328	0.216	0.161	0.128	0.106	0.078 75
四(二高二低)	1.096	0.525	0.345	0.257	0.205	0.170	0.126 00
五(三高二低)	1.643	0.788	0.518	0.386	0.307	0.255	0.189 00
六(三高三低)	2.260	1.083	0.712	0.530	0.423	0.351	0.259 90

注:层数中"高"是两皮砖,"低"是一皮砖,每层放出为1/4砖。

等高式标准砖柱基大放脚折为体积表　　表4-17

矩形砖柱两边之和(砖数)	大放脚层数(等高)				
	二	三	四	五	六
3	0.044 3	0.096 5	0.174 0	0.280 7	0.420 6
3.5	0.050 2	0.108 4	0.193 7	0.310 3	0.461 9
4	0.056 2	0.120 3	0.213 4	0.339 8	0.503 3
4.5	0.062 1	0.132 0	0.233 1	0.369 3	0.544 6
5	0.068 1	0.143 8	0.252 8	0.398 9	0.586 0
5.5	0.073 9	0.155 6	0.272 5	0.428 4	0.627 3
6	0.079 8	0.167 4	0.292 2	0.457 9	0.668 7
6.5	0.085 6	0.179 2	0.311 9	0.487 5	0.715 0
7	0.091 6	0.191 1	0.331 5	0.517 0	0.751 3
7.5	0.097 5	0.202 9	0.351 2	0.546 5	0.792 7
8	0.103 4	0.214 7	0.370 9	0.576 1	0.834 0

矩形砖柱两边之和	大放脚层数(不等高)				
(砖数)	二	三	四	五	六
3	0.037 6	0.081 1	0.141 2	0.226 6	0.334 5
3.5	0.044 6	0.090 9	0.156 9	0.250 2	0.369 9
4	0.047 5	0.100 8	0.172 7	0.273 8	0.399 4
4.5	0.052 4	0.110 7	0.188 5	0.273 8	0.399 4
5	0.057 3	0.120 5	0.204 2	0.321 0	0.464 4
5.5	0.062 2	0.130 3	0.219 9	0.345 0	0.496 8
6	0.067 1	0.140 2	0.235 5	0.368 3	0.529 3
6.5	0.072 1	0.150 0	0.251 5	0.391 9	0.561 9
7	0.077 0	0.159 9	0.267 2	0.412 3	0.594 3
7.5	0.082 0	0.169 7	0.282 9	0.439 2	0.626 7
8	0.868	0.179 5	0.298 7	0.462 8	0.659 2

不等高式标准砖柱基大放脚折为体积表　　　　　　　　　　　　　表 4-18

注:表为大放脚每层砖皮数及每层放出砖数与墙大放脚相同,体积为整个砖柱大放脚的体积。

【例 4-7】　如图 4-14 所示,房屋建筑墙基础大放脚为等高式,内外墙部位的地圈梁截面为 $240\text{mm} \times 240\text{mm}$,圈梁底面高程为 -0.30m。试计算砖基础工程量。

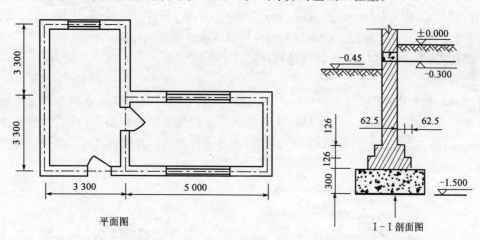

图 4-14　某房屋建筑基础平面图和剖面图(尺寸单位:mm)

解　从图 4-14 中可看出,内外墙基础上 -0.30m 处设有圈梁,由题意可知,圈梁截面面积为 $240\text{mm} \times 240\text{mm}$,根据计算规则,应扣除其体积。

外墙中心线长 $L_{中} = 3.3 \times 6 + 5 \times 2 = 29.80(\text{m})$

内墙中心线长 $L_{净} = 3.3 - 0.24 = 3.06(\text{m})$

查表 3-15 等高式大放脚二层增加的断面面积为:$0.047\ 25\text{m}^2$;高度为 0.197m。

折加后砖基础净高度 $= 1.5 - 0.30(垫层) - 0.24(圈梁高) + 0.197(大放脚折加高度)$

$= 1.157(\text{m})$

$$砖基础工程量 = 基础长度 \times 基础墙厚 \times 折加后砖基础净高度$$
$$= (29.8 + 3.06) \times 0.24 \times 1.157$$
$$= 9.12(\text{m}^3)$$

（2）砖砌挖孔桩护壁（项目编码：010401002）

工程内容：包括砂浆制作；运输；砌砖；材料运输。

项目特征：应描述砖品种、规格、强度等级；砂浆强度等级。

工程量计算规则：按设计图示尺寸以立方米计算。

（3）实心砖墙（项目编码：010401003）

实心砖墙根据墙面装饰情况可分为单面清水墙、双面清水墙、混水墙3种。

①单面清水墙是指一个墙面待装饰工程施工时抹灰，另一个墙面不需抹灰而只需勾缝的砖墙体。

②双面清水墙是指两个墙面均不需抹灰而只需勾缝的砖墙体。

③混水墙是指两个墙面均待装饰工程施工时抹灰的砖墙体。

工程内容：包括砂浆制作、运输；砌砖；刮缝；砖压顶砌筑；材料运输。

项目特征：需要描述砖品种、规格、强度等级；墙体类型；砂浆强度等级、配合比。

工程量计算规则：按设计图示尺寸以体积计算，扣除门窗洞口、过人洞、空圈、嵌入墙内的钢筋混凝土柱、梁、圈梁、挑梁、过梁及凹进墙内的壁龛、管槽、暖气槽、消火栓箱所占体积，不扣除梁头、板头、檩头、垫木、木楞头、沿缘木、木砖、门窗走头、砖墙内加固钢筋、木筋、铁件、钢管及单个面积≤0.3m² 的孔洞所占的体积。凸出墙面的腰线、挑檐、压顶、窗台线、虎头砖、门窗套的体积亦不增加。凸出墙面的砖垛并入墙体体积内计算。

a. 墙长度：外墙按中心线、内墙按净长计算。

b. 墙高度

外墙：斜（坡）屋面无檐口天棚者算至屋面板底（图4-15）；有屋架且室内外均有天棚者算至屋架下弦底另加200mm（图4-16）；无天棚者算至屋架下弦底另加300mm，出檐宽度超过600mm 时按实砌高度计算（图4-17）；与钢筋混凝土楼板隔层者算至板顶。平屋顶算至钢筋混凝土板底。

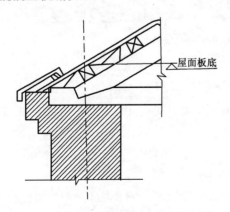

图4-15 斜坡屋面无檐口顶棚者墙身高度计算

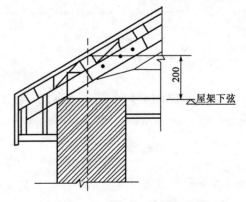

图4-16 有屋架，且室内外均有顶棚者墙身高度计算（尺寸单位：mm）

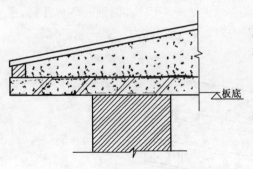

△板底

图4-17　无顶棚者墙身高度计算

内墙:位于屋架下弦者,算至屋架下弦底;无屋架者算至天棚底另加100mm;有钢筋混凝土楼板隔层者算至楼板顶;有框架梁时算至梁底。

女儿墙:从屋面板上表面算至女儿墙顶面(如有混凝土压顶时算至压顶下表面)。

内、外山墙:按其平均高度计算。

框架间墙:不分内外墙按墙体净尺寸以体积计算。

围墙:高度算至压顶上表面(如有混凝土压顶时算至压顶下表面),围墙柱并入围墙体积内。

其他规定:砌体内加筋的制作、安装应按混凝土及钢筋混凝土工程相关项目编码列项。

(4)多孔砖墙(项目编码:010401004)

是指以黏土、页岩、粉煤灰为主要原料,经成型、焙烧而成的多孔砖。孔洞率不小于15%～30%,孔型为圆孔或非圆孔,孔的尺寸小而数量多(见图4-18)。具有长方形或圆形孔的承重烧结多孔砖,绝不等同于只要在砖上开些洞,主要适用于承重墙体。

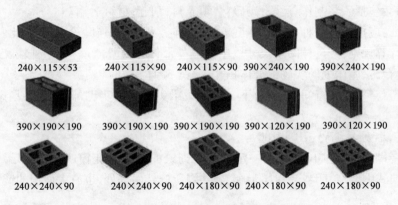

240×115×53　　240×115×90　　240×115×90　　390×240×190　　390×240×190

390×190×190　　390×190×190　　390×190×190　　390×120×190　　390×120×190

240×240×90　　240×240×90　　240×180×90　　240×180×90　　240×180×90

图4-18　多孔砖(尺寸单位:mm)

工程内容:包括砂浆制作、运输;砌砖;刮缝;砖压顶砌筑;材料运输。

项目特征:需要描述砖品种、规格、强度等级;墙体类型;砂浆强度等级、配合比。

工程量计算规则:同实心砖墙。

(5)空心砖墙(项目编码:010401005)

空心砖是以黏土、页岩等为主要原料,经过原料处理、成型、烧结制成。空心砖优点是质轻、强度高、保温、隔声降噪性能好。

工程内容:包括砂浆制作、运输;砌砖;刮缝;砖压顶砌筑;材料运输。

项目特征:需要描述砖品种、规格、强度等级;墙体类型;砂浆强度等级、配合比。

工程量计算规则:同实心砖墙。

(6)空斗墙(项目编码:010401006)

空斗墙是用砖侧砌或平、侧交替砌筑成的空心墙体。具有用料省、自重轻和隔热、隔声性能好等优点,适用于1～3层民用建筑的承重墙或框架建筑的填充墙。

空斗墙的砌筑方法分有眠空斗墙和无眠空斗墙两种(见图4-19)。侧砌的砖称斗砖,平砌的砖称眠砖。有眠空斗墙是每隔1~3皮斗砖砌一皮眠砖,分别称为一眠一斗、一眠二斗、一眠三斗。

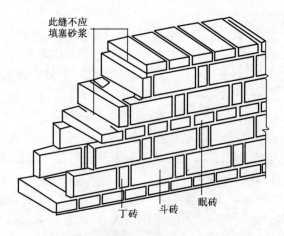

图4-19 空斗墙

工程内容:包括砂浆制作、运输;砌砖;装填充料;刮缝;材料运输。

项目特征:应描述砖品种、规格、强度等级;墙体类型;砂浆强度等级、配合比。

工程量计算规则:按设计图示尺寸以空斗墙外形体积计算。墙角、内外墙交接处、门窗洞口立边、窗台砖、屋檐处的实砌部分体积并入空斗墙体积内。

其他规定:空斗墙的窗间墙、窗台下、楼板下、梁头下等的实砌部分,按零星砌砖项目编码列项。

(7)空花墙(项目编码:010401007)

用砖或者蝴蝶瓦(也叫本瓦)按一定的图案砌筑的镂空的花窗叫作空花墙(图4-20)。一般用于古典式围墙、封闭或半封闭走廊、公共厕所的外墙等处,也有大面积的镂空围墙。

图4-20 砖砌空花墙

工程内容:包括砂浆制作、运输;砌砖;装填充料;刮缝;材料运输。

项目特征:应描述砖品种、规格、强度等级;墙体类型;砂浆强度等级、配合比。

工程量计算规则:按设计图示尺寸以空花部分外形体积计算,不扣除空洞部分体积。

其他规定:"空花墙"项目适用于各种类型的空花墙,使用混凝土花格砌筑的空花墙,实砌墙体与混凝土花格应分别计算,混凝土花格按混凝土及钢筋混凝土中预制构件相关项目编码列项。

(8)填充墙(项目编码:010401008)

工程内容:包括砂浆制作、运输;砌砖;装填充料;刮缝;材料运输。

项目特征:应描述砖品种、规格、强度等级;墙体类型;填充材料种类及厚度;砂浆强度等级、配合比。

工程量计算规则:按设计图示尺寸以填充墙外形体积计算。

(9)实心砖柱(项目编码:010401009)

工程内容:包括制作、运输;砌砖;刮缝;材料运输。

项目特征:需要描述规格、强度等级;柱类型;砂浆强度等级、配合比。

工程量计算规则:按设计图示尺寸以体积计算。扣除混凝土及钢筋混凝土梁垫、梁头所占体积。

(10)多孔砖柱(项目编码:010401010)

工程内容:包括制作、运输;砌砖;刮缝;材料运输。

项目特征:需要描述规格、强度等级;柱类型;砂浆强度等级、配合比。

工程量计算规则:按设计图示尺寸以体积计算。扣除混凝土及钢筋混凝土梁垫、梁头所占体积。

(11)砖检查井(项目编码:010401011)

工程内容:包括砂浆制作、运输;铺设垫层;底板混凝土制作、运输、浇筑、振捣、养护;砌砖;刮缝;井池底、壁抹灰;抹防潮层;材料运输。

项目特征:应描述井截面;砖品种、规格、强度等级;垫层材料种类、厚度;底板厚度;井盖安装;混凝土强度等级;砂浆强度等级;防潮层材料种类

工程量计算规则:按设计图示数量计算。

(12)零星砌砖(项目编码:010401012)

工程内容:包括砂浆制作、运输;砌砖;刮缝;材料运输。

项目特征:应描述零星砌砖名称、部位;砖品种、规格、强度等级;砂浆强度等级、配合比。

工程量计算规则:以立方米计量,按设计图示尺寸截面积乘以长度计算;以平方米计量,按设计图示尺寸水平投影面积计算;以米计量,按设计图示尺寸长度计算;以个计量,按设计图示数量计算。

(13)砖散水、地坪(项目编码:010401013)

工程内容:包括土方挖、运;地基找平、夯实;铺设垫层;砌砖散水、地坪;抹砂浆面层。

项目特征:砖品种、规格、强度等级;垫层材料种类、厚度;散水、地坪厚度;面层种类、厚度;砂浆强度等级。

工程量计算规则:按设计图示尺寸以面积计算。

(14)砖地沟、明沟(项目编码:010401014)

工程内容:包括土方挖、运;铺设垫层;底板混凝土制作、运输、浇筑、振捣、养护;砌砖;刮缝、抹灰;材料运输。

项目特征:应详细描述砖品种、规格、强度等级;沟截面尺寸;垫层材料种类、厚度;混凝土强度等级;砂浆强度等级。

工程量计算规则:以米计量,按设计图示以中心线长度计算。

2. 砌块砌体(编码:010402)

砌块是砌筑用的人造块材,是一种新型墙体材料,外形多为直角六面体,也有各种异型体砌块。砌块系列中主要规格的长度、宽度或高度有一项或一项以上分别超过365mm、240mm或115mm,但砌块高度一般不大于长度或宽度的6倍,长度不超过高度的3倍。

(1)砌块墙(项目编码:010402001)

砌块墙是用砌块和砂浆砌筑成的墙体,可作工业与民用建筑的承重墙和围护墙。根据砌块尺寸的大小分为小型砌块、中型砌块和大型砌块墙体。按材料分有加气混凝土墙、硅酸盐砌块墙、水泥煤渣空心墙等(图4-21)。

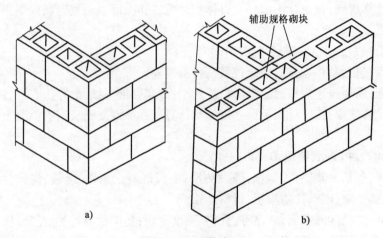

图4-21 砌块墙
a)转角处;b)交接处

工程内容:包括砂浆制作、运输砌砖、砌块;勾缝;材料运输。

项目特征:需要描述砌块品种、规格、强度等级,墙体类型,砂浆强度等级。

工程量计算规则:按设计图示尺寸以体积计算,具体规定见实心砖墙。

(2)砌块柱(项目编码:010402002)

工程内容:包括砂浆制作、运输砌砖、砌块;勾缝;材料运输。

项目特征:应描述砖品种、规格、强度等级,墙体类型,砂浆强度等级。

工程量计算规则:按设计图示尺寸以体积计算扣除混凝土及钢筋混凝土梁垫、梁头、板头所占体积。

3. 石砌体(编码:010403)

本项目适用于石基础、石勒脚、石墙、石挡土墙、石柱、石栏杆、石护坡、石台阶、石坡道、石地沟及石明沟等。

(1)石基础(项目编码:010403001)

工程内容:包括砂浆制作、运输;吊装;砌石;防潮层铺设;材料运输。

项目特征:需要描述石料种类、规格;基础类型;砂浆强度等级。

工程量计算规则:按设计图示尺寸以体积计算。包括附墙垛基础宽出部分体积,不扣除基础砂浆防潮层及单个面积≤0.3m² 的孔洞所占体积,靠墙暖气沟的挑檐不增加体积。基础长度:外墙按中心线,内墙按净长计算。

(2)石勒脚(项目编码:010403002)

工程内容:包括砂浆制作、运输;吊装;砌石;石表面加工;勾缝;材料运输。

项目特征:应描述石料种类、规格;石表面加工要求;勾缝要求;砂浆强度等级、配合比。

工程量计算规则:按设计图示尺寸以体积计算,扣除单个面积>0.3m² 的孔洞所占的体积。

(3)石墙(项目编码:010403003)

工程内容:包括砂浆制作、运输;吊装;砌石;石表面加工;勾缝;材料运输。

项目特征:应描述石料种类、规格;石表面加工要求;勾缝要求;砂浆强度等级、配合比。

工程量计算规则:按设计图示尺寸以体积计算,具体规定见实心砖墙。

(4)石挡土墙(项目编码:010403004)

工程内容:包括砂浆制作、运输,吊装,砌石,变形缝、泄水孔、压顶抹灰;滤水层;勾缝;材料运输。

项目特征:应描述石料种类、规格;石表面加工要求;勾缝要求;砂浆强度等级、配合比。

工程量计算规则:按设计图示尺寸以体积计算。

(5)石柱(项目编码:010403005)

工程内容:包括砂浆制作、运输;吊装;砌石;石表面加工;勾缝;材料运输。

项目特征:应描述石料种类、规格;石表面加工要求;勾缝要求;砂浆强度等级、配合比。

工程量计算规则:按设计图示尺寸以体积计算。

(6)石栏杆(项目编码:010403006)

工程内容:包括砂浆制作、运输;吊装;砌石;石表面加工;勾缝;材料运输。

项目特征:应描述石料种类、规格;石表面加工要求;勾缝要求;砂浆强度等级、配合比。

工程量计算规则:按设计图示以长度计算。

(7)石护坡(项目编码:010403007)

工程内容:包括砂浆制作、运输;吊装;砌石;石表面加工;勾缝;材料运输。

项目特征:应描述垫层材料种类、厚度;石料种类、规格;护坡厚度、高度;石表面加工要求;勾缝要求;砂浆强度等级、配合比。

工程量计算规则:按设计图示尺寸以体积计算。

(8)石台阶(项目编码:010403008)

工程内容:包括铺设垫层;石料加工;砂浆制作、运输;砌石;石表面加工;勾缝;材料运输。

项目特征:应描述垫层材料种类、厚度;石料种类、规格;护坡厚度、高度;石表面加工要求;勾缝要求;砂浆强度等级、配合比。

工程量计算规则:按设计图示尺寸以体积计算。

(9)石坡道(项目编码:010403009)

工程内容:包括铺设垫层;石料加工;砂浆制作、运输;砌石;石表面加工;勾缝;材料运输。

项目特征:应描述垫层材料种类、厚度;石料种类、规格;护坡厚度、高度;石表面加工要求;勾缝要求;砂浆强度等级、配合比。

工程量计算规则:按设计图示以水平投影面积计算。

(10)石地沟、明沟(项目编码:010403010)

工程内容:包括土方挖、运;砂浆制作、运输;铺设垫层;砌石;石表面加工;勾缝;回填;材料运输。

项目特征:需要描述沟截面尺寸;土壤类别、运距;垫层材料种类、厚度;石料种类、规格;石表面加工要求;勾缝要求;砂浆强度等级、配合比。

工程量计算规则:按设计图示以中心线长度计算。

4. 垫层(编号:010404)

垫层(项目编码:010404001)

工程内容:包括垫层材料的拌制;垫层铺设;材料运输。

项目特征:应描述垫层材料种类、配合比、厚度。

工程量计算规则:按设计图示尺寸以立方米计算。

三、工程量计算规则解读

(1)"砖基础"项目适用于各种类型砖基础:柱基础、墙基础、管道基础等。

(2)基础与墙(柱)身使用同一种材料时,以设计室内地面为界(有地下室者,以地下室室内设计地面为界),以下为基础,以上为墙(柱)身。基础与墙身使用不同材料时,位于设计室内地面高度 ≤ ±300mm 时,以不同材料为分界线;高度 > ±300mm 时,以设计室内地面为分界线。

(3)砖围墙以设计室外地坪为界,以下为基础,以上为墙身。

(4)"空花墙"项目适用于各种类型的空花墙,使用混凝土花格砌筑的空花墙,实砌墙体与混凝土花格应分别计算,混凝土花格按混凝土及钢筋混凝土中预制构件相关项目编码列项。

(5)台阶、台阶挡墙、梯带、锅台、炉灶、蹲台、池槽、池槽腿、砖胎模、花台、花池、楼梯栏板、阳台栏板、地垄墙、≤0.3m 的孔洞填塞等,应按零星砌砖项目编码列项。砖砌锅台与炉灶可按外形尺寸以个计算,砖砌台阶可按水平投影面积以平方米计算,小便槽、地垄墙可按长度计算、其他工程按立方米计算。

(6)砌体内加筋、墙体拉结的制作、安装,应按混凝土及钢筋混凝土工程中相关项目编码列项。

(7)砌块排列应上、下错缝搭砌,如果搭错缝长度满足不了规定的压搭要求,应采取压砌钢筋网片的措施,具体构造要求按设计规定。若设计无规定时,应注明由投标人根据工程实际情况自行考虑;钢筋网片按规范金属结构工程中相应编码列项。

(8)砌体垂直灰缝宽 >30mm 时,采用 C20 细石混凝土灌实。灌注的混凝土应按混凝土及钢筋混凝土工程相关项目编码列项。

（9）石基础、石勒脚、石墙的划分：基础与勒脚应以设计室外地坪为界；勒脚与墙身应以设计室内地面为界。石围墙内外地坪高程不同时，应以较低地坪高程为界，以下为基础；内外高程之差为挡土墙时，挡土墙以上为墙身。

（10）"石基础"项目适用于各种规格（粗料石、细料石等）、各种材质（砂石、青石等）和各种类型（柱基、墙基、直形、弧形等）基础。

（11）"石勒脚""石墙"项目适用于各种规格（粗料石、细料石等）、各种材质（砂石、青石、大理石、花岗石等）和各种类型（直形、弧形等）勒脚和墙体。

（12）"石挡土墙"项目适用于各种规格（粗料石、细料石、块石、毛石、卵石等）、各种材质（砂石、青石、石灰石等）和各种类型（直形、弧形、台阶形等）挡土墙。

（13）"石柱"项目适用于各种规格、各种石质、各种类型的石柱。

（14）"石栏杆"项目适用于无雕饰的一般石栏杆。

（15）"石护坡"项目适用于各种石质和各种石料（粗料石、细料石、片石、块石、毛石、卵石等）。

（16）"石台阶"项目包括石梯带（垂带），不包括石梯膀，石梯膀应按桩基工程中石挡土墙项目编码列项。

四、工程量清单编制示例

【例4-8】 图 4-22 所示为某单位值班室平面图。已知墙体计算高度为 3m，外墙厚 365mm，内墙厚 240mm，用 MU10 实心标准砖，M5 混合砂浆砌筑。内外墙均设 C20 混凝土圈梁，遇到门窗洞口加筋作为过梁，圈过梁高均为 240mm，门窗洞口尺寸见表4-19。试计算砌体工程量并列出工程量清单。

门窗洞口尺寸（单位：mm） 表 4-19

门窗名称	洞口尺寸（宽×高）
M1	1 000 × 2 100
M2	900 × 2 100
C1	1 800 × 1 500
C2	1 500 × 1 500

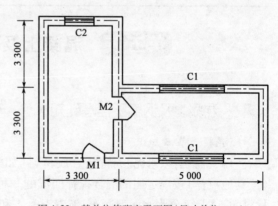

图 4-22　某单位值班室平面图（尺寸单位：mm）

解 根据计算规则规定砖砌体工程量应扣除门窗洞口及混凝土圈梁、过梁所占的体积。

$$外门洞 M1 所占体积 = 1.00 \times 2.1 \times 0.365 = 0.77 (m^3)$$
$$内门洞 M2 所占体积 = 0.9 \times 2.1 \times 0.24 = 0.45 (m^3)$$
$$外窗洞 C1 所占体积 = 1.80 \times 1.50 \times 0.365 \times 2 = 1.97 (m^3)$$
$$C2 所占体积 = 1.50 \times 1.50 \times 0.365 = 0.82 (m^3)$$

$$外墙混凝土圈过梁体积 = (3.3 \times 6 + 5 \times 2) \times 0.365 \times 0.24$$
$$= 10.88 \times 0.24$$
$$= 2.61(m^3)$$

$$内墙上混凝土圈过梁体积 = (3.3 - 0.365) \times 0.24 \times 0.24$$
$$= 0.70 \times 0.24$$
$$= 0.17(m^3)$$

外墙墙体砌砖工程量 = 墙长×墙厚×墙高 - 外门窗洞体积 - 外墙上混凝土圈过梁体积
$$= [(3.3 \times 6 + 5 \times 2) \times 0.365 \times 3 - (0.77 + 1.97 + 0.82 + 2.61)]m^3$$
$$= (32.63 - 6.18)$$
$$= 26.45(m^3)$$

内墙墙体砌砖工程量 = 内墙净长×墙厚×墙高 - 内门洞所占体积 - 内墙上圈过梁所占体积
$$= (3.3 - 0.365) \times 0.24 \times 3 - (0.45 + 0.17)$$
$$= (2.11 - 0.62)$$
$$= 1.49(m^3)$$

编制砖砌体工程量清单,见表4-20。

砖砌体工程量清单 表4-20

工程名称:某工程

序号	项目编码	项目名称	项 目 特 征	计量单位	工程数量
1	010401003001	实心砖墙	MU10 标准砖,365mm 厚外墙 M5 混合砂浆砌筑	m³	26.45
2	010401003002	实心砖墙	MU10 标准砖、240mm 厚内墙 M5 混合砂浆砌筑	m³	1.49

第五节 混凝土及钢筋工程清单计量

一、混凝土及钢筋工程基础知识

1. 混凝土基本知识

(1)混凝土:以水泥、沥青或合成材料(如树脂等)为胶结料,与粗细骨料(石、砂)和水(或其他液体)按规定比例混合搅拌而成的一种稠糊状材料,称为混凝土。混凝土按照胶结材料的不同,可分为水泥混凝土、沥青混凝土和聚合物混凝土等。

(2)混凝土标准值见表4-21。

混凝土标准值(单位:MPa) 表4-21

强度种类	符号	混凝土标准强度等级													
		C15	C20	C25	C30	C35	C40	C45	C50	C55	C60	C65	C70	C75	C80
轴心抗压	f_{ck}	10.0	13.4	16.7	20.1	23.4	26.8	29.6	32.4	35.5	38.5	41.5	44.5	47.4	50.2
轴心抗拉	f_{tk}	1.27	1.54	1.78	2.01	2.20	2.39	2.51	2.64	2.74	2.85	2.93	2.99	3.05	3.11

（3）混凝土构件有无筋混凝土构件和有筋混凝土构件之分。将钢筋与混凝土浇筑在一起的构件称为钢筋混凝土构件。钢筋混凝土构件按施工方法和程序的不同，分为现浇钢筋混凝土构件和预制钢筋混凝土构件两大类。

2. 钢筋混凝土基本知识

（1）钢筋混凝土：混凝土的抗压能力较强，但抗拉能力很差，因此用混凝土制成的构件当受到拉力时就很容易被破坏。为了弥补混凝土构件的这一缺陷，经过反复选择，发现钢筋和混凝土黏结在一起可克服混凝土抗拉能力差这个缺陷，因而在混凝土构件中承受拉力的部位，配制一定量的钢筋，让钢筋和混凝土分别承受不同的力，发挥各自特长，组成一种既耐压又抗拉的混凝土构件，称为钢筋混凝土。

（2）钢筋是建筑工程中用量很大的建筑材料，混凝土构件常用钢筋有热轧光圆钢筋、热轧带肋钢筋、热处理钢筋和余热处理钢筋等。结构工程师对钢筋一般是按下列规定选用：

①普通钢筋通常采用 HRB400 级和 HRB335 级钢筋，但也采用 HPB235 级和 RRB400 级钢筋。

②预应力钢筋通常采用预应力钢绞线、钢丝，但有时也采用热处理钢筋。

注：①普通钢筋是指用于钢筋混凝土结构中的钢筋和预应力混凝土结构中的非预应力钢筋。

②HRB400 级和 HRB335 级钢筋是指现行国家标准《钢筋混凝土用钢　第 2 部分：热轧带肋钢筋》（GB1499.2）中的 HRB400 和 HRB335 钢筋；HPB235 级钢筋是指现行国家标准《钢筋混凝土用钢第 1 部分：热轧光圆钢筋》（GB 1499.1）中的 Q235 钢筋，RRB400 级钢筋是指现行国家标准《钢筋混凝土用余热处理钢筋》（GB 13014）中的 KL 400 钢筋。

③预应力钢丝是指现行国家标准《预应力混凝土用钢丝》（GB/T 5223）中的光圆、螺旋肋和三面刻痕的消除应力的钢丝。

（3）热轧钢筋的强度标准值见表 4-22。

热轧钢筋的强度标准值　　　　　　　　　　表 4-22

种　　类		符号	d（mm）	f_{yk}（MPa）
热轧钢筋	HPB235（Q235）	φ	8～20	235
	HRB335（20MnSi）	Φ	6～50	335
	HRB400（20MnSiy、20MnSiNb、20MnTi）	Φ	6～50	400
	RRB400（K20MnSi）	Φ^R	8～40	400

3. 模板基本知识

（1）模板的概念：混凝土及钢筋混凝土构件在浇筑混凝土前，按照设计图纸规定的构件形状、尺寸等，制作出与图纸规定相符合的模型称为模板。

（2）模板的作用：是保证混凝土在浇筑过程中能够保持构件的正确形状和尺寸，在硬化过程中进行防护和养护的工具。

（3）模板的组成和要求：模板系统由模板、支架和连接件 3 部分组成。模板及其支架应具有足够的承载能力、刚度和稳定性，能可靠地承受浇筑混凝土的重力、侧压力以及施工荷载。

（4）模板的种类：按照所用材料的不同，模板可分为钢模板、木模板、复合木模板3种。

（5）模板的形式：可分为整体式模板、定型模板、工具式模板、滑升模板和地胎模板等。

二、工程量清单项目

1.现浇混凝土基础（编号：010501）

现浇混凝土基础工程分为带形基础、独立基础、满堂基础、桩承台基础、设备基础等五个项目。其中，带形基础项目适用于各种带形基础，墙下的板式基础包括浇筑在一字排桩上面的带形基础；独立基础项目适用于块体柱基、杯基、柱下的板式基础，无筋倒圆台基础，壳体基础，电梯井基础等；满堂基础项目适用于地下室的箱式、筏式等；桩承台基础项目适用于浇筑在组桩（如梅花桩）上的承台；设备基础项目适用于设备的块体基础、框架基础等。现浇混凝土基础工程量区分不同特征均按设计图示尺寸以体积（m^3）计算，不扣除构件内钢筋、预埋铁件和伸入承台基础的桩头所占体积。

基础与柱或墙的分界线以基础的扩大顶面为界。以下为基础，以上为柱或墙（见图4-23）。

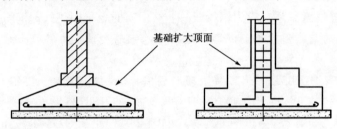

图4-23 基础扩大顶面示意图

（1）垫层（项目编码：010501001）

工程内容：包括模板及支撑制作、安装、拆除、堆放、运输及清理模内杂物、刷隔离剂等；混凝土制作、运输、浇筑、振捣、养护。

项目特征：需要描述混凝土类别；混凝土强度等级。

工程量计算规则：按设计图示尺寸以体积计算。不扣除伸入承台基础的桩头所占体积。

（2）带形基础（项目编码：010501002）

从基础结构而言，凡墙下的长条形基础，或柱和柱间距离较近而连接起来的条形基础，都称为带形基础。带形基础项目适用于各种带形基础，包括墙下的板式基础、浇筑在一字排桩上面的带形基础。带形基础分无梁式（板式）和有梁式（带肋）2种，如图4-24、图4-25所示。

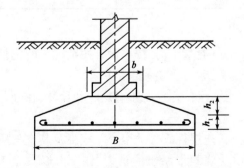

图4-24 无梁式（板式）带形基础

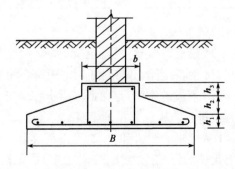

图4-25 有梁式（带肋）带形基础（$h_3 \leqslant 4b$）

工程内容:包括模板及支撑制作、安装、拆除、堆放、运输及清理模内杂物、刷隔离剂等;混凝土制作、运输、浇筑、振捣、养护。

项目特征:需要描述混凝土类别;混凝土强度等级。

工程量计算规则:按设计图示尺寸以体积计算。不扣除伸入承台基础的桩头所占体积。

基础长度:外墙按 $L_{中}$,内墙按 $L_{内}$。

无梁式(板式)带形基础计算公式:

$$V = \left(Bh_1 + \frac{B+b}{2}h_2 \right) \times \left(L_{中} \times L_{内} \right)$$

有梁式(带肋)带形基础计算公式:

$$V = \left(Bh_1 + \frac{B+b}{2}h_2 + bh_3 \right) \times \left(L_{中} + L_{内} \right)$$

(3)独立基础(项目编码:010501003)

独立基础项目适用于块体住基、杯基、柱下的板式基础、无筋倒圆台基础、壳体基础、电梯井基础等。独立基础可分为阶台形基础和锥台形基础,如图 4-26、图 4-27 所示。

工程内容:包括模板及支撑制作、安装、拆除、堆放、运输及清理模内杂物、刷隔离剂等;混凝土制作、运输、浇筑、振捣、养护。

项目特征:需要描述混凝土类别;混凝土强度等级。

工程量计算规则:按设计图示尺寸以体积计算。不扣除伸入承台基础的桩头所占体积。

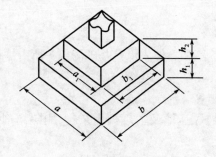

图 4-26　阶台形基础

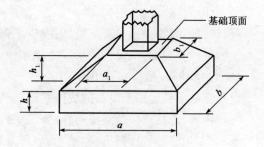

图 4-27　锥台形基础

阶台形基础计算公式:

$$V = abh_1 + a_1 b_1 h_2$$

锥台形基础计算公式:

$$V = abh + \frac{h_1}{6}\left[ab + (a + a_1)(b + b_1) + a_1 b_1 \right]$$

(4)满堂基础(项目编码:010501004)

用板梁墙柱组合浇筑而成的基础,称为满堂基础。满堂基础项目适用于地下室的箱式基础底板、筏式基础等。一般有板式(也叫无梁式)满堂基础、梁板式(也叫片筏式)满堂基础和箱型满堂基础 3 种形式(图 4-28)。

工程内容:包括模板及支撑制作、安装、拆除、堆放、运输及清理模内杂物、刷隔离剂等;混凝土制作、运输、浇筑、振捣、养护。

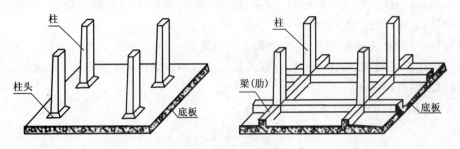

图 4-28　满堂基础示意图

项目特征:需要描述混凝土类别;混凝土强度等级。

工程量计算规则:按设计图示尺寸以体积计算。不扣除伸入承台基础的桩头所占体积。

无梁式筏板基础计算公式:

$$V = 底板长 \times 宽 \times 板厚 + 单个柱墩体积 \times 柱墩个数$$

有梁式阀板基础计算公式:

$$V = 底板长 \times 宽 \times 板厚 + \sum(梁断面面积 \times 梁长)$$

(5)桩承台基础(项目编码:010501005)

桩承台基础项目适用于浇筑在组桩(如梅花桩)上的承台。

工程内容:包括模板及支撑制作、安装、拆除、堆放、运输及清理模内杂物、刷隔离剂等;混凝土制作、运输、浇筑、振捣、养护。

项目特征:需要描述混凝土类别;混凝土强度等级。

工程量计算规则:按设计图示尺寸以体积计算。不扣除伸入承台基础的桩头所占体积。

(6)设备基础(项目编码:010501006)

设备基础项目适用于设备的块体基础、框架基础等。

工程内容:包括模板及支撑制作、安装、拆除、堆放、运输及清理模内杂物、刷隔离剂等;混凝土制作、运输、浇筑、振捣、养护。

项目特征:需要描述混凝土类别、混凝土强度等级;灌浆材料、灌浆材料强度等级。

工程量计算规则:按设计图示尺寸以体积计算。不扣除伸入承台基础的桩头所占体积。

2. 现浇混凝土柱(编号:010502)

(1)矩形柱(项目编码:010502001)

工程内容:包括模板及支架(撑)制作、安装、拆除、堆放、运输及清理模内杂物、刷隔离剂等;混凝土制作、运输、浇筑、振捣、养护。

项目特征:需要描述混凝土类别;混凝土强度等级。

工程量计算规则:按设计图示尺寸以体积计算。柱高:有梁板的柱高,应自柱基上表面(或楼板上表面)至上一层楼板上表面之间的高度计算;无梁板的柱高,应自柱基上表面(或楼板上表面)至柱帽下表面之间的高度计算;框架柱的柱高:应自柱基上表面至柱顶高度计算;构造柱按全高计算,嵌接墙体部分(马牙槎)并入柱身体积;依附柱上的牛腿和升板的柱帽,并入柱身体积计算。

(2)构造柱(项目编码:010502002)

工程内容:包括模板及支架(撑)制作、安装、拆除、堆放、运输及清理模内杂物、刷隔离剂等;混凝土制作、运输、浇筑、振捣、养护。

项目特征:需要描述混凝土类别、混凝土强度等级

工程量计算规则:按设计图示尺寸以体积计算。柱高:有梁板的柱高,应自柱基上表面(或楼板上表面)至上一层楼板上表面之间的高度计算;无梁板的柱高,应自柱基上表面(或楼板上表面)至柱帽下表面之间的高度计算;框架柱的柱高:应自柱基上表面至柱顶高度计算;构造柱按全高计算,嵌接墙体部分(马牙槎)并入柱身体积;依附柱上的牛腿和升板的柱帽,并入柱身体积计算。

(3)异形柱(项目编码:010502003)

工程内容:包括模板及支架(撑)制作、安装、拆除、堆放、运输及清理模内杂物、刷隔离剂等;混凝土制作、运输、浇筑、振捣、养护。

项目特征:需要描述柱形状;混凝土类别;混凝土强度等级。

工程量计算规则:按设计图示尺寸以体积计算。柱高:有梁板的柱高,应自柱基上表面(或楼板上表面)至上一层楼板上表面之间的高度计算;无梁板的柱高,应自柱基上表面(或楼板上表面)至柱帽下表面之间的高度计算;框架柱的柱高:应自柱基上表面至柱顶高度计算;构造柱按全高计算,嵌接墙体部分(马牙槎)并入柱身体积;依附柱上的牛腿和升板的柱帽,并入柱身体积计算。

3. 现浇混凝土梁(编号:010503)

现浇混凝土梁工程中,包括基础梁(010503001)、矩形梁(010503002)、异形梁(010503003)、圈梁(010503004)、过梁(010503005)、弧形及拱形梁(010503006)等6个项目。

工程内容:包括模板及支架(撑)制作、安装、拆除、堆放、运输及清理模内杂物、刷隔离剂等;混凝土制作、运输、浇筑、振捣、养护。

项目特征:需要描述混凝土类别;混凝土强度等级。

工程量计算规则:按设计图示尺寸以体积计算。伸入墙内的梁头、梁垫并入梁体积内。梁长:梁与柱连接时,梁长算至柱侧面;主梁与次梁连接时,次梁长算至主梁侧面。

4. 现浇混凝土墙(编号:010504)

现浇混凝土墙项目中,包括直形墙(010504001)、弧形墙(010504002)、短肢剪力墙(010504003)和挡土墙(010504004)4个项目。短肢剪力墙是指截面厚度不大于300mm、各肢截面高度与厚度之比的最大值大于4但不大于8的剪力墙;各肢截面高度与厚度之比的最大值不大于4的剪力墙按柱项目编码列项。

工程内容:包括模板及支架(撑)制作、安装、拆除、堆放、运输及清理模内杂物、刷隔离剂等;混凝土制作、运输、浇筑、振捣、养护。

项目特征:需要描述混凝土类别;混凝土强度等级。

工程量计算规则:按设计图示尺寸以体积算。扣除门窗洞口及单个面积 $>0.3m^2$ 的孔洞所占体积,墙垛及突出墙面部分并入墙体体积计算内。

5. 现浇混凝土板(编号:010505)

现浇混凝土板工程中,包括有梁板(010505001)、无梁板(010505002)、平板

（010505003）、拱板（010505004）、薄壳板（010505005）、栏板（010505006）、天沟（檐沟）、挑檐板（010505007），雨篷、悬挑板、阳台板（010505008），其他板（010505009）9个项目，相关内容如下。

有梁板是指由梁和板连成一体的钢筋混凝土板，它包括梁板式肋形板和井字肋形板（图4-29）。无梁板是指板无梁、直接用柱头支撑，包括板和柱帽（图4-30）。平板是指既无柱支承，又非现浇梁板结构，而周边直接由墙来支承的现浇钢混凝土板。通常平板多用于较小跨度的空间，如建筑中的浴室、卫生间、走廊等跨度在3m以内，板厚60～80mm的板（图4-31）。

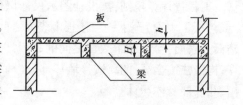

图4-29　有梁板

有梁板、无梁板、平板、拱板、薄壳板、栏板项目中，工程内容包括模板及支架（撑）制作、安装、拆除、堆放、运输及清理模内杂物、刷隔离剂；混凝土制作、运输、浇筑、振捣、养护。项目特征需要描述混凝土类别、混凝土强度等级。工程量计算规则需要按设计图示尺寸以体积计算，不扣除构件内钢筋、预埋铁件及单个面积≤0.3m²的柱、垛以及孔洞所占体积。压形钢板混凝土楼板扣除构件内压形钢板所占体积。有梁板（包括主、次梁与板）按梁、板体积之和计算，无梁板按板和柱帽体积之和计算，各类板伸入墙内的板头并入板体积内，薄壳板的肋、基梁并入薄壳体内计算。

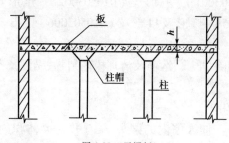

图4-30　无梁板

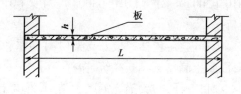

图4-31　平板

天沟（檐沟）、挑檐板项目中，工程内容包括模板及支架（撑）制作、安装、拆除、堆放、运输及清理模内杂物、刷隔离剂；混凝土制作、运输、浇筑、振捣、养护。项目特征需要描述混凝土类别、混凝土强度等级。工程量计算规则为按设计图示尺寸以体积计算。

雨篷、悬挑板、阳台板项目中，工程内容包括模板及支架（撑）制作、安装、拆除、堆放、运输及清理模内杂物、刷隔离剂；混凝土制作、运输、浇筑、振捣、养护。项目特征需要描述混凝土类别、混凝土强度等级。工程量计算规则为按设计图示尺寸以墙外部分体积计算。包括伸出墙外的牛腿和雨篷反挑檐的体积。

其他板项目中，工程内容包括模板及支架（撑）制作、安装、拆除、堆放、运输及清理模内杂物、刷隔离剂；混凝土制作、运输、浇筑、振捣、养护。项目特征需要描述混凝土类别、混凝土强度等级。工程量计算规则为按设计图示尺寸以体积计算。

6. 现浇混凝土楼梯（编号：010506）

现浇混凝土楼梯项目中，包括现浇混凝土直形楼梯（010406001）和弧形楼梯

(010406002)两个项目。

工程内容:包括模板及支架(撑)7制作、安装、拆除、堆放、运输及清理模内杂物、刷隔离剂等;混凝土制作、运输、浇筑、振捣、养护。

项目特征:需要描述混凝土类别;混凝土强度等级。

工程量计算规则:以平方米计量,按设计图示尺寸以水平投影面积计算。不扣除宽度≤500mm的楼梯井,伸入墙内部分不计算;以立方米计量,按设计图示尺寸以体积计算。

7.现浇混凝土其他构件(编号:010507)

(1)散水、坡道(项目编码:050107001)

工程内容:包括地基夯实;铺设垫层;模板及支撑制作、安装、拆除、堆放、运输及清理模内杂物、刷隔离剂等;混凝土制作、运输、浇筑、振捣、养护;变形缝填塞。

项目特征:需要描述垫层材料种类、厚度;面层厚度;混凝土类别;混凝土强度等级;变形缝填塞材料种类。

工程量计算规则:按设计图示尺寸以面积计算。不扣除单个≤0.3m² 的孔洞所占面积。

(2)室外地坪(项目编码:050107002)

工程内容:包括地基夯实;铺设垫层;模板及支撑制作、安装、拆除、堆放、运输及清理模内杂物、刷隔离剂等;混凝土制作、运输、浇筑、振捣、养护;变形缝填塞。

项目特征:需要描述地坪厚度;混凝土强度等级。

工程量计算规则:按设计图示尺寸以面积计算。不扣除单个≤0.3m² 的孔洞所占面积。

(3)电缆沟、地沟(项目编码:050107003)

工程内容:包括挖填、运土石方;铺设垫层;模板及支撑制作、安装、拆除、堆放、运输及清理模内杂物、刷隔离剂等;混凝土制作、运输、浇筑、振捣、养护;刷防护材料。

项目特征:需要描述土壤类别;沟截面净空尺寸;垫层材料种类、厚度;混凝土类别;混凝土强度等级;防护材料种类。

工程量计算规则:按设计图示以中心线长计算。

(4)台阶(项目编码:050107004)

工程内容:包括模板及支撑制作、安装、拆除、堆放、运输及清理模内杂物、刷隔离剂等;混凝土制作、运输、浇筑、振捣、养护。

项目特征:需要描述踏步高宽比;混凝土类别;混凝土强度等级。

工程量计算规则:以平方米计量,按设计图示尺寸水平投影面积计算;以立方米计量,按设计图示尺寸以体积计算。

(5)扶手、压顶(项目编码:010507005)

工程内容:包括模板及支架(撑)制作、安装、拆除、堆放、运输及清理模内杂物、刷隔离剂等;混凝土制作、运输、浇筑、振捣、养护。

项目特征:需要描述断面尺寸;混凝土类别;混凝土强度等级。

工程量计算规则:以米计量,按设计图示的延长米计算;以立方米计量,按设计图示尺寸以体积计算。

(6)化粪池、检查井(项目编码:010507006)

工程内容:包括模板及支架(撑)制作、安装、拆除、堆放、运输及清理模内杂物、刷隔离剂等;混凝土制作、运输、浇筑、振捣、养护。

项目特征:需要描述混凝土强度等级;防水、抗渗要求。

工程量计算规则:按设计图示尺寸以体积计算;以座计量,按设计图示数量计算。

(7)其他构件(项目编码:010507007)

工程内容:包括模板及支架(撑)制作、安装、拆除、堆放、运输及清理模内杂物、刷隔离剂等;混凝土制作、运输、浇筑、振捣、养护。

项目特征:需要描述构件的类型、构件规格、部位、混凝土类别、混凝土强度等级。

工程量计算规则:按设计图示尺寸以体积计算;以座计量,按设计图示数量计算。

8.后浇带(编号:010508)

后浇带(项目编码:010508001)

工程内容:包括模板及支架(撑)制作、安装、拆除、堆放、运输及清理模内杂物、刷隔离剂等;混凝土制作、运输、浇筑、振捣、养护及混凝土交接面、钢筋等的清理。

项目特征:需要描述混凝土类别、混凝土强度等级。

工程量计算规则:按设计图示尺寸以体积计算。

9.预制混凝土柱(编号:010509)

预制混凝土柱项目中,包括预制混凝土矩形柱(010509001)和异形柱(010509002)两个项目。

工程内容:包括模板制作、安装、拆除、堆放、运输及清理模内杂物、刷隔离剂等;混凝土制作、运输、浇筑、振捣、养护;构件运输、安装;砂浆制作、运输;接头灌缝、养护。

项目特征:需要描述图代号;单件体积;安装高度;混凝土强度等级;砂浆(细石混凝土)强度等级、配合比。

工程量计算规则:以立方米计量,按设计图示尺寸以体积计算;以根计量,按设计图示尺寸以数量计。

10.预制混凝土梁(编号:010510)

预制混凝土梁项目中,包括预制混凝土矩形梁(010510001)、异形梁(010510002)、过梁(010510003)、拱形梁(010510004)、鱼腹式吊车梁(010510005)、风道梁(010510006)6个项目。

工程内容:包括模板制作、安装、拆除、堆放、运输及清理模内杂物、刷隔离剂等;混凝土制作、运输、浇筑、振捣、养护;构件运输、安装;砂浆制作、运输;接头灌缝、养护。

项目特征:需要描述图代号;单件体积;安装高度;混凝土强度等级;砂浆(细石混凝土)强度等级、配合比。

工程量计算规则:以立方米计量,按设计图示尺寸以体积计算;以根计量,按设计图示尺寸以数量计算。

11.预制混凝土屋架(编号:010511)

预制混凝土屋架项目中,包括预制混凝土折线形屋架(010511001)、组合屋架(010511002)、薄腹屋架(010511003)、门式刚架屋架(010511004)、天窗架屋架(010511005)5个项目。

工程内容:包括模板制作、安装、拆除、堆放、运输及清理模内杂物、刷隔离剂等;混凝土制作、运输、浇筑、振捣、养护;构件运输、安装;砂浆制作、运输;接头灌缝、养护。

项目特征:需要描述图代号;单件体积;安装高度;混凝土强度等级;砂浆(细石混凝土)强度等级、配合比。

工程量计算规则:以立方米计量,按设计图示尺寸以体积计算;以榀计量,按设计图示尺寸以数量计算。

12. 预制混凝土板(编号:010512)

预制混凝土板工程包括预制混凝土平板(010512001)、空心板(010512002)、槽形板(010512003)、网架板(010512004)、折线板(010512005)、带肋板(010512006)、大型板(010512007)及沟盖板、井盖板、井圈(010512008)8个项目。

预制混凝土平板、空心板、槽形板、网架板、折线板、带肋板、大型板项目中,工程内容包括模板制作、安装、拆除、堆放、运输及清理模内杂物、刷隔离剂等;混凝土制作、运输、浇筑、振捣、养护;构件运输、安装;砂浆制作、运输;接头灌缝、养护。项目特征需要描述图代号;单件体积;安装高度;混凝土强度等级;砂浆强度等级、配合比。工程量计算规则为以立方米计量,按设计图示尺寸以体积计算。不扣除单个面积≤300mm×300mm的孔洞所占体积,扣除空心板空洞体积;以块计量,按设计图示尺寸以数量计算。

沟盖板、井盖板、井圈项目中,工程内容包括模板制作、安装、拆除、堆放、运输及清理模内杂物、刷隔离剂等;混凝土制作、运输、浇筑、振捣、养护;构件运输、安装;砂浆制作、运输;接头灌缝、养护。项目特征需要描述单件体积;安装高度;混凝土强度等级;砂浆强度等级、配合比。工程量计算规则为以立方米计量,按设计图示尺寸以体积计算;以块计量,按设计图示尺寸以数量计算。

13. 预制混凝土楼梯(编号:0105013)

预制混凝土楼梯(项目编码:0105013001)

工程内容:包括模板制作、安装、拆除、堆放、运输及清理模内杂物、刷隔离剂等;混凝土制作、运输、浇筑、振捣、养护;构件运输、安装;砂浆制作、运输;接头灌缝、养护。

项目特征:需要描述楼梯类型、单件体积、混凝土强度等级、砂浆(细石混凝土)强度等级。

工程量计算规则:以立方米计量,按设计图示尺寸以体积计算扣除空心踏步板空洞积;以块计量,按设计图示数量计算。

14. 其他预制构件(编号:0105014)

(1)垃圾道、通风道、烟道(项目编码:010514001)

工程内容:包括模板制作、安装、拆除、堆放、运输及清理模内杂物、刷隔离剂等;混凝土制作、运输、浇筑、振捣、养护;构件运输、安装;砂浆制作、运输;接头灌缝、养护。

项目特征:需要描述单件体积;混凝土强度等级;砂浆强度等级。

工程量计算规则:以立方米计量,按设计图示尺寸以体积计算。单个面积≤300mm×300mm的孔洞所占体积,扣除烟道、垃圾道、通风道的孔洞所占体积;以平方米计量,按设计图示尺寸以面积计算,不扣除单个面积≤300mm×300mm的孔洞所占面积;以根计量,按设计图示尺寸以数量计算。

（2）其他构件（项目编码：010514002）

工程内容：包括模板制作、安装、拆除、堆放、运输及清理模内杂物、刷隔离剂等；混凝土制作、运输、浇筑、振捣、养护；构件运输、安装；砂浆制作、运输；接头灌缝、养护。

项目特征：需要描述单件体积、构件的类型、混凝土强度等级、砂浆强度等级。

工程量计算规则：以立方米计量，按设计图示尺寸以体积计算。单个面积≤300mm×300mm的孔洞所占体积，扣除烟道、垃圾道、通风道的孔洞所占体积；以平方米计量，按设计图示尺寸以面积计算，不扣除单个面积≤300mm×300mm的孔洞所占面积；以根计量，按设计图示尺寸以数量计算。

15. 钢筋工程（编号：010515）

（1）现浇构件钢筋（项目编码：0105015001）

工程内容：包括钢筋网制作、运输；钢筋网安装；焊接（绑扎）。

项目特征：需要描述钢筋种类、规格。

工程量计算规则：按设计图示钢筋（网）长度（面积）乘单位理论质量计算。

（2）预制构件钢筋（项目编码：0105015002）

工程内容：包括钢筋网制作、运输；钢筋网安装；焊接（绑扎）。

项目特征：需要描述钢筋种类、规格。

工程量计算规则：按设计图示钢筋（网）长度（面积）乘单位理论质量计算。

（3）钢筋网片（项目编码：010515003）

工程内容：包括钢筋网制作、运输；钢筋网安装；焊接（绑扎）。

项目特征：需要描述钢筋种类、规格。

工程量计算规则：按设计图示钢筋（网）长度（面积）乘单位理论质量计算。

（4）钢筋笼（项目编码：010515004）

工程内容：包括钢筋笼制作、运输；钢筋笼安装；焊接（绑扎）。

项目特征：需要描述钢筋种类、规格。

工程量计算规则：按设计图示钢筋（网）长度（面积）乘单位理论质量计算。

（5）先张法预应力钢筋（项目编码：010515005）

工程内容：包括钢筋制作、运输；钢筋张拉。

项目特征：需要描述钢筋种类、规格；锚具种类。

工程量计算规则：按设计图示钢筋长度乘单位理论质量计算。

（6）后张法预应力钢筋（项目编码：010515006）

工程内容：包括钢筋、钢丝、钢绞线制作、运输；钢筋、钢丝、钢绞线安装；预埋管孔道铺设；锚具安装；砂浆制作、运输；孔道压浆、养护。

项目特征：需要描述钢筋种类、规格；钢丝种类、规格；钢绞线种类、规格；锚具种类；砂浆强度等级。

工程量计算规则：按设计图示钢筋（丝束、绞线）长度乘单位理论质量计算。低合金钢筋两端均采用螺杆锚具时，钢筋长度按孔道长度减0.35m计算，螺杆另行计算；低合金钢筋一端采用镦头插片、另一端采用螺杆锚具时，钢筋长度按孔道长度计算，螺杆另行计算；低合金钢筋一端采用镦头插片、另一端采用帮条锚具时，钢筋增加0.15m计算；两端均采用帮条锚具时,钢筋长度按孔道长度增加0.3m计算;低合金钢筋采用后张混凝土自锚时,钢筋长度按孔道长度增加0.35m计算;低合金钢筋(钢绞线)采用JM、XM、QM型锚具,孔道长度≤20m时,钢筋长度增加1m计算,孔道长度>20m时,钢筋长度增加1.8m计算;碳素钢丝采用锥形锚具,孔道长度≤20m时,钢丝束长度按孔道长度增加1m计算,孔道长度>20m时,钢丝束长度按孔道长度增加1.8m计算;碳素钢丝采用镦头锚具时,钢丝束长度按孔道长度增加0.35m计算。

(7)预应力钢丝(项目编码:010515007)

工程内容:包括钢筋、钢丝、钢绞线制作、运输;钢筋、钢丝、钢绞线安装;预埋管孔道铺设;锚具安装;砂浆制作、运输;孔道压浆、养护。

项目特征:需要描述钢筋种类、规格;钢丝种类、规格;钢绞线种类、规格;锚具种类;砂浆强度等级。

工程量计算规则:按设计图示钢筋(丝束、绞线)长度乘单位理论质量计算。低合金钢筋两端均采用螺杆锚具时,钢筋长度按孔道长度减0.35m计算,螺杆另行计算;低合金钢筋一端采用镦头插片、另一端采用螺杆锚具时,钢筋长度按孔道长度计算,螺杆另行计算;低合金钢筋一端采用镦头插片、另一端采用帮条锚具时,钢筋增加0.15m计算;两端均采用帮条锚具时,钢筋长度按孔道长度增加0.3m计算;低合金钢筋采用后张混凝土自锚时,钢筋长度按孔道长度增加0.35m计算;低合金钢筋(钢绞线)采用JM、XM、QM型锚具,孔道长度≤20m时,钢筋长度增加1m计算,孔道长度>20m时,钢筋长度增加1.8m计算;碳素钢丝采用锥形锚具,孔道长度≤20m时,钢丝束长度按孔道长度增加1m计算,孔道长度>20m时,钢丝束长度按孔道长度增加1.8m计算;碳素钢丝采用镦头锚具时,钢丝束长度按孔道长度增加0.35m计算。

(8)预应力钢绞线(项目编码:010515008)

工程内容:包括钢筋、钢丝、钢绞线制作、运输;钢筋、钢丝、钢绞线安装;预埋管孔道铺设;锚具安装;砂浆制作、运输;孔道压浆、养护。

项目特征:需要描述钢筋种类、规格;钢丝种类、规格;钢绞线种类、规格;锚具种类;砂浆强度等级。

工程量计算规则:按设计图示钢筋(丝束、绞线)长度乘单位理论质量计算。低合金钢筋两端均采用螺杆锚具时,钢筋长度按孔道长度减0.35m计算,螺杆另行计算;低合金钢筋一端采用镦头插片、另一端采用螺杆锚具时,钢筋长度按孔道长度计算,螺杆另行计算;低合金钢筋一端采用镦头插片、另一端采用帮条锚具时,钢筋增加0.15m计算;两端均采用帮条锚具时,钢筋长度按孔道长度增加0.3m计算;低合金钢筋采用后张混凝土自锚时,钢筋长度按孔道长度增加0.35m计算;低合金钢筋(钢绞线)采用JM、XM、QM型锚具,孔道长度≤20m时,钢筋长度增加1m计算,孔道长度>20m时,钢筋长度增加1.8m计算;碳素钢丝采用锥形锚具,孔道长度≤20m时,钢丝束长度按孔道长度增加1m计算,孔道长度>20m时,钢丝束长度按孔道长度增加1.8m计算;碳素钢丝采用镦头锚具时,钢丝束长度按孔道长度增加0.35m计算。

(9)支撑钢筋(铁马)(项目编码:010515009)

工程内容:包括钢筋制作、焊接、安装。

项目特征:需要描述钢筋种类;规格。

工程量计算规则:按钢筋长度乘单位理论质量计算。

(10)声测管(项目编码:010515010)

声测管是现代桥梁建设必不可少的声波检测管,利用声测管可以检测出一根桩的质量好坏,声测管是灌注桩进行超声检测法时探头进入桩身内部的通道。它是灌注桩超声检测系统的重要组成部分(图4-32)。

a)

b)

图4-32　声测管

工程内容:包括检测管截断、封头;套管制作、焊接;定位、固定。

项目特征:需要描述材质;规格型号。

工程量计算规则:按设计图示尺寸质量计算。

16. 螺栓、铁件(编号:010516)

(1)螺栓(项目编码:010516001)

工程内容:包括螺栓、铁件制作、运输;螺栓、铁件安装。

项目特征:需要描述螺栓种类;规格。

工程量计算规则:按设计图示尺寸以质量计算。

(2)预埋铁件(项目编码:010516002)

工程内容:包括螺栓、铁件制作、运输;螺栓、铁件安装。

项目特征:需要描述钢材种类;规格;铁件尺寸。

工程量计算规则:按设计图示尺寸以质量计算。

(3)机械连接(项目编码:010516003)

工程内容:包括钢筋套丝;套筒连接。

项目特征:需要描述连接方式;螺纹套筒种类;规格。

工程量计算规则:按数量计算。

三、工程量计算规则解读

(1)有肋带形基础、无肋带形基础应按相关项目列项,并注明肋高。

(2)箱式满堂基础中柱、梁、墙、板按相关项目分别编码列项;箱式满堂基础底板按满堂基础项目列项。

（3）框架式设备基础中柱、梁、墙、板分别按相关项目编码列项；基础部分按本表相关项目编码列项。

（4）如为毛石混凝土基础，项目特征应描述毛石所占比例。

（5）混凝土类别指清水混凝土、彩色混凝土等，如在同一地区既使用预拌（商品）混凝土、又允许现场搅拌混凝土时，也应注明。

（6）现浇挑檐、天沟板、雨篷、阳台与板（包括屋面板、楼板）连接时，以外墙外边线为分界线；与圈梁（包括其他梁）连接时，以梁外边线为分界线。外边线以外为挑檐、天沟、雨篷或阳台。

（7）整体楼梯（包括直形楼梯、弧形楼梯）水平投影面积包括休息平台、平台梁、斜梁和楼梯的连接梁。当整体楼梯与现浇楼板无梯梁连接时，以楼梯的最后一个踏步边缘加300mm 为界。

（8）现浇混凝土小型池槽、垫块、门框等，应按其他构件项目编码列项。

（9）架空式混凝土台阶，按现浇楼梯计算。

（10）预制混凝土柱，梁以根计量，必须描述单件体积。

（11）预制混凝土屋架以榀计量，必须描述单件体积。三角形屋架应按折线型屋架项目编码列项。

（12）预制混凝土版以块、套计量，必须描述单件体积。不带肋的预制遮阳板、雨篷板、挑檐板、拦板等，应按平板项目编码列项。预制 F 形板、双 T 形板、单肋板和带反挑檐的雨篷板、挑檐板、遮阳板等，应按带肋板项目编码列项。预制大型墙板、大型楼板、大型屋面板等，应按大型板项目编码列项。

（13）整体楼梯（包括直形楼梯、弧形楼梯）水平投影面积包括休息平台、平台梁、斜梁和楼梯的连接梁。当整体楼梯与现浇楼板无梯梁连接时，以楼梯的最后一个踏步边缘加300mm 为界。

（14）现浇构件中伸出构件的锚固钢筋应并入钢筋工程量内。除设计（包括规范规定）标明的搭接外，其他施工搭接不计算工程量，在综合单价中综合考虑。

（15）现浇构件中固定位置的支撑钢筋、双层钢筋用的"铁马"在编制工程量清单时，其工程数量可为暂估量，结算时按现场签证数量计算。

（16）现浇或预制混凝土和钢筋混凝土构件，不扣除构件内钢筋、螺栓、预埋铁件、张拉孔道所占体积，但应扣除劲性骨架的型钢所占体积。

四、工程量清单编制示例

【例 4-9】　某现浇钢筋混凝土带形基础的尺寸如图 4-33 所示。混凝土垫层强度等级为 C15，混凝土基础强度等级为 C20。场外集中搅拌，混凝土车运输，运距为 4km。槽底均用电动夯实机夯实。试编制有梁现浇混凝土带形基础工程量清单。

解　按照图示尺寸和要求，应分下述几步进行：

（1）外墙基础混凝土工程量的计算。

由图 4-33 可以看出，该基础的中心线与外墙中心线重合，故外墙基础的计算长度可取

$L_{中}$,则:

外墙基础混凝土工程量 = 基础断面面积 $\times L_{中}$

$$= \left(0.4 \times 0.3 + \frac{0.4 + 1}{2} \times 0.15 + 1 \times 0.2\right) \times (3.6 \times 2 + 4.8) \times 2$$

$$= 0.425 \times 24$$

$$= 10.2(\text{m}^3)$$

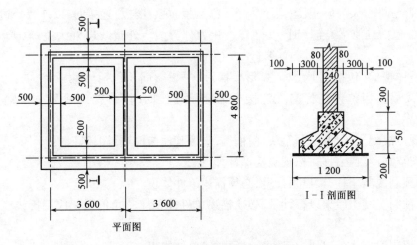

图 4-33　某带形基础平面及剖面图(尺寸单位:mm)

(2)内墙基础混凝土工程量的计算。

$$梁间净长度 = 4.8 - 0.2 \times 2 = 4.4(\text{m})$$

$$斜坡中心线长度 = 4.8 - (0.2 + 0.3/2) \times 2 = 4.1(\text{m})$$

$$基底净长度 = 4.8 - 0.5 \times 2 = 3.8(\text{m})$$

墙基础混凝土工程量 = $\sum$ 内墙基础各部分断面面积相应计算长度

$$= 0.4 \times 0.3 \times 4.4 + (0.4 + 1)/2 \times 0.15 \times 4.1 + 1 \times 0.2 \times 3.8$$

$$= (0.528 + 0.43 + 0.76) = 1.72(\text{m}^3)$$

带形基础混凝土工程量 = $10.2 + 1.72 = 11.92(\text{m}^3)$

(3)带形基础工程量清单的编制(见表4-23)。

带形基础工程量清单　　　　　　　　　　　　　　　　表4-23

工程名称:某工程

序号	项目编码	项目名称	项目特征	计量单位	工程数量
1	010501002001	带形基础	垫层材料的种类、厚度:C15 混凝土、100mm 厚;基础形式、材料种类:有梁混凝土基础;混凝土强度等级:C20;混凝土材料要求:场外集中搅拌,运距4km	m³	11.92

【例4-10】　有梁式满堂基础尺寸如图4-34 所示。机械原土打夯,铺设混凝土垫层,混凝土强度等级为 C15;有梁式满堂基础,混凝土强度等级为 C20。场外集中搅拌,运距 5km。试编制有梁式满堂基础的工程量清单。

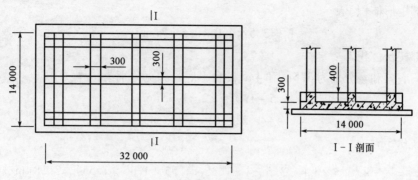

图 4-34　某有梁式满堂基础(尺寸单位:mm)

解　(1)计算现浇混凝土满堂基础清单工程量:

有梁式满堂基础工程量 = 基础底板体积 + 梁体积

$$= 32 \times 14 \times 0.3 + 0.3 \times 0.4 \times 32 \times 3 + (14 - 0.3 \times 3) \times 5$$

$$= 153.78(\text{m}^3)$$

(2)有梁式满堂基础工程量清单的编制(见表 4-24)。

有梁式满堂基础工程量清单　　　　　　　表 4-24

工程名称:某工程

序号	项目编码	项目名称	项 目 特 征	计量单位	工程数量
1	010501004001	满堂基础	基础形式、材料种类:有梁式混凝土满堂基础;混凝土强度等级:C20;混凝土材料要求:场外集中搅拌,运距 5km	m³	153.78

【例 4-11】　某建筑柱断面尺寸为 400mm × 600mm,杯形基础尺寸如图 4-35 所示,混凝土强度等级为 C20。场外集中搅拌,运距 5km。试编制基础工程量清单。

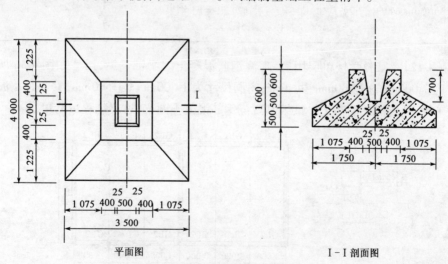

平面图　　　　　　　Ⅰ-Ⅰ剖面图

图 4-35　杯形基础平面及剖面图(尺寸单位:mm)

解　(1)计算现浇混凝杯形基础清单工程量。

将杯形基础体积分为 4 部分。

①下部矩形体积 V_1：

$$V_1 = 3.5 \times 4.0 \times 0.5 = 7 (\text{m}^3)$$

②中部棱台体积 V_2：

棱台下底长和宽分别为 3.5m 和 4m，棱台上底长和宽分别为：

$$3.5 - 1.075 \times 2 = 1.35 (\text{m})$$

$$4 - 1.225 \times 2 = 1.55 (\text{m})$$

棱台高 0.5m，故

$$V_2 = \frac{0.5}{3} \times (3.5 \times 4 + \sqrt{3.5 \times 4 \times 1.35 \times 1.55} + 1.35 \times 1.55) = 3.58 (\text{m}^3)$$

③上部矩形体积 V_3：

$$V_3 = 1.35 \times 1.55 \times 0.6 = 1.26 (\text{m}^3)$$

④杯口净空体积 V_4：

$$V_4 = \frac{0.7}{3} \times (0.5 \times 0.7 + \sqrt{0.5 \times 0.7 \times 0.55 \times 0.75} + 0.55 \times 0.75) = 0.27 \text{m}^3$$

⑤杯形基础体积 V：

$$V = V_1 + V_2 + V_3 - V_4$$
$$= 7 + 3.58 + 1.26 - 0.27 = 11.57 (\text{m}^3)$$

（2）杯形基础工程量清单的编制（见表4-25）。

杯形基础工程量清单   表4-25

工程名称：某工程

序号	项目编码	项目名称	项 目 特 征	计量单位	工程数量
1	010501006001	设备基础	基础形式、材料种类：杯形基础；混凝土强度等级：C20；混凝土材料要求：场外集中搅拌，运距5km	m³	11.57

【**例4-12**】 某教学楼单层用房，现浇钢筋混凝土圈梁带过梁，尺寸如图4-36所示。门洞尺寸为 1 000mm×2 700mm，共 4 个；窗洞尺寸为 1 500mm×1 500mm，共 8 个。混凝土强度等级 C20，现场搅拌混凝土。试编制现浇钢筋混凝土圈梁、过梁工程量清单。

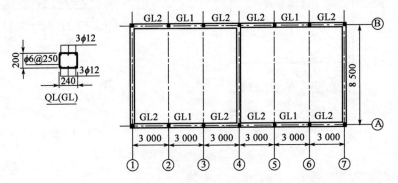

图4-36 某教学单层用房（尺寸单位：mm）

解　(1)计算现浇混凝土过梁、圈梁清单工程量：

　　过梁清单工程量 = 图示断面面积×过梁长度

$$= [(1+0.5)×4+(1.5+0.5)×8]×0.24×0.2$$

$$= 1.056(m^3)$$

(注：设计无规定时，按门窗洞口宽度，两端各加250计算)

　　圈梁清单工程量 = 圈梁断面面积×圈梁长度

$$= [(3×6+8.5)×2-0.24×14+8.5-0.24]×0.24×0.2-1.056$$

$$= 2.779-1.056$$

$$= 1.72(m^3)$$

(2)现浇钢筋混凝土过梁、圈梁工程量清单的编制(见表4-26)。

现浇钢筋混凝土过梁、圈梁工程量清单

表4-26

工程名称：某工程

序号	项目编码	项目名称	项目特征	计量单位	工程数量
1	010503004001	圈梁	梁底高程：2.7m；梁截面：240mm×200mm；混凝土强度等级：C20；混凝土材料要求：现场搅拌	m³	1.72
2	010503005001	过梁	梁底高程：2.7m；梁截面：240mm×200mm；混凝土强度等级：C20；混凝土材料要求：现场搅拌	m³	1.06

【**例4-13**】　某工程现浇混凝土挑檐天沟如图4-37所示。混凝土强度等级为C20，现场搅拌混凝土。试编制挑檐天沟清单工程量。

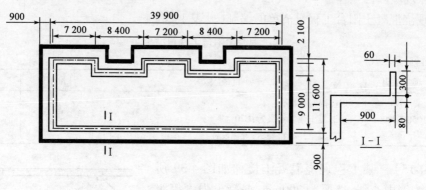

图4-37　某现浇混凝土挑檐天沟图(尺寸单位:mm)

解　(1)计算现浇混凝土挑檐天沟工程量：

　　挑檐板工程量 = {[(39.9+11.6)×2+2.1×4]×0.9+0.9×0.9×4}×0.08

$$= 8.28(m^2)$$

　　天沟壁工程量 = {[(39.9+11.6)×2+2.1×4+0.9×8]×0.06-0.06×0.06×4}×0.3

$$= 2.13(m^3)$$

　　挑檐天沟工程量 = 10.41(m³)

(2)现浇混凝土挑檐天沟工程量清单的编制(表4-27)。

现浇混凝土挑檐天沟工程量清单   表 4-27

工程名称:某工程

序号	项目编码	项目名称	项 目 特 征	计量单位	工程数量
1	010505007001	挑檐天沟	混凝土强度等级为:C20;混凝土拌和料要求:现场搅拌	m³	10.41

【例 4-14】 某工程现浇混凝土阳台结构如图 4-38 所示。混凝土强度等级为 C20,现场搅拌混凝土。试编制阳台清单工程量。

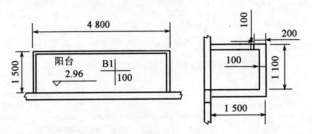

图 4-38 某工程现浇混凝土阳台(尺寸单位:mm)

解 (1)计算现浇混凝土阳台工程量:

阳台板工程量 $= 1.5 \times 4.8 \times 0.10 = 0.72(\text{m}^3)$

现浇阳台拦板工程量 $= [(1.5 \times 2 + 4.8) - 0.1 \times 2] \times (1.1 - 0.1) \times 0.1$
$$= 0.76(\text{m}^3)$$

现浇阳台扶手工程量 $= [(1.5 \times 2 + 4.8) - 0.2 \times 2] \times 0.2 \times 0.1 = 0.15(\text{m}^3)$

现浇阳台工程量 $= 1.63(\text{m}^3)$

(2)现浇混凝土阳台工程量清单的编制(见表 4-28)

现浇混凝土阳台工程量清单   表 4-28

工程名称:某工程

序号	项目编码	项 目 名 称	计量单位	工程数量
1	010505008001	现浇混凝土阳台 ①混凝土强度等级为:C20 ②混凝土拌和料要求:现场搅拌	m³	1.63

【例 4-15】 某工程现浇混凝土楼梯如图 4-39 所示。轴线为墙中心线,墙厚为 200mm,混凝土强度等级为 C25,现场搅拌混凝土。试编制楼梯清单工程量(该建筑为 6 层,共 5 层楼梯)。

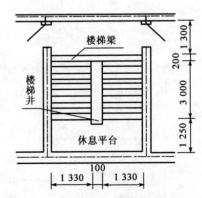

4-39 某工程现浇混凝土楼梯(尺寸单位:mm)

解 (1)计算现浇混凝土楼梯工程量:

现浇混凝土楼梯工程量

= 图示水平投影长度 × 图示投影水平宽度 −
大于 500mm 的楼梯井

$= (1.33 + 0.1 + 1.33) \times (1.25 + 3 + 0.2) \times 5$

$= 61.41(\text{m}^2)$

（2）现浇混凝土楼梯工程量清单的编制（见表4-29）

现浇混凝土楼梯工程量清单　　　　　　　　　　表4-29

工程名称：某工程

序号	项目编码	项 目 名 称	计量单位	工程数量
1	010506001001	直形楼梯 ①梯板形式：双跑 ②梯板厚度：200mm ③混凝土强度等级为：C25 ④混凝土材料要求：现场搅拌	m²	61.41

【例4-16】　某现浇框架结构房屋的二层结构平面如图4-40所示。已知一层板顶高程为3.3m，二层板顶高程为6.6m，板厚100mm，构件断面尺寸见表4-30。柱混凝土为C30，梁、板混凝土为C20，均为现场搅拌。试编制钢筋混凝土构件工程量清单。

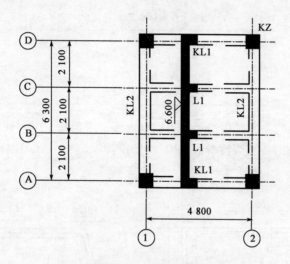

图4-40　某现浇框架结构房屋二层结构平面图（尺寸单位：mm）

构件断面尺寸表　　　　　　　　　　表4-30

构 件 名 称	构件尺寸（mm×mm）	构 件 名 称	构件尺寸（mm×mm）
KZ	400×400	KL2	300×600（宽×高）
KL1	250×550（宽×高）	L1	250×500（宽×高）

解　（1）计算混凝土工程量

由已知条件可知，本例设计的钢筋混凝土构件包括矩形柱（KZ）、有梁板（KL、L及板）。

①矩形柱（KZ）混凝土工程量 $=0.4\times0.4\times3.3\times4=2.11（\text{m}^3）$

②有梁板混凝土工程量

梁体积：

KL1 混凝土工程量 $=0.25\times(0.55-0.1)\times(4.8-0.2\times2)\times2=0.99（\text{m}^3）$

KL2 混凝土工程量 $=0.3\times(0.6-0.1)\times(6.3-0.2\times2)\times23=1.77（\text{m}^3）$

L1 混凝土工程量 $= 0.25 \times (0.5 - 0.1) \times (4.8 + 0.2 \times 2 - 0.3 \times 2) \times 2 = 0.92 (\text{m}^3)$

矩形梁混凝土工程量 $= 0.99 + 1.77 + 0.92 = 3.68 (\text{m}^3)$

板体积:

$$板混凝土工程量 = (6.3 + 0.2 \times 2) \times (4.8 + 0.2 \times 2) \times 0.1 - 0.4 \times 0.4 \times 0.1 \times 4$$
$$= 3.484 - 0.064 = 3.42 (\text{m}^3)$$

有梁板混凝土工程量 $= 3.68 + 3.42 = 7.1 (\text{m}^3)$

(2)钢筋混凝土构件工程量清单的编制(表4-31)

钢筋混凝土构件工程量清单 表4-31

工程名称:某工程

序号	项目编码	项目名称	项目特征	计量单位	工程数量
1	010509001001	矩形柱	柱高度:3.3m; 柱截面尺寸:400mm×400mm; 混凝土强度等级:C30; 混凝土拌和料要求:现场搅拌	m³	2.11
2	010505001001	有梁板	板底高程:6.5m; 板厚度:100mm; 混凝土强度等级:C20; 混凝土拌和料要求:现场搅拌	m³	7.1

【例4-17】 某工程需用先张法预应力钢筋混凝土槽形板80块,如图4-41所示,混凝土强度等级为C30,灌缝混凝土强度等级C20,现场搅拌混凝土。试编制预应力混凝土槽形板工程量清单。

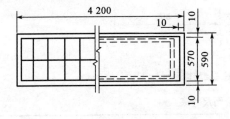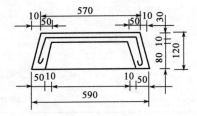

图4-41 预应力混凝土槽形板(尺寸单位:mm)

解 (1)计算预应力混凝土槽形板工程量:

预应力混凝土槽形板工程量

= 单板体积 × 块数

= (大棱台体积 − 小棱台体积) × 块数

$$= \left[\frac{1}{3} \times 0.12 \times (0.59 \times 4.2 + 0.57 \times 4.18 + \sqrt{0.59 \times 4.2 \times 0.57 \times 4.18}) - \right.$$

$$\left. \frac{0.08}{3} \times (0.49 \times 4.1 + 0.47 \times 4.08 + \sqrt{0.49 \times 4.1 \times 0.47 \times 4.08}) \right] \times 80$$

$$= 0.134\,55 \times 80 = 10.76 (\text{m}^3)$$

(2)预应力混凝土槽形板工程量清单的编制(见表4-32)。

预应力混凝土槽形板工程量清单　　　　　　　　　　　表 4-32

工程名称:某工程

序号	项目编码	项目名称	项 目 特 征	计量单位	工程数量
1	010512003001	槽形板	单件体积:0.135; 混凝土强度等级:C30; 灌缝混凝土强度等级:C20	m³	10.76

第六节　金属结构工程清单计量

一、金属结构工程基础知识

以强度高而匀质的建筑材料——钢、铝和铸铁等金属制成的杆件和板件经过必要的组装和连接而成的金属结构构件,称为金属结构工程(也可称为"钢结构")。

钢材的特点是强度高、自重轻、整体刚性好、变形能力强,故特别适用于建造大跨度和超高、超重型的建筑;材料匀质性和各向同性好,属理想弹性体,最符合一般工程力学的基本假定;材料塑性、韧性好,可有较大变形,能很好地承受动力荷载;建筑工期短;其工业化程度高,可进行机械化程度高的专业化生产。金属结构以钢材的这些优点在工业厂房、市政基础设施建设、文教体育建设、电力、桥梁、海洋石油工程、航空航天等行业得到了广泛的应用。

金属结构工程包括钢网架,钢屋架、钢托架、钢桁架、钢桥架,钢柱,钢梁,钢板楼板、墙板,钢构件,金属制品 7 项(图 4-42、图 4-43)。

图 4-42　钢网架　　　　　　　　　　　图 4-43　钢屋架

二、工程量清单项目

1. 钢网架(编号:010601)

钢网架项目适用于一般钢网架和不锈钢网架。不论节点形式(球形节点、板式节点等)和节点连接方式(焊接、丝接)等均使用该项目。

钢网架(项目编码:010601001)

工程内容:包括拼装;安装;探伤;补刷油漆。

项目特征:应描述钢材品种、规格;网架节点形式、连接方式;网架跨度、安装高度;探伤要求;防火要求。

工程量计算规则:按设计图示尺寸以质量计算。不扣除孔眼的质量,焊条、铆钉、螺栓等不另增加质量。

2. 钢屋架、钢托架、钢桁架、钢桥架(编号:010602)

钢屋架项目适用于一般钢屋架和轻钢屋架、冷弯薄壁型钢屋架。

采用圆钢筋、小角钢(小于∠45×4等肢角钢、小于∠56×36×4不等肢角钢)和薄钢板(其厚度一般不大于4mm)等材料组成的屋架称为轻钢屋架。薄壁型钢屋架是指厚度在2~6mm的钢板或带形钢经冷弯或冷拔等方式弯曲而成的型钢组成的屋架。

支承屋架间距6m、跨度18~36m或支承两柱柱距12m而设置的承托屋架的钢构件,称为钢托架。

(1)钢屋架(项目编码:010602001)

工程内容:包括拼装;安装;探伤;补刷油漆。

项目特征:应描述钢材品种、规格;单榀质量;屋架跨度、安装高度;螺栓种类;探伤要求;防火要求。

工程量计算规则:以榀计量,按设计图示数量计算;以吨计量,按设计图示尺寸以质量计算。不扣除孔眼的质量,焊条、铆钉、螺栓等不另增加质量。

(2)钢托架(项目编码:010602002)

工程内容:包括拼装;安装;探伤;补刷油漆。

项目特征:需要描述钢材品种、规格;单榀质量;安装高度;螺栓种类;探伤要求;防火要求。

工程量计算规则:按设计图示尺寸以质量计算。不扣除孔眼的质量,焊条、铆钉、螺栓等不另增加质量。

(3)钢桁架(项目编码:010602003)

工程内容:包括拼装;安装;探伤;补刷油漆。

项目特征:需要描述钢材品种、规格;单榀质量;安装高度;螺栓种类;探伤要求;防火要求。

工程量计算规则:按设计图示尺寸以质量计算。不扣除孔眼的质量,焊条、铆钉、螺栓等不另增加质量。

(4)钢桥架(项目编码:010602004)

工程内容:包括拼装;安装;探伤;补刷油漆。

项目特征:应描述桥架类型;钢材品种、规格;单榀质量;安装高度;螺栓种类;探伤要求。

工程量计算规则:按设计图示尺寸以质量计算。不扣除孔眼的质量,焊条、铆钉、螺栓等不另增加质量。

3. 钢柱(编号:010603)

钢柱工程包括实腹柱、空腹柱、钢管柱3个项目。实腹柱项目适用于实腹钢柱和实腹式型钢筋混凝土柱;空腹柱项目适用于空腹钢柱和空腹型钢筋混凝土柱(由混凝土包裹型钢组成的柱称为型钢混凝土柱);钢管柱项目适用于钢管柱和钢管混凝土柱(将普通混凝土填入薄壁圆形钢管内形成的组合结构称为钢管混凝土)。

（1）实腹钢柱（项目编码:010603001）

工程内容:包括拼装;安装;探伤;补刷油漆。

项目特征:应描述柱类型;钢材品种、规格;单根柱质量;螺栓种类;探伤要求;防火要求。

工程量计算规则:按设计图示尺寸以质量计算。不扣除孔眼的质量,焊条、铆钉、螺栓等不另增加质量,依附在钢柱上的牛腿及悬臂梁等并入钢柱工程量内。

（2）空腹钢柱（项目编码:010603002）

工程内容:包括拼装;安装;探伤;补刷油漆。

项目特征:应描述柱类型;钢材品种、规格;单根柱质量;螺栓种类;探伤要求;防火要求。

工程量计算规则:按设计图示尺寸以质量计算。不扣除孔眼的质量,焊条、铆钉、螺栓等不另增加质量,依附在钢柱上的牛腿及悬臂梁等并入钢柱工程量内。

（3）钢管柱（项目编码:010603003）

工程内容:包括拼装;安装;探伤;补刷油漆。

项目特征:应描述钢材品种、规格;单根柱质量;螺栓种类;探伤要求;防火要求。

工程量计算规则:按设计图示尺寸以质量计算。不扣除孔眼的质量,焊条、铆钉、螺栓等不另增加质量,钢管柱上的节点板、加强环、内衬管、牛腿等并入钢管柱工程。

4.钢梁（编号:010604）

钢梁工程包括钢梁（010604001）、钢吊车梁（010406002）两个项目。钢梁项目适用于钢梁和实腹式型钢筋混凝土梁、空腹式型混凝土梁（指由混凝土包裹型钢而组成的梁）;钢吊车梁项目适用于钢吊车梁及吊车梁的制动梁（指吊车梁旁边承受吊车横向水平荷载的梁）、制动板、制动桁架,车挡并入钢吊车梁工程量内。

（1）钢梁（项目编码:010604001）

工程内容:包括拼装;安装;探伤;补刷油漆。

项目特征:应描述梁类型;钢材品种、规格;单根质量;螺栓种类;安装高度;探伤要求;防火要求。

工程量计算规则:按设计图示尺寸以质量计算。不扣除孔眼的质量,焊条、铆钉、螺栓等不另增加质量,制动梁、制动板、制动桁架、车挡并入钢吊车梁工程量内。

（2）钢吊车梁（项目编码:010604002）

工程内容:包括拼装;安装;探伤;补刷油漆。

项目特征:需要描述钢材品种、规格;单根质量;螺栓种类;安装高度;探伤要求;防火要求。

工程量计算规则:按设计图示尺寸以质量计算。不扣除孔眼的质量,焊条、铆钉、螺栓等不另增加质量,制动梁、制动板、制动桁架、车挡并入钢吊车梁工程量内。

5.钢板楼板、墙板（编号:010605）

（1）钢板楼板（项目编码:010605001）

工程内容:包括拼装;安装;探伤;补刷油漆。

项目特征:应描述钢材品种、规格;钢板厚度;螺栓种类;防火要求。

工程量计算规则:按设计图示尺寸以铺设水平投影面积计算。不扣除单个面积≤0.3m^{2}柱、垛及孔洞所占面积。

（2）钢板墙板（项目编码：010605002）

工程内容：包括拼装；安装；探伤；补刷油漆。

项目特征：需要描述钢材品种、规格；钢板厚度、复合板厚度；螺栓种类；复合板夹芯材料种类、层数、型号、规格；防火要求。

工程量计算规则：按设计图示尺寸以铺挂展开面积计算。不扣除单个面积≤0.3m² 的梁、孔洞所占面积，包角、包边、窗台泛水等不另加面积。

6. 钢构件（编号：010606）

（1）钢支撑、钢拉条（项目编码：010606001）

工程内容：包括拼装；安装；探伤；补刷油漆。

项目特征：应描述钢材品种、规格；构件类型；安装高度；螺栓种类；探伤要求；防火要求。

工程量计算规则：按设计图示尺寸以质量计算。不扣除孔眼的质量，焊条、铆钉、螺栓等不另增加质量。

（2）钢檩条（项目编码：010606002）

工程内容：包括拼装；安装；探伤；补刷油漆。

项目特征：应描述钢材品种、规格；构件类型；单根质量；安装高度；螺栓种类；探伤要求；防火要求。

工程量计算规则：按设计图示尺寸以质量计算。不扣除孔眼的质量，焊条、铆钉、螺栓等不另增加质量。

（3）钢天窗架（项目编码：010606003）

工程内容：包括拼装；安装；探伤；补刷油漆。

项目特征：应描述钢材品种、规格；单榀质量；安装高度；螺栓种类；探伤要求；防火要求。

工程量计算规则：按设计图示尺寸以质量计算。不扣除孔眼的质量，焊条、铆钉、螺栓等不另增加质量。

（4）钢挡风架（项目编码：010606004）

工程内容：包括拼装；安装；探伤；补刷油漆。

项目特征：应描述钢材品种、规格；单榀质量；螺栓种类；探伤要求；防火要求。

工程量计算规则：按设计图示尺寸以质量计算。不扣除孔眼的质量，焊条、铆钉、螺栓等不另增加质量。

（5）钢墙架（项目编码：010606005）

工程内容：包括拼装；安装；探伤；补刷油漆。

项目特征：应描述钢材品种、规格；单榀质量；螺栓种类；探伤要求；防火要求。

工程量计算规则：按设计图示尺寸以质量计算。不扣除孔眼的质量，焊条、铆钉、螺栓等不另增加质量。

（6）钢平台（项目编码：010606006）

工程内容：包括拼装；安装；探伤；补刷油漆。

项目特征：应描述钢材品种、规格；螺栓种类；防火要求。

工程量计算规则：按设计图示尺寸以质量计算。不扣除孔眼的质量，焊条、铆钉、螺栓等不另增加质量。

（7）钢走道（项目编码:010606007）

工程内容:包括拼装;安装;探伤;补刷油漆。

项目特征:应描述钢材品种、规格;螺栓种类;防火要求。

工程量计算规则:按设计图示尺寸以质量计算。不扣除孔眼的质量,焊条、铆钉、螺栓等不另增加质量。

（8）钢梯（项目编码:010606008）

工程内容:包括拼装;安装;探伤;补刷油漆。

项目特征:应描述钢材品种、规格;钢梯形式;螺栓种类;防火要求。

工程量计算规则:按设计图示尺寸以质量计算。不扣除孔眼的质量,焊条、铆钉、螺栓等不另增加质量。

（9）钢护栏（项目编码:010606009）

工程内容:包括拼装;安装;探伤;补刷油漆。

项目特征:需要描述钢材品种、规格;防火要求。

工程量计算规则:按设计图示尺寸以质量计算。不扣除孔眼的质量,焊条、铆钉、螺栓等不另增加质量。

（10）钢漏斗（项目编码:010606010）

工程内容:包括拼装;安装;探伤;补刷油漆。

项目特征:需要描述钢材品种、规格;漏斗、天沟形式;安装高度;探伤要求。

工程量计算规则:按设计图示尺寸以质量计算,不扣除孔眼的质量,焊条、铆钉、螺栓等不另增加质量,依附漏斗或天沟的型钢并入漏斗或天沟工程量内。

（11）钢板天沟（项目编码:010606011）

工程内容:包括拼装;安装;探伤;补刷油漆。

项目特征:需要描述钢材品种、规格;漏斗、天沟形式;安装高度;探伤要求。

工程量计算规则:按设计图示尺寸以质量计算。不扣除孔眼的质量,焊条、铆钉、螺栓等不另增加质量,依附漏斗或天沟的型钢并入漏斗或天沟工程量内。

（12）钢护栏（项目编码:010606012）

工程内容:包括拼装;安装;探伤;补刷油漆。

项目特征:需要描述钢材品种、规格;单位重量;防火要求。

工程量计算规则:按设计图示尺寸以质量计算。不扣除孔眼的质量,焊条、铆钉、螺栓等不另增加质量。

（13）零星钢构件（项目编码:010606013）

工程内容:包括拼装;安装;探伤;补刷油漆。

项目特征:需要描述构件名称;钢材品种、规格。

工程量计算规则:按设计图示尺寸以质量计算。不扣除孔眼的质量,焊条、铆钉、螺栓等不另增加质量。

7. 金属制品（编号:010607）

（1）成品空调金属百页护栏（项目编码:010607001）

工程内容:包括安装;校正;预埋铁件及安螺栓。

项目特征:需要描述材料品种、规格;边框材质。

工程量计算规则:按设计图示尺寸以框外围展开面积计算。

(2)成品栅栏(项目编码:010607002)

工程内容:包括安装;校正;预埋铁件;安螺栓及金属立柱。

项目特征:需要描述材料品种、规格;边框及立柱型钢品种、规格。

工程量计算规则:按设计图示尺寸以框外围展开面积计算。

(3)成品雨篷(项目编码:010607003)

工程内容:包括安装;校正;预埋铁件及安螺栓。

项目特征:需要描述材料品种、规格;雨篷宽度;晾衣竿品种、规格。

工程量计算规则:以米计量,按设计图示接触边以米计算;以平方米计量,按设计图示尺寸以展开面积计算。

(4)金属网栏(项目编码:010607004)

工程内容:包括安装;校正;安螺栓及金属立柱。

项目特征:需要描述材料品种、规格;边框及立柱型钢品种、规格。

工程量计算规则:按设计图示尺寸以框外围展开面积计算。

(5)砌块墙钢丝网加固(项目编码:010607005)

砌块墙钢丝网可以起到加固作用,提高墙体结构承载能力,工程上习惯于把不锈钢丝网、镀锌钢丝网、镀铜钢丝网、高强钢丝网等金属丝网统称为钢丝网。根据十字交叉点处纵横向钢丝的连接情况可分为编织网和电阻点焊网。通过选用不同直径、不同网孔尺寸的钢丝网以及改变钢丝网层数可达到调整网配筋率的目的(图4-44)。

工程内容:包括铺贴;铆固。

项目特征:需要描述材料品种、规格;加固方式。

工程量计算规则:按设计图示尺寸以面积计算。

图4-44 砌块墙体钢丝网加固

(6)后浇带金属网(项目编码:010607006)

工程内容:包括铺贴;铆固。

项目特征:需要描述材料品种、规格;加固方式。

工程量计算规则:按设计图示尺寸以面积计算。

三、工程量计算规则解读

（1）以榀计量的，按标准图设计的应注明标准图代号，按非标准图设计的项目特征必须描述单榀屋架的质量。

（2）实腹钢柱类型指十字、T、L、H形等。

（3）空腹钢柱类型指箱形、格构等。

（4）钢梁的梁类型指 H、L、T形、箱形、格构式等。

（5）压型钢楼板按钢楼板项目编码列项。

（6）钢墙架项目包括墙架柱、墙架梁和连接杆件。

（7）钢支撑、钢拉条类型指单式、复式；钢檩条类型指型钢式、格构式；钢漏斗形式指方形、圆形；天沟形式指矩形沟或半圆形沟。

（8）加工铁件等小型构件，应按零星钢构件项目编码列项。

（9）抹灰钢丝网加固按本节中砌块墙钢丝网加固项目编码列项。

（10）金属构件的切边，不规则及多边形钢板发生的损耗在综合单价中考虑。

（11）防火要求指耐火极限。

四、工程量清单编制示例

【例4-18】 按如图 4-45 所示，计算柱间钢支撑工程量并编制工程量清单。已知：角钢 $\angle 75 \times 50 \times 6$，每米理论质量为 5.68kg/m。钢材理论质量为 7850kg/m³。

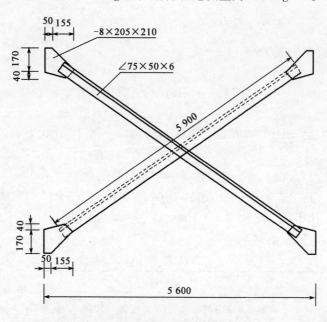

图 4-45 柱间支撑示意图（尺寸单位：mm）

解 角钢重：5.9×2（根）$\times 5.68 = 67.02$（kg）

钢板面积：$(0.05 + 0.155) \times (0.17 + 0.04) \times 4 = 0.1772$（m²）

钢板质量：$0.1772 \times 0.008 \times 7850 = 10.81$（kg）

柱间支撑工程量:67.02 + 10.8 = 77.83kg

工程量清单见表4-33。

工 程 量 清 单 表4-33

序号	项目编码	项目名称	项 目 特 征	计量单位	工程数量
1	010606001001	钢支撑、钢拉条	工厂制作;运输距离5km;刷调和漆二道	t	0.078

【例4-19】 某围墙需施工一钢护栏,采用现场制作安装,施工图纸如图4-46所示试计算其金属结构工程的工程量清单。

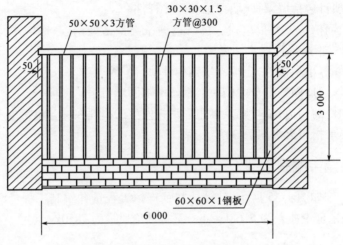

图4-46 围墙护栏图(尺寸单位:mm)

解 (1)列项目010606009001。

(2)计算工程量。

采用的是空心型材,要计算重量可采用理论容重乘以体积。

50×50×3方管:

$$7.85 \times (0.05 \times 0.05 - 0.044 \times 0.044) \times 6.1 = 0.027(t)$$

30×30×1.5方管:

数量6 ÷ 0.3 - 1 = 19(根)

重量7.85 × (0.03 × 0.03 - 0.027 × 0.027) × 3 × 19 = 0.077(t)

合计0.027 + 0.077 = 0.104(t)

(3)工程量清单(见表4-34)。

工 程 量 清 单 表4-34

序号	项目编码	项目名称	项 目 特 征	计量单位	工程数量
1	010606009001	钢护栏	(1)采山方钢管,立柱30×30×1.5@300,横杆50×50×3 (2)刷一遍红丹防锈漆 (3)立柱与预埋60×60×1钢板焊接连接	t	0.104

第七节　木结构工程清单计量

一、木结构工程基础知识

木结构工程包括木屋架、木构件和屋面木基层。

木屋架工程包括"木屋架"和"钢木屋架"两个项目。木屋架项目适用于各种方木、圆木屋架;钢木屋架项目适用于各种方木、圆木的钢木组合屋架。

木构件工程包括木柱、木梁、木楼梯和其他木构件4个项目。木柱、木梁项目适用于建筑物各部位的柱、梁。木楼梯项目适用于楼梯和爬梯。其他木构件项目适用于斜撑,传统民间的垂花、花芽子、封檐板、博风板等构件(图4-47)。

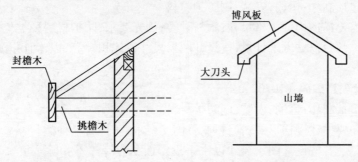

图4-47　封檐板及博风板

二、工程量清单项目

1. 木屋架(编号:010701)

(1)木屋架(项目编码:010701001)

工程内容:包括制作;运输;安装;刷防护材料。

项目特征:需要描述跨度;材料品种、规格;刨光要求;拉杆及夹板种类;防护材料种类。

工程量计算规则:以榀计量,按设计图示数量计算;以立方米计量,按设计图示的规格尺寸以体积计算。

(2)钢木屋架(项目编码:010701002)

钢木屋架指受压杆件如上弦杆及斜杆均采用木材制作,受拉杆件如下弦杆及拉杆均采用钢材制作,拉杆一般用圆钢材料,下弦杆可以采用圆钢或型钢材料的屋架。

钢材和木材组合使用,能够有效发挥二者的优势,起到扬长避短的作用,提高受力能力和经济效益(图4-48)。

工程内容:包括制作;运输;安装;刷防护材料。

图4-48　钢木屋架

项目特征:需要描述跨度;木材品种、规格;刨光要求;钢材品种、规格;防护材料种类。

工程量计算规则:以榀计量,按设计图示数量计算。

2. 木构件(编号:010702)

(1)木梁(项目编码:010702001)

工程内容:包括制作;运输;安装;刷防护材料。

项目特征:需要描述构件规格尺寸、木材种类、刨光要求、防护材料种类。

工程量计算规则:按设计图示尺寸以体积计算。

(2)木柱(项目编码:010702002)

工程内容:包括制作;运输;安装;刷防护材料。

项目特征:需要描述构件规格尺寸、木材种类、刨光要求、防护材料种类。

工程量计算规则:按设计图示尺寸以体积计算。

(3)木檩(项目编码:010702003)

工程内容:包括制作;运输;安装;刷防护材料。

项目特征:需要描述构件规格尺寸;木材种类;刨光要求;防护材料种类。

工程量计算规则:以立方米计量,按设计图示尺寸以体积计算;以米计量,按设计图示尺寸以长度计算。

(4)木楼梯(项目编码:010702004)

工程内容:包括制作;运输;安装;刷防护材料。

项目特征:需要描述楼梯形式;木材种类;刨光要求;防护材料种类。

工程量计算规则:按设计图示尺寸以水平投影面积计算。不扣除宽度≤300mm的楼梯井,伸入墙内部分不计算。

(5)其他木构件(项目编码:010702005)

工程内容:包括制作;运输;安装;刷防护材料。

项目特征:需要描述构件名称;构件规格尺寸;木材种类;刨光要求;防护材料种类。

工程量计算规则:以立方米计量,按设计图示尺寸以体积计算;以米计量,按设计图示尺寸以长度计算。

3. 屋面木基层(010703)

屋面木基层(项目编码:010703001)

工程内容:包括椽子制作、安装;望板制作、安装;顺水条和挂瓦条制作、安装;刷防护材料。

项目特征:需要描述椽子断面尺寸及椽距;望板材料种类、厚度;防护材料种类。

工程量计算规则:按设计图示尺寸以斜面积计算。不扣除房上烟囱、风帽底座、风道、小气窗、斜沟等所占面积。小气窗的出檐部分不增加面积。

三、工程量计算规则解读

(1)屋架的跨度应以上、下弦中心线两交点之间的距离计算。

(2)带气楼的屋架和马尾、折角以及正交部分的半屋架,按相关屋架项目编码列项。

(3)以榀计量,按标准图设计,项目特征必须标注标准图代号,按非标准图设计的项目特征必须按本节要求予以描述。

(4)木楼梯的栏杆(栏板)、扶手,应按相关项目编码列项。

（5）以米计量，项目特征必须描述构件规格尺寸。

四、工程量清单编制示例

【例4-20】　如图4-49所示，求方木钢屋架工程量。已知：木材种类为杉木，要求露面部分抛光，刷防火漆一遍，清漆一遍。

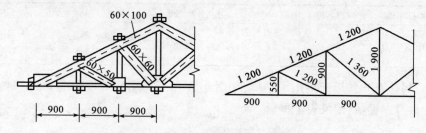

图4-49　方木钢屋架示意图（尺寸单位：mm）

解　（1）列项目。

（2）计算工程量。

上弦工程量 $= 1.2 \times 3 \times 0.06 \times 0.1 \times 2 = 0.043\,(\mathrm{m}^3)$

斜撑工程量 $= (1.2 \times 0.06 \times 0.05 \times 2 + 1.36 \times 0.06 \times 0.06 \times 2$

$= 0.017\,(\mathrm{m}^3)$

合计：$0.043 + 0.017 = 0.06\,(\mathrm{m}^3)$

（3）工程量清单（见表4-35）。

工程量清单　　　　表4-35

序号	项目编码	项目名称	项目特征	计量单位	工程数量
1	010701002001	钢木屋架	（1）方木钢屋架 （2）木材种类：杉木 （3）刨光要求：露面部分刨光 （4）油漆：防火漆一遍.清漆一遍	m³	0.06

【例4-21】　如图4-50所示连续檩条屋面，檩条截面积为 $80\mathrm{mm} \times 150\mathrm{mm}$ 方檩木，计算连续檩木的工程量并编制工程量清单，檩木为15根。

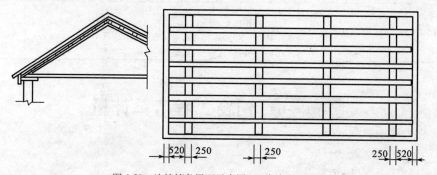

图4-50　连续檩条屋面示意图（尺寸单位：mm）

解　（1）列项目。

（2）计算工程量。

工程量＝檩木截面积×设计长度×调增系数×根数

$$= 0.08 \times 0.15 \times (3.30 \times 3 + 0.24 + 0.52 \times 2) \times 1.05 \times 15$$

$$= 2.11(m^3)$$

（3）工程量清单（见表4-36）。

工程量清单　　　　　　　　　　　　　　　表4-36

序号	项目编码	项目名称	项目特征	计量单位	工程数量
1	010702003001	檩木	木材种类:杉木 抛光要求:露面部分抛光 截面尺寸:80mm×150mm	m³	2.11

【例4-22】　某建筑屋面采用木结构,如图4-51所示。屋面坡度角度为26°34′,木板材厚30mm。计算封檐板、博风板工程量。

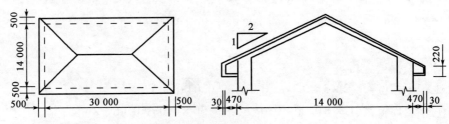

图4-51　某建筑屋面(尺寸单位:mm)

解　（1）列项目010702005001、010702005002。

（2）计算工程量。

010702005001 封檐板:$(30 + 0.47 \times 2) \times 2 = 61.88(m)$

010702005002 博风板:$[14 + (0.47 + 0.03) \times 2] \times 1.118 \times 2 + 0.47 \times 4 = 35.42(m)$

（3）工程量清单（见表4-37）。

工程量清单　　　　　　　　　　　　　　　表4-37

序号	项目编码	项目名称	项目特征	计量单位	工程数量
1	010702005001	封檐板	(1)木材种类:杉木 (2)刨光要求:露面部分刨光 (3)截面:220mm×30mm (4)油漆:防火漆一遍,清漆一遍	m	61.88
2	010702005002	博风板	(1)木材种类:杉木 (2)刨光要求:露面部分刨光 (3)截面:220mm×30mm (4)油漆:防火漆一遍,清漆一遍	m	35.42

第八节　门窗工程清单计量

一、门窗工程基础知识

门和窗是房屋围护结构中的两种重要构件。门具有交通联系和分隔不同的空间(室内与室外、走道与房间或房间与房间),并兼有保温、隔声、采光、通风等功能;窗具有采光、通风、日照、眺望等功能。此外,门窗对建筑物的立面装饰效果影响极大。因此建筑师们在工程设计中,对门窗的造型、材质、尺寸、比例、位置布置等,无不进行深入的研究处理。随着建筑装饰工程的不断发展,门窗也在不断演变,从材质上看,已由过去以木材为主发展到今天的铝合金、不锈钢、彩色涂层钢板及塑料和塑钢等材料做成的各种门窗。

门窗工程包括木门,金属门,金属卷帘(闸)门,厂库房大门、特种门,其他门,木窗,金属窗,门窗套,窗台板,窗帘、窗帘盒、轨10项。其中特种门是指与普通门窗相比具有特殊用途的门,比如防火门、防盗门、自动门、全玻门、旋转门、金属卷帘门等。

门窗按材料划分可分为木门窗、铝合金门窗、钢门窗、塑料门窗、塑钢门窗;按开启方式可分为固定窗、平开门窗、推拉门窗、地弹门、卷闸门等;按扇数分类可分为单扇、双扇、三扇、四扇及四扇以上等(图4-52、图4-53)。

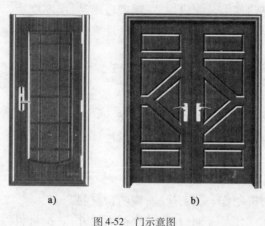

a)　　　　　　　　　b)

图4-52　门示意图

a)单扇门;b)双扇门

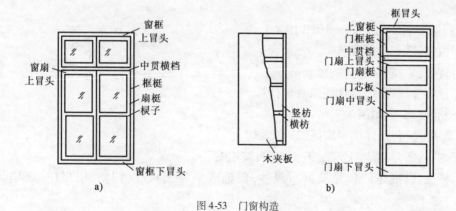

a)　　　　　　　　　　　　　　　　b)

图4-53　门窗构造

a)窗构造;b)门构造

二、工程量清单项目

1. 木门(编号:010801)

(1)木质门(项目编码:010801001)

工程内容:包括门安装;玻璃安装;五金安装。

项目特征:需要描述门代号及洞口尺寸;镶嵌玻璃品种、厚度。

工程量计算规则:以樘计量,按设计图示数量计算;以平方米计量,按设计图示洞口尺寸以面积计算。

(2)木质门带套(项目编码:010801002)

工程内容:门安装;玻璃安装;五金安装。

项目特征:门代号及洞口尺寸,镶嵌玻璃品种、厚度。

工程量计算规则:以樘计量,按设计图示数量计算;以平方米计量,按设计图示洞口尺寸以面积计算。

(3)木质连窗门(项目编码:010801003)

工程内容:包括门安装;玻璃安装;五金安装。

项目特征:需要描述门代号及洞口尺寸;镶嵌玻璃品种、厚度。

工程量计算规则:以樘计量,按设计图示数量计算;以平方米计量,按设计图示洞口尺寸以面积计算。

(4)木质防火门(项目编码:010801004)

工程内容:门安装;玻璃安装;五金安装。

项目特征:门代号及洞口尺寸;镶嵌玻璃品种、厚度。

工程量计算规则:以樘计量,按设计图示数量计算;以平方米计量,按设计图示洞口尺寸以面积计算。

(5)木门框(项目编码:010801005)

工程内容:包括木门框制作、安装;运输;刷防护材料。

项目特征:需要描述门代号及洞口尺寸;框截面尺寸;防护材料种类。

工程量计算规则:以樘计量,按设计图示数量计算;以平方米计量,按设计图示洞口尺寸以面积计算。

(6)门锁安装(项目编码:010801006)

工程内容:需要完成安装。

项目特征:应描述锁品种;锁规格。

工程量计算规则:按设计图示数量计算。

2.金属门(编号:010802)

(1)金属(塑钢)门(项目编码:010802001)

工程内容:需要完成门安装;五金安装;玻璃安装。

项目特征:应描述门代号及洞口尺寸;门框或扇外围尺寸;门框、扇材质;玻璃品种、厚度。

工程量计算规则:以樘计量,按设计图示数量计算;以平方米计量,按设计图示洞口尺寸以面积计算。

(2)彩板门(项目编码:010802002)

工程内容:需要完成门安装;五金安装;玻璃安装。

项目特征:需要描述门代号及洞口尺寸、门框或扇外围尺寸。

工程量计算规则:以樘计量,按设计图示数量计算;以平方米计量,按设计图示洞口尺寸

以面积计算。

(3)钢质防火门(项目编码:010802003)

工程内容:包括门安装;五金安装;玻璃安装。

项目特征:应描述门代号及洞口尺寸;门框或扇外围尺寸;门框、扇材质。

工程量计算规则:以樘计量,按设计图示数量计算;以平方米计量,按设计图示洞口尺寸以面积计算。

(4)防盗门(项目编码:010802003)

工程内容:包括门安装;五金安装。

项目特征:应描述门代号及洞口尺寸;门框或扇外围尺寸;门框、扇材质。

工程量计算规则:以樘计量,按设计图示数量计算;以平方米计量,按设计图示洞口尺寸以面积计算。

3.金属卷帘(闸)门(编码:010803)

(1)金属卷帘(闸)门(项目编码:010803001)

工程内容:包括门运输、安装;启动装置、活动小门、五金安装。

项目特征:需要描述门代号及洞口尺寸;门材质;启动装置品种、规格。

工程量计算规则:以樘计量,按设计图示数量计算;以平方米计量,按设计图示洞口尺寸以面积计算。

(2)防火卷帘(闸)门(项目编码:010803002)

工程内容:包括门运输、安装;启动装置、活动小门、五金安装。

项目特征:需要描述门代号及洞口尺寸;门材质;启动装置品种、规格。

工程量计算规则:以樘计量,按设计图示数量计算;以平方米计量,按设计图示洞口尺寸以面积计算。

以樘计量,项目特征必须描述洞口尺寸;以平方米计量,项目特征可不描述洞口尺寸。

4.厂库房大门、特种门(编码:010804)

(1)木板大门(项目编码:010804001)

工程内容:包括门(骨架)制作、运输;门、五金配件安装;刷防护材料。

项目特征:需要描述门代号及洞口尺寸;门框或扇外围尺寸;门框、扇材质;五金种类、规格;防护材料种类。

工程量计算规则:以樘计量,按设计图示数量计算;以平方米计量,按设计图示洞口尺寸以面积计算。

(2)钢木大门(项目编码:010804002)

工程内容:包括门(骨架)制作、运输;门、五金配件安装;刷防护材料。

项目特征:需要描述门代号及洞口尺寸;门框或扇外围尺寸;门框、扇材质;五金种类、规格;防护材料种类。

工程量计算规则:以樘计量,按设计图示数量计算;以平方米计量,按设计图示洞口尺寸以面积计算。

(3)全钢板大门(项目编码:010804003)

工程内容:应完成门(骨架)制作、运输;门、五金配件安装;刷防护材料。

项目特征:需要描述门代号及洞口尺寸;门框或扇外围尺寸;门框、扇材质;五金种类、规格;防护材料种类。

工程量计算规则:以樘计量,按设计图示数量计算;以平方米计量,按设计图示门框或扇以面积计算。

(4)防护铁丝门(项目编码:010804004)

工程内容:包括门(骨架)制作、运输;门、五金配件安装;刷防护材料。

项目特征:需要描述门代号及洞口尺寸;门框或扇外围尺寸;门框、扇材质;五金种类、规格;防护材料种类。

工程量计算规则:以樘计量,按设计图示数量计算;以平方米计量,按设计图示门框或扇以面积计算。

(5)金属格栅门(项目编码:010804005)

工程内容:包括门安装;启动装置、五金配件安装。

项目特征:需要描述门代号及洞口尺寸;门框或扇外围尺寸;门框、扇材质;启动装置的品种、规格。

工程量计算规则:以樘计量,按设计图示数量计算;以平方米计量,按设计图示洞口尺寸以面积计算。

(6)钢质花饰大门(项目编码:010804006)

工程内容:包括门安装;五金配件安装。

项目特征:应描述门代号及洞口尺寸,门框或扇外围尺寸,门框、扇材质。

工程量计算规则:以樘计量,按设计图示数量计算;以平方米计量,按设计图示门框或扇以面积计算。

(7)特种门(项目编码:010804007)

工程内容:需要完成门安装;五金配件安装。

项目特征:应描述门代号及洞口尺寸;门框或扇外围尺寸;门框、扇材质。

工程量计算规则:以樘计量,按设计图示数量计算;以平方米计量,按设计图示洞口尺寸以面积计算。

5.其他门(编码:010805)

(1)电子感应门(项目编码:010805001)

工程内容:包括门安装;启动装置、五金、电子配件安装。

项目特征:应描述门代号及洞口尺寸;门框或扇外围尺寸;门框、扇材质;玻璃品种、厚度;启动装置的品种、规格;电子配件品种、规格。

工程量计算规则:以樘计量,按设计图示数量计算;以平方米计量,按设计图示洞口尺寸以面积计算。

(2)旋转门(项目编码:010805002)

工程内容:包括门安装;启动装置、五金、电子配件安装。

项目特征:应描述门代号及洞口尺寸;门框或扇外围尺寸;门框、扇材质;玻璃品种、厚度;启动装置的品种、规格;电子配件品种、规格。

工程量计算规则:以樘计量,按设计图示数量计算;以平方米计量,按设计图示洞口尺寸

以面积计算。

(3)电子对讲门(项目编码:010805003)

工程内容:包括门安装、启动装置、五金、电子配件安装。

项目特征:需要完成门代号及洞口尺寸;门框或扇外围尺寸;门材质;玻璃品种、厚度;启动装置的品种、规格;电子配件品种、规格。

工程量计算规则:以樘计量,按设计图示数量计算;以平方米计量,按设计图示洞口尺寸以面积计算。

(4)电动伸缩门(项目编码:010805004)

工程内容:包括门安装;启动装置、五金、电子配件安装。

项目特征:需要完成门代号及洞口尺寸;门框或扇外围尺寸;门材质;玻璃品种、厚度;启动装置的品种、规格;电子配件品种、规格。

工程量计算规则:以樘计量,按设计图示数量计算;以平方米计量,按设计图示洞口尺寸以面积计算。

(5)全玻自由门(项目编码:010805005)

工程内容:包括门安装;五金安装。

项目特征:需要完成门代号及洞口尺寸;门框或扇外围尺寸;框材质;玻璃品种、厚度。

工程量计算规则:以樘计量,按设计图示数量计算;以平方米计量,按设计图示洞口尺寸以面积计算。

(6)镜面不锈钢饰面门(项目编码:010805006)

工程内容:包括门安装;五金安装。

项目特征:需要描述门代号及洞口尺寸;门框或扇外围尺寸;框、扇材质;玻璃品种、厚度。

工程量计算规则:以樘计量,按设计图示数量计算;以平方米计量,按设计图示洞口尺寸以面积计算。

(7)复合材料门(项目编码:010805007)

工程内容:包括门安装;五金安装。

项目特征:需要描述门代号及洞口尺寸;门框或扇外围尺寸;框、扇材质;玻璃品种、厚度。

工程量计算规则:以樘计量,按设计图示数量计算;以平方米计量,按设计图示洞口尺寸以面积计算。

以樘计量,项目特征必须描述洞口尺寸,没有洞口尺寸必须描述门框或扇外围尺寸,以平方米计量,项目特征可不描述洞口尺寸及框、扇的外围尺寸。以平方米计量,无设计图示洞口尺寸,按门框、扇外围以面积计算。

6. 木窗(编码:010806)

(1)木质窗(项目编码:010806001)

工程内容:包括窗安装;五金、玻璃安装。

项目特征:需要描述窗代号及洞口尺寸;玻璃品种、厚度。

工程量计算规则:以樘计量,按设计图示数量计算;以平方米计量,按设计图示洞口尺寸

以面积计算。

（2）木飘（凸）窗（项目编码：010806002）

工程内容：包括窗制作；运输；安装五金；玻璃安装刷防护材料。

项目特征：需要描述窗代号及洞口尺寸；玻璃品种、厚度。

工程量计算规则：以樘计量，按设计图示数量计算；以平方米计量，按设计图示尺寸以框外围展开面积计算。

（3）木橱窗（项目编码：010806003）

工程内容：包括窗制作；运输；安装五金；玻璃安装刷防护材料。

项目特征：应描述窗代号；框截面及外围展开面积；玻璃品种、厚度；防护材料种类。

工程量计算规则：以樘计量，按设计图示数量计算；以平方米计量，按设计图示尺寸以框外围展开面积计算。

（4）木纱窗（项目编码：010806004）

工程内容：包括窗安装；五金安装。

项目特征：应描述窗代号及洞口尺寸；窗纱材料品种、规格。

工程量计算规则：以樘计量，按设计图示数量计算；以平方米计量，按框的外围尺寸以面积计算。

7.金属窗（编码：010807）

（1）金属（塑钢、断桥）窗（项目编码：010807001）

工程内容：包括窗安装；五金、玻璃安装。

项目特征：需要描述窗代号及洞口尺寸；框、扇材质；玻璃品种、厚度。

工程量计算规则：以樘计量，按设计图示数量计算；以平方米计量，按设计图示洞口尺寸以面积计算。

（2）金属防火窗（项目编码：010807002）

工程内容：包括窗安装；五金、玻璃安装。

项目特征：需要描述窗代号及洞口尺寸；框、扇材质；玻璃品种、厚度。

工程量计算规则：以樘计量，按设计图示数量计算；以平方米计量，按设计图示洞口尺寸以面积计算。

（3）金属百叶窗（项目编码：010807003）

工程内容：包括窗安装；五金安装。

项目特征：应描述窗代号及洞口尺寸；框、扇材质；玻璃品种、厚度。

工程量计算规则：以樘计量，按设计图示数量计算；以平方米计量，按设计图示洞口尺寸以面积计算。

（4）金属纱窗（项目编码：010807004）

工程内容：包括窗安装；五金安装。

项目特征：应描述窗代号及洞口尺寸；框材质；窗纱材料品种、规格。

工程量计算规则：以樘计量，按设计图示数量计算；以平方米计量，按框的外围尺寸以面积计算。

（5）金属格栅窗（项目编码：010807005）

工程内容：包括窗安装、五金安装。

项目特征：应描述窗代号及洞口尺寸；框外围尺寸；框、扇材质。

工程量计算规则：以樘计量，按设计图示数量计算；以平方米计量，按设计图示洞口尺寸以面积计算。

（6）金属（塑钢、断桥）橱窗（项目编码：010807006）

工程内容：包括窗制作、运输、安装；五金、玻璃安装；刷防护材料。

项目特征：需要描述窗代号；框外围展开面积；框、扇材质；玻璃品种、厚度；防护材料种类。

工程量计算规则：以樘计量，按设计图示数量计算；以平方米计量，按设计图示尺寸以框外围展开面积计算。

（7）金属（塑钢、断桥）飘（凸）窗（项目编码：010807007）

工程内容：包括窗安装；五金、玻璃安装。

项目特征：需要描述窗代号；框外围展开面积；框、扇材质；玻璃品种、厚度。

工程量计算规则：以樘计量，按设计图示数量计算；以平方米计量，按设计图示尺寸以框外围展开面积计算。

（8）彩板窗（项目编码：010807008）

工程内容：包括窗安装；五金、玻璃安装。

项目特征：需要描述窗代号及洞口尺寸；框外围尺寸；框、扇材质；玻璃品种、厚度。

工程量计算规则：以樘计量，按设计图示数量计算；以平方米计量，按设计图示洞口尺寸或框外围以面积计算。

（9）复合材料窗（项目编码：010807009）

工程内容：包括窗安装；五金、玻璃安装。

项目特征：需要描述窗代号及洞口尺寸；框外围尺寸；框、扇材质；玻璃品种、厚度。

工程量计算规则：以樘计量，按设计图示数量计算；以平方米计量，按设计图示洞口尺寸或框外围以面积计算。

8. 门窗套（编码：010808）

（1）木门窗套（项目编码：010808001）

工程内容：包括清理基层；立筋制作、安装；基层板安装；面层铺贴；线条安装；刷防护材料。

项目特征：应描述窗代号及洞口尺寸；门窗套展开宽度；基层材料种类；面层材料品种、规格；线条品种、规格；防护材料种类。

工程量计算规则：以樘计量，按设计图示数量计算；以平方米计量，按设计图示尺寸以展开面积计算；以米计量，按设计图示中心以延长米计算。

（2）木筒子板（项目编码：010808002）

工程内容：包括清理基层；立筋制作、安装；基层板安装；面层铺贴；线条安装；刷防护材料。

项目特征：需要描述筒子板宽度；基层材料种类；面层材料品种、规格；线条品种、规格；防护材料种类。

工程量计算规则:以樘计量,按设计图示数量计算;以平方米计量,按设计图示尺寸以展开面积计算;以米计量,按设计图示中心以延长米计算。

(3)饰面夹板筒子板(项目编码:010808003)

工程内容:清理基层;立筋制作、安装;基层板安装;面层铺贴;线条安装;刷防护材料。

项目特征:筒子板宽度;基层材料种类;面层材料品种、规格;线条品种、规格;防护材料种类。

工程量计算规则:以樘计量,按设计图示数量计算;以平方米计量,按设计图示尺寸以展开面积计算;以米计量,按设计图示中心以延长米计算。

(4)金属门窗套(项目编码:010808004)

工程内容:包括清理基层;立筋制作、安装;基层板安装;面层铺贴;刷防护材料。

项目特征:需要描述窗代号及洞口尺寸;门窗套展开宽度;基层材料种类;面层材料品种、规格;防护材料种类。

工程量计算规则:以樘计量,按设计图示数量计算;以平方米计量,按设计图示尺寸以展开面积计算;以米计量,按设计图示中心以延长米计算。

(5)石材门窗套(项目编码:010808005)

工程内容:包括清理基层;立筋制作、安装;基层抹灰;面层铺贴;线条安装。

项目特征:需要描述窗代号及洞口尺寸;门窗套展开宽度;底层厚度、砂浆配合比;面层材料品种、规格;线条品种、规格。

工程量计算规则:以樘计量,按设计图示数量计算;以平方米计量,按设计图示尺寸以展开面积计算;以米计量,按设计图示中心以延长米计算。

(6)门窗木贴脸(项目编码:010808006)

工程内容:需要完成安装。

项目特征:需要描述门窗代号及洞口尺寸;贴脸板宽度;防护材料种类。

工程量计算规则:以樘计量,按设计图示数量计算;以米计量,按设计图示尺寸以延长米计算。

(7)成品木门窗套(项目编码:010808007)

工程内容:包括清理基层;立筋制作、安装;板安装。

项目特征:需要描述窗代号及洞口尺寸;门窗套展开宽度;门窗套材料品种、规格。

工程量计算规则:以樘计量,按设计图示数量计算;以平方米计量,按设计图示尺寸以展开面积计算;以米计量,按设计图示中心以延长米计算。

9.窗台板(编码:010809)

(1)木窗台板(项目编码:010809001)

工程内容:包括基层清理;基层制作、安装;窗台板制作、安装;刷防护材料。

项目特征:需要描述基层材料种类;窗台面板材质、规格、颜色;防护材料种类。

工程量计算规则:按设计图示尺寸以展开面积计算。

(2)铝塑窗台板(项目编码:010809002)

工程内容:包括基层清理;基层制作、安装;窗台板制作、安装;刷防护材料。

项目特征:需要描述基层材料种类;窗台面板材质、规格、颜色;防护材料种类。

工程量计算规则:按设计图示尺寸以展开面积计算。

(3)金属窗台板(项目编码:010809003)

工程内容:包括基层清理;基层制作、安装;窗台板制作、安装;刷防护材料。

项目特征:需要描述基层材料种类;窗台面板材质、规格、颜色;防护材料种类。

工程量计算规则:按设计图示尺寸以展开面积计算。

(4)石材窗台板(项目编码:010809004)

工程内容:包括基层清理;抹找平层;窗台板制作、安装。

项目特征:需要描述黏结层厚度、砂浆配合比;窗台板材质、规格、颜色。

工程量计算规则:按设计图示尺寸以展开面积计算。

10.窗帘、窗帘盒、轨(编码:010810)

(1)窗帘(项目编码:010810001)

工程内容:包括制作、运输、安装。

项目特征:需要描述窗帘材质;窗帘高度、宽度;窗帘层数;带幔要求。

工程量计算规则:以米计量,按设计图示尺寸以长度计算;以平方米计量,按图示尺寸以展开面积计算。

(2)木窗帘盒(项目编码:010810002)

工程内容:包括制作、运输、安装;刷防护材料。

项目特征:需要描述窗帘盒材质、规格;防护材料种类。

工程量计算规则:按设计图示尺寸以长度计算。

(3)饰面夹板、塑料窗帘盒(项目编码:010810003)

工程内容:包括制作、运输、安装;刷防护材料。

项目特征:需要描述窗帘盒材质、规格;防护材料种类。

工程量计算规则:按设计图示尺寸以长度计算。

(4)铝合金窗帘盒(项目编码:010810004)

工程内容:包括制作、运输、安装;刷防护材料。

项目特征:需要描述窗帘盒材质、规格;防护材料种类。

工程量计算规则:按设计图示尺寸以长度计算。

(5)窗帘轨(项目编码:010810005)

工程内容:包括制作、运输、安装;刷防护材料。

项目特征:需要描述窗帘轨材质、规格;轨的数量;防护材料种类

工程量计算规则:按设计图示尺寸以长度计算。

三、工程量计算规则解读

(1)木质门应区分镶板木门、企口木板门、实木装饰门、胶合板门、夹板装饰门、木纱门、全玻门(带木质扇框)、木质半玻门(带木质扇框)等项目,分别编码列项。

(2)木门五金应包括:折页、插销、门碰珠、弓背拉手、搭机、木螺丝、弹簧折页(自动门)、管子拉手(自由门、地弹门)、地弹簧(地弹门)、角铁、门轧头(地弹门、自由门)等。

(3)木质门带套计量按洞口尺寸以面积计算,不包括门套的面积,但门套应计算在综合

单价中。

(4)木门以樘计量,项目特征必须描述洞口尺寸,以平方米计量,项目特征可不描述洞口尺寸。

(5)金属门应区分金属平开门、金属推拉门、金属地弹门、全玻门(带金属扇框)、金属半玻门(带扇框)等项目,分别编码列项。

(6)铝合金门五金包括:地弹簧、门锁、拉手、门插、门铰、螺丝等。

(7)金属门五金包括 L 型执手插锁(双舌)、执手锁(单舌)、门轨头、地锁、防盗门机、门眼(猫眼)、门碰珠、电子锁(磁卡锁)、闭门器、装饰拉手等。

(8)金属门以樘计量,项目特征必须描述洞口尺寸,没有洞口尺寸必须描述门框或扇外围尺寸,以平方米计量,项目特征可不描述洞口尺寸及框、扇的外围尺寸。以平方米计量,无设计图示洞口尺寸时,按门框、扇外围以面积计算。

(9)特种门应区分冷藏门、冷冻间门、保温门、变电室门、隔音门、防射电门、人防门、金库门等项目,分别编码列项。

(10)特种门以樘计量,项目特征必须描述洞口尺寸,没有洞口尺寸必须描述门框或扇外围尺寸;以平方米计量,项目特征可不描述洞口尺寸及框、扇的外围尺寸。以平方米计量,无设计图示洞口尺寸时,按门框、扇外围以面积计算。

(11)其他门以樘计量,项目特征必须描述洞口尺寸,没有洞口尺寸必须描述门框或扇外围尺寸,以平方米计量,项目特征可不描述洞口尺寸及框、扇的外围尺寸。以平方米计量,无设计图示洞口尺寸时,按门框、扇外围以面积计算。

(12)木质窗应区分木百叶窗、木组合窗、木天窗、木固定窗、木装饰空花窗等项目,分别编码列项。

(13)木窗以樘计量,项目特征必须描述洞口尺寸,没有洞口尺寸必须描述窗框外围尺寸,以平方米计量,项目特征可不描述洞口尺寸及框的外围尺寸。以平方米计量,无设计图示洞口尺寸时,按窗框外围以面积计算。

(14)木橱窗、木飘(凸)窗以樘计量,项目特征必须描述框截面及外围展开面积。

(15)木窗五金包括:折页、插销、风钩、木螺丝、滑楞滑轨(推拉窗)等。

(16)金属窗应区分金属组合窗、防盗窗等项目,分别编码列项。

(17)金属窗以樘计量,项目特征必须描述洞口尺寸,没有洞口尺寸必须描述窗框外围尺寸,以平方米计量,项目特征可不描述洞口尺寸及框的外围尺寸。以平方米计量,无设计图示洞口尺寸时,按窗框外围以面积计算。

(18)金属橱窗、飘(凸)窗以樘计量,项目特征必须描述框外围展开面积。

(19)金属窗中铝合金窗五金应包括:卡锁、滑轮、铰拉、执手、拉把、拉手、风撑、角码、牛角制等。

(20)门窗套以樘计量,项目特征必须描述洞口尺寸、门窗套展开宽度。以平方米计量,项目特征可不描述洞口尺寸、门窗套展开宽度。以米计量,项目特征必须描述门窗套展开宽度、筒子板及贴脸宽度。

(21)木门窗套适用于单独门窗套的制作、安装。

(22)窗帘、窗帘盒、轨窗帘若是双层,项目特征必须描述每层材质。窗帘以米计量,项目特征必须描述窗帘高度和宽。

四、工程量清单编制示例

【例4-23】 金属卷闸门安装按洞口高度增加600mm乘以门实际宽度以"m²"计算。电动装置安装以"套"计算,小门安装以"个"计算。根据图4-54所示,依据已知尺寸,计算卷闸门工程量并编制清单。

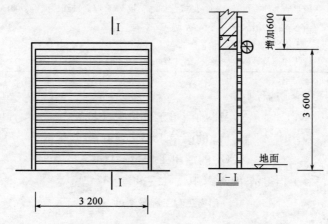

图4-54　金属卷闸门示意图(尺寸单位:mm)

解　工程量 $S = 3.2 \times (3.6 + 0.6) = 13.44 (\text{m}^2)$

工程量清单(见表4-38)。

工程量清单 表4-38

序号	项目编码	项目名称	项目特征	计量单位	工程数量
1	010803001001	金属卷帘(闸)门	洞口尺寸3200mm×3600mm 铝合金;电动装置启动	m	55.77

【例4-24】 某工程施工图如图4-55所示,该房屋门、窗的工程做法及洞口尺寸见表4-39。试编制门窗工程工程量清单。

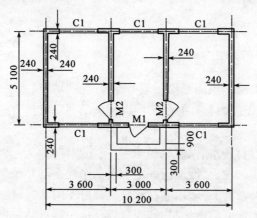

图4-55　某工程施工图(尺寸单位:mm)

工 程 做 法 表　　　　　　　　　　　　　表 4-39

部　位	工　程　做　法
M1	防盗门 门类型:成品防盗门 门材料种类、规格及外围尺寸:钢材、成品,1 000mm×2 400mm
M2	夹板装饰门 门类型:单扇红榉装饰木门 门材质及外围尺寸:木龙骨基层,细木工板 9mm 厚面饰红榉面板,900mm×2 100mm
C1	铝合金推拉窗 窗类型:双扇推拉窗,带上亮 材料种类及外围尺寸:铝合金,1 800mm×2 100mm

解　(1)计算工程量防盗门:

$$M1 \text{ 的清单工程量} = 1(樘)$$
$$M2 \text{ 的清单工程量} = 2(樘)$$
$$C1 \text{ 的清单工程量} = 1(樘)$$

(2)门窗装饰装修工程量清单的编制(见表 4-40)。

门窗工程工程量清单　　　　　　　　　　　　　表 4-40

工程名称:某建筑物

序号	项目编码	项目名称	项目特征	计量单位	工程数量
1	010802004001	防盗门	成品防盗门;钢材、成品,1 000mm× 2 400mm	樘	1
2	010801001001	夹板装饰门	单扇红榉装饰木门;木龙骨基层,细木工板 9mm 厚面饰红榉面板,900mm×2 100mm	樘	2
3	010802001001	铝合金推拉窗	双扇推拉窗,带上亮;铝合金,1 800mm× 1 800mm	樘	5

第九节　屋面及防水工程清单计量

一、屋面及防水工程基础知识

屋面是指屋顶的表面层。屋面工程一般由保温层、找坡层、找平层、防水层、屋面排水等项目组成。由于屋面直接受大自然的侵袭,所以屋顶的面层材料要有很好的防水性能,并耐受大自然的长期侵蚀。

屋面防水包括屋面卷材防水、屋面涂膜防水、屋面刚性防水 3 类。卷材防水屋面是用胶结材料黏结卷材进行防水的屋面,能适应一定程度的结构振动和胀缩变形,所用卷材有传统的沥青防水卷材、高聚物改性沥青防水卷材和合成高分子防水卷材三大系列(图 4-56);涂膜防水屋面是在屋面基层上涂刷防水涂料,经固化后形成一层有一定厚度和弹性的整体涂膜,从而达到防水目的的一种防水屋面形式;采用混凝土浇捣而成的屋面防水层叫刚性防水屋面,在混凝土中掺入膨胀剂、减水剂、防水剂等外加剂,使浇筑后的混凝土细致密实,水分子难以通过,从而达到防水的目的。

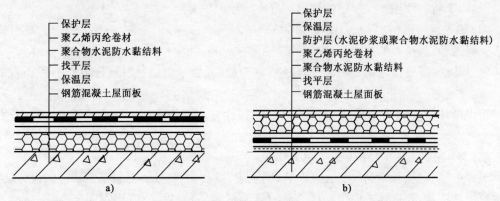

图 4-56　屋面防水

a)正置式屋面防水;b)倒置式屋面防水

　　防水工程包括楼地面、墙基、墙身、构筑物、水池、水塔、室内厕所、浴室等防水,以及建筑物 ±0.000 以下的防水、防潮工程(图 4-57)。

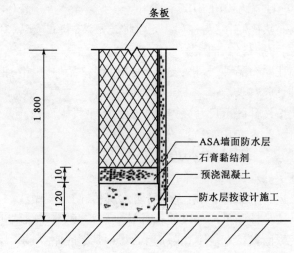

图 4-57　墙面防水(尺寸单位:mm)

二、工程量清单项目

1. 瓦、型材及其他屋面(编号:010901)

(1)瓦屋面(项目编码:010901001)

工程内容:包括砂浆制作、运输、摊铺、养护;安瓦、做瓦脊。

项目特征:需要描述瓦品种、规格;黏结层砂浆的配合比。

工程量计算规则:按设计图示尺寸以斜面积计算。不扣除房上烟囱、风帽底座、风道、小气窗、斜沟等所占面积。小气窗的出檐部分不增加面积。

(2)型材屋面(项目编码:010901002)

工程内容:包括檩条制作、运输、安装;屋面型材安装;接缝、嵌缝。

项目特征:需要描述型材品种、规格;金属檩条材料品种、规格;接缝、嵌缝材料种类。

工程量计算规则:按设计图示尺寸以斜面积计算。不扣除房上烟囱、风帽底座、风道、小气窗、斜沟等所占面积。小气窗的出檐部分不增加面积。

(3)阳光板屋面(项目编码:010901003)

工程内容:包括骨架制作、运输、安装、刷防护材料、油漆;阳光板安装;接缝、嵌缝。

项目特征:需要描述阳光板品种、规格;骨架材料品种、规格;接缝、嵌缝材料种类;油漆品种、刷漆遍数。

工程量计算规则:按设计图示尺寸以斜面积计算。不扣除屋面面积≤0.3m² 孔洞所占面积。

(4)玻璃钢屋面(项目编码:010901004)

工程内容:包括骨架制作、运输、安装、刷防护材料、油漆;玻璃钢制作、安装;接缝、嵌缝。

项目特征:需要描述玻璃钢品种、规格;骨架材料品种、规格;玻璃钢固定方式;接缝、嵌缝材料种类;油漆品种、刷漆遍数。

工程量计算规则:按设计图示尺寸以斜面积计算。不扣除屋面面积≤0.3m² 孔洞所占面积。

(5)膜结构屋面(项目编码:010901005)

工程内容:包括膜布热压胶接;支柱(网架)制作、安装;膜布安装;穿钢丝绳、锚头锚固;锚固基座挖土、回填;刷防护材料、油漆。

项目特征:需要描述膜布品种、规格;支柱(网架)钢材品种、规格;钢丝绳品种、规格;锚固基座做法;油漆品种、刷漆遍数。

工程量计算规则:按设计图示尺寸以需要覆盖的水平投影面积计算。

2.屋面防水及其他(编号:010902)

(1)屋面卷材防水(项目编码:010902001)

工程内容:包括基层处理;刷底油;铺油毡卷材、接缝。

项目特征:需要描述卷材品种、规格、厚度;防水层数;防水层做法。

工程量计算规则:按设计图示尺寸以面积计算。斜屋顶(不包括平屋顶找坡)按斜面积计算,平屋顶按水平投影面积计算。不扣除房上烟囱、风帽底座、风道、屋面小气窗和斜沟所占面积。屋面的女儿墙、伸缩缝和天窗等处的弯起部分,并入屋面工程量内。

(2)屋面涂膜防水(项目编码:010902002)

工程内容:包括基层处理;刷基层处理剂;铺布、喷涂防水层。

项目特征:需要描述防水膜品种;涂膜厚度、遍数;增强材料种类。

工程量计算规则:按设计图示尺寸以面积计算。斜屋顶(不包括平屋顶找坡)按斜面积计算,平屋顶按水平投影面积计算。不扣除房上烟囱、风帽底座、风道、屋面小气窗和斜沟所占面积。屋面的女儿墙、伸缩缝和天窗等处的弯起部分,并入屋面工程量内。

(3)屋面刚性层(项目编码:010902003)

工程内容:包括基层处理;混凝土制作、运输、铺筑、养护;钢筋制安。

项目特征:需要描述刚性层厚度;混凝土种类;混凝土强度等级;嵌缝材料种类;钢筋规格、型号。

工程量计算规则:按设计图示尺寸以面积计算。不扣除房上烟囱、风帽底座、风道等所占面积。

(4)屋面排水管(项目编码:010902004)

工程内容:包括排水管及配件安装、固定;雨水斗、山墙出水口、雨水箅子安装;接缝、嵌缝;刷漆。

项目特征:需要描述排水管品种、规格;雨水斗、山墙出水口品种、规格;接缝、嵌缝材料种类;油漆品种、刷漆遍数。

工程量计算规则:按设计图示尺寸以长度计算。如设计未标注尺寸,以檐口至设计室外散水上表面垂直距离计算。

(5)屋面排(透)气管(项目编码:010902005)

工程内容:包括排(透)气管及配件安装、固定;铁件制作、安装;接缝、嵌缝;刷漆。

项目特征:需要描述排(透)气管品种、规格;接缝、嵌缝材料种类;油漆品种、刷漆遍数。

工程量计算规则:按设计图示尺寸以长度计算。

(6)屋面(廊、阳台)吐水管(项目编码:010902006)

工程内容:包括吐水管及配件安装、固定;接缝、嵌缝;刷漆。

项目特征:需要描述吐水管品种、规格;接缝、嵌缝材料种类;吐水管长度;油漆品种、刷漆遍数。

工程量计算规则:按设计图示数量计算。

(7)屋面天沟、檐沟(项目编码:010902007)

工程内容:包括天沟材料铺设;天沟配件安装;接缝、嵌缝;刷防护材料。

项目特征:需要描述材料品种、规格;接缝、嵌缝材料种类。

工程量计算规则:按设计图示尺寸以展开面积计算。

(8)屋面变形缝(项目编码:010902008)

工程内容:包括清缝;填塞防水材料;止水带安装;盖缝制作、安装;刷防护材料。

项目特征:需要描述嵌缝材料种类、止水带材料种类、盖缝材料、防护材料种类。

工程量计算规则:按设计图示以长度计算。

3.墙面防水(编号:010903)

(1)墙面卷材防水(项目编码:010903001)

工程内容:包括基层处理;刷黏结剂;铺防水卷材;接缝、嵌缝。

项目特征:需要描述卷材品种、规格、厚度;防水层数;防水层做法。

工程量计算规则:按设计图示尺寸以面积计算。

(2)墙面涂膜防水(项目编码:010903002)

工程内容:包括基层处理;刷基层处理剂;铺布、喷涂防水层。

项目特征:需要描述防水膜品种;涂膜厚度、遍数;增强材料种类。

工程量计算规则:按设计图示尺寸以面积计算。

(3)墙面砂浆防水(防潮)(项目编码:010903003)

工程内容:包括基层处理;挂钢丝网片;设置分格缝;砂浆制作、运输、摊铺、养护。

项目特征:需要描述防水层做法;砂浆厚度、配合比;钢丝网规格。

工程量计算规则:按设计图示尺寸以面积计算。

(4)墙面变形缝(项目编码:010903004)

工程内容:包括清缝;填塞防水材料;止水带安装;盖缝制作、安装;刷防护材料。

项目特征:需要描述嵌缝材料种类、止水带材料种类、盖缝材料、防护材料种类。

工程量计算规则:按设计图示以长度计算。

4.楼(地)面防水、防潮(编号:010904)

(1)楼(地)面卷材防水(项目编码:010904001)

工程内容:包括基层处理;刷黏结剂;铺防水卷材;接缝、嵌缝。

项目特征:需要描述卷材品种、规格、厚度;防水层数;防水层做法;反边高度。

工程量计算规则:按设计图示尺寸以面积计算。楼(地)面防水:按主墙间净空面积计算,扣除凸出地面的构筑物、设备基础等所占面积,不扣除间壁墙及单个面积≤0.3m² 柱、垛、烟囱和孔洞所占面积。楼(地)面防水反边高度≤300mm 算作地面防水,反边高度>300mm算作墙面防水。

(2)楼(地)面涂膜防水(项目编码:010904002)

工程内容:包括基层处理;刷基层处理剂;铺布、喷涂防水层。

项目特征:需要描述防水膜品种;涂膜厚度、遍数;增强材料种类;反边高度。

工程量计算规则:按设计图示尺寸以面积计算。楼(地)面防水:按主墙间净空面积计算,扣除凸出地面的构筑物、设备基础等所占面积,不扣除间壁墙及单个面积≤0.3m² 柱、垛、烟囱和孔洞所占面积。楼(地)面防水反边高度≤300mm 算作地面防水,反边高度>300mm算作墙面防水。

(3)楼(地)面砂浆防水(防潮)(项目编码:010904003)

工程内容:包括基层处理;砂浆制作、运输、摊铺、养护。

项目特征:需要描述防水层做法;砂浆厚度、配合比;反边高度。

工程量计算规则:按设计图示尺寸以面积计算。楼(地)面防水:按主墙间净空面积计算,扣除凸出地面的构筑物、设备基础等所占面积,不扣除间壁墙及单个面积≤0.3m² 柱、垛、烟囱和孔洞所占面积。楼(地)面防水反边高度≤300mm 算作地面防水,反边高度>300mm 算作墙面防水。

(4)楼(地)面变形缝(项目编码:010904004)

工程内容:包括清缝;填塞防水材料;止水带安装;盖缝制作、安装;刷防护材料。

项目特征:需要描述嵌缝材料种类;止水带材料种类;盖缝材料;防护材料种类。

工程量计算规则:按设计图示以长度计算。

三、工程量计算规则解读

(1)瓦屋面,若是在木基层上铺瓦,项目特征不必描述黏结层砂浆的配合比,瓦屋面铺防水层,按屋面防水及其他中相关项目编码列项。

(2)型材屋面、阳光板屋面、玻璃钢屋面的柱、梁、屋架,按金属结构工程、木结构工程中相关项目编码列项。

(3)屋面刚性层无钢筋,其钢筋项目特征不必描述。

（4）屋面找平层按楼地面装饰工程"平面砂浆找平层"项目编码列项。

（5）屋面防水搭接及附加层用量不另行计算，在综合单价中考虑。

（6）屋面保温找坡层按保温、隔热、防腐工程"保温隔热屋面"项目编码列项。

（7）墙面防水搭接及附加层用量不另行计算，在综合单价中考虑。

（8）墙面变形缝，若做双面，工程量乘系数2。

（9）墙面找平层按墙、柱面装饰与隔断工程"立面砂浆找平层"项目编码列项。

（10）楼（地）面防水找平层按楼地面装饰工程"平面砂浆找平层"项目编码列项。

（11）楼（地）面防水搭接及附加层用量不另行计算，在综合单价中考虑。

四、工程量清单编制示例

【例4-25】 图4-58所示的屋面黏土平瓦规格为420mm×332mm，单价为0.8元/块，长向搭接75mm，宽向搭接32mm，脊瓦规格为432mm×228mm，长向搭接75mm，单价2.0元/块。计算瓦屋面工程的工程量清单。

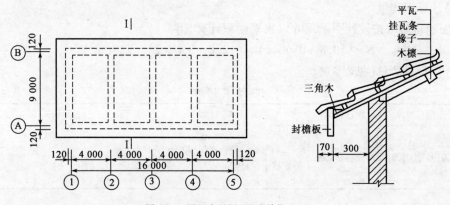

图4-58 屋面木基层（尺寸单位：mm）

解 （1）列项目010901001001。

（2）计算工程量。

瓦屋面工程量 = $(16.24 + 2 \times 0.37) \times (9.24 + 2 \times 0.37) \times 1.118 = 189.46$（$m^2$）

（3）工程量清单（见表4-41）。

工程量清单

表4-41

序号	项目编码	项目名称	项目特征	计量单位	工程数量
1	010901001001	瓦屋面	（1）瓦：黏土瓦420mm×332mm，长向搭接75mm，宽向搭接32mm，脊瓦432mm×228mm，长向搭接75mm （2）基层：方木檩条120mm×180mm@1m（托木120mm×120mm×240mm）；椽子40mm×60mm@0.4m；挂瓦条30mm×30mm@0.33m；三角木60mm×75mm对开 （3）木材材质：杉木	m^2	189.46

【例4-26】 某屋面设计如图4-59所示。根据图示条件计算屋面防水相应项目工程量

并编制工程量清单。

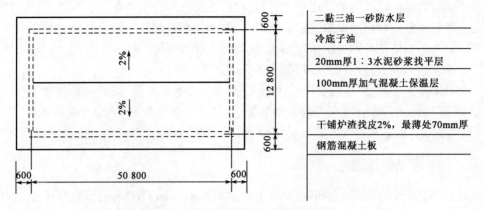

图 4-59　屋面做法示意图(尺寸单位:mm)

解　(1)列项目 010902001001。

(2)计算工程量。

屋面卷材防水按设计图示尺寸以水平面积计算,得:

$$S = (50.8 + 0.6 \times 2) \times (12.8 + 0.6 \times 2) = 728(\text{m}^2)$$

(3)工程量清单(见表 4-42)。

工 程 量 清 单　　　　　　　　　　　　　　　　　表 4-42

序号	项目编码	项目名称	项目特征	计量单位	工程数量
1	010902001001	屋面卷材防水	二黏三油一砂防水层;20mm 厚 1:3 水泥砂浆找平层;100mm 厚加气混凝土保温层	m²	728

【例 4-27】　如图 4-60 所示编制地面防水(二毡三油)工程量清单。

解　(1)列项目 010904001001。

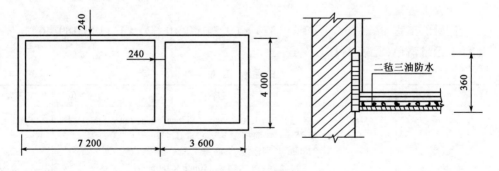

图 4-60　地面防水(尺寸单位:mm)

(2)计算工程量。

二毡三油平面:

$$(7.2 - 0.24) \times (4.0 - 0.24) + (3.6 - 0.24) \times (4.0 - 0.24) = 38.80(\text{m}^2)$$

二毡三油立面:

$$0.36 \times \left[(7.2 + 3.6 - 0.48) \times 2 + (4.0 - 0.24) \times 4 \right] = 12.84 (m^2)$$

合计:$38.80 + 12.84 = 51.64 (m^2)$

(3)工程量清单(见表4-43)。

工 程 量 清 单　　　　　　　　　　　　　　　　表4-43

序号	项目编码	项目名称	项 目 特 征	计量单位	工程数量
1	010904001001	楼(地)面卷材防水	二黏三油防水;15mm 厚 1:3水泥砂浆	m^2	728

第十节　保温、隔热、防腐工程清单计量

一、保温、隔热、防腐工程基础知识

保温隔热是建筑节能的重要组成部分,主要包括保温隔热屋面、保温隔热天棚、保温隔热墙、保温柱及梁、隔热楼地面、其他保温隔热6个分项工程(图4-61)。

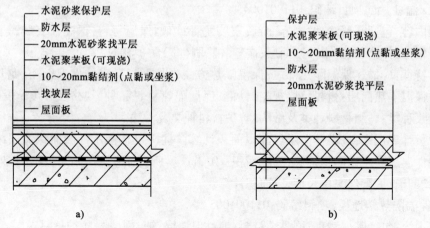

a)
水泥砂浆保护层
防水层
20mm水泥砂浆找平层
水泥聚苯板(可现浇)
10～20mm黏结剂(点黏或坐浆)
找坡层
屋面板

b)
保护层
水泥聚苯板(可现浇)
10～20mm黏结剂(点黏或坐浆)
防水层
20mm水泥砂浆找平层
屋面板

图4-61　屋面保温构造
a)正置式屋面保温隔热构造;b)倒置式屋面保温隔热构造

防腐面层包括防腐混凝土面层、防腐砂浆面层、防腐胶泥面层、玻璃钢防腐面层,以及池、槽块料防腐面层。

其他防腐包括隔离层、砌筑沥青浸渍砖、防腐涂料3项。

二、工程量清单项目

1.隔热、保温(编号:011001)

(1)保温隔热屋面(项目编码:011001001)

工程内容:包括基层清理;刷黏结材料;铺粘保温层;铺、刷(喷)防护材料。

项目特征:应描述保温隔热材料品种、规格、厚度;隔气层材料品种、厚度;黏结材料种

类、做法;防护材料种类、做法。

工程量计算规则:按设计图示尺寸以面积计算。扣除面积>0.3m²孔洞及占位面积。

(2)保温隔热天棚(项目编码:011001002)

工程内容:包括基层清理;刷黏结材料;铺粘保温层;铺、刷(喷)防护材料。

项目特征:应描述保温隔热面层材料品种、规格、性能;保温隔热材料品种、规格及厚度;黏结材料种类及做法;防护材料种类及做法。

工程量计算规则:按设计图示尺寸以面积计算。扣除面积>0.3m²上柱、垛、孔洞所占面积,计算并入天棚工作量内。

(3)保温隔热墙面(项目编码:011001003)

工程内容:包括基层清理;刷界面剂;安装龙骨;填贴保温材料;保温板安装;粘贴面层;铺设增强格网、抹抗裂、防水砂浆面层;嵌缝;铺、刷(喷)防护材料。

项目特征:应描述保温隔热部位;保温隔热方式;踢脚线、勒脚线保温做法;龙骨材料品种、规格;保温隔热面层材料品种、规格、性能;保温隔热材料品种、规格及厚度;增强网及抗裂防水砂浆种类;黏结材料种类及做法;防护材料种类及做法。

工程量计算规则:按设计图示尺寸以面积计算。扣除门窗洞口以及面积>0.3m²梁、孔洞所占面积;门窗洞口侧壁需做保温时,并入保温墙体工程量内。

(4)保温柱、梁(项目编码:011001004)

工程内容:包括基层清理;刷界面剂;安装龙骨;填贴保温材料;保温板安装;粘贴面层;铺设增强格网、抹抗裂、防水砂浆面层;嵌缝,铺、刷(喷)防护材料。

项目特征:应描述保温隔热部位;保温隔热方式;踢脚线、勒脚线保温做法;龙骨材料品种、规格;保温隔热面层材料品种、规格、性能;保温隔热材料品种、规格及厚度;增强网及抗裂防水砂浆种类;黏结材料种类及做法;防护材料种类及做法。

工程量计算规则:按设计图示尺寸以面积计算。柱按设计图示柱断面保温层中心线展开长度乘保温层高度以面积计算,扣除面积>0.3m²梁所占面积;梁按设计图示梁断面保温层中心线展开长度乘保温层长度,以面积计算。

(5)保温隔热楼地板(项目编码:011001005)

工程内容:包括基层清理;刷黏结材料;铺粘保温层;铺、刷(喷)防护材料。

项目特征:应描述保温隔热部位;保温隔热材料品种、规格、厚度;隔气层材料品种、厚度;黏结材料种类、做法;防护材料种类、做法。

工程量计算规则:按设计图示尺寸以面积计算。扣除面积>0.3m²柱、垛、孔洞所占面积。

(6)其他保温隔热(项目编码:011001006)

工程内容:包括基层清理;刷界面剂;安装龙骨;填贴保温材料;保温板安装;粘贴面层;铺设增强格网、抹抗裂防水砂浆面层;嵌缝;铺、刷(喷)防护材料。

项目特征:应描述保温隔热部位;保温隔热方式;隔气层材料品种、厚度;保温隔热面层材料品种、规格、性能;保温隔热材料品种、规格及厚度;黏结材料种类及做法;增强网及抗裂防水砂浆种类;防护材料种类及做法。

工程量计算规则：按设计图示尺寸以展开面积计算。扣除面积 > 0.3m² 孔洞及占位面积。

保温隔热屋面、保温隔热天棚、隔热楼地面工程量，按设计图示尺寸以面积（m²）计算，不扣除柱、垛所占面积，即：

$$F = LB$$

式中：F——屋面（天棚、地面）保温（隔热）工程量（m²）；

　　L——屋面（天棚、地面）保温（隔热）图示长度（m）；

　　B——屋面（天棚、地面）保温（隔热）图示宽度（m）。

保温隔热屋面项目适用于各种材料的屋面隔热。但屋面保温隔热层上的防水层应按屋面的防水项目单独列项。预制隔热板屋面的隔热板与砖墩分别按混凝土及钢筋混凝土工程和砌筑工程相关项目编码列项。屋面保温隔热的找坡、找平层应包括在报价内，如果屋面防水层项目包括找坡和找平层时，屋面保温隔热层项目中则不另行列项计算找坡、找平层，以免重复计算。

保温隔热天棚项目适用于各种材料的下贴式或吊顶上搁置式的保温隔热的天棚工程。但保温隔热材料需加药物防虫剂时，应在工程量清单中加以明确描述。下贴式保温隔热天棚如需底层抹灰时，应包括在报价内。

保温隔热墙工程量按设计图示尺寸以面积（m²）计算。扣除门窗洞口所占面积；门窗洞口侧壁如做保温时，其工程量并入保温墙体工程量内。

保温隔热项目适用于工业与民用建筑物外墙、内墙保温隔热工程。在编制工程量清单时，外墙内保温和外保温的面层，外墙内保温的内保温踢脚线，外墙外保温、内保温、内墙保温的基层抹灰或刮腻子的工料消耗均应包括在综合单价内，不得另行列项计算。

2. 防腐面层（编号：011002）

防腐混凝土面层（011002001）、防腐砂浆面层（011002002）、防腐胶泥面层（011002003）和玻璃钢防腐面层（011002004）工程量，按设计图示尺寸以面积（m²）计算。计算平面防腐层工程量时，应扣除凸出地面的构筑物、设备基础等所占面积；计算立面防腐层工程量时，砖垛等突出部分按展开面积并入墙面积内。

防腐混凝土面层、防腐砂浆面层、防腐胶泥面层项目适用于平面或立面的水玻璃混凝土、水玻璃砂浆、水玻璃胶泥、沥青混凝土、沥青砂浆、沥青胶泥、树脂砂浆、树脂胶泥，以及聚合物水泥砂浆等防腐工程。玻璃钢防腐面层项目适用于树脂胶料与增强材料（如玻璃纤维丝、布、玻璃纤维表面毡、玻璃纤维短切毡或涤纶布、涤纶毡、丙纶布、丙纶毡等）复合塑制而成的玻璃钢防腐。

聚氯乙烯板面层（011002005）、块料防腐面层（011002006），以及池、槽块料防腐面层（011002007）工程量应按设计图示尺寸以面积（m²）计算。具体方法规定为：

平面防腐面层计算应扣除凸出地面的构筑物及设备基础等所占的面积。

立面防腐面积计算应将砖垛等突出部分按展开面积并入墙面积内。

踢脚板防腐面层计算应扣除门洞所占面积并相应增加门洞侧壁面积。其计算公式为：

$$F_{脚} = (L_{净} - L_{M} + L_{侧}) H_{脚}$$

式中:$F_{脚}$——踢脚板工程量(m^2);

    $L_{净}$——踢脚板净长度(m);

    L_M——踢脚板净长度上门洞宽度(m);

    $L_{侧}$——踢脚板门洞侧壁长(宽)度(m);

    $H_{脚}$——踢脚板设计高度(m)。

聚氯乙烯板面层项目适用于地面、墙面的软、硬聚氯乙烯板防腐蚀工程;块料防腐面层项目适用于地面、沟槽、基础的各类块料防腐工程。聚氯乙烯板面层的焊接工料消耗应包括在综合单价内,而不得另行列项计算。防腐蚀块料面层的块料粘贴部位、规格、品种应在清单项目中描述清楚。

3.其他防腐(编号:011003)

其他防腐工程包括有隔离层、砌筑沥青浸渍砖、防腐涂料3个项目。

(1)隔离层(项目编码:011003001)

适用于楼地面的沥青类、树脂玻璃钢类防腐工程隔离层。

工程内容:包括基层清理、刷油、煮沥青、胶泥调制、隔离层铺设。

项目特征:需要描述隔离层部位、隔离层材料品种、隔离层做法、粘贴材料种类。

工程量计算规则:按设计图示尺寸以面积计算。平面防腐:扣除凸出地面的构筑物、设备基础等以及面积 > 0.3 m^2 孔洞、柱、垛所占面积;立面防腐:扣除门、窗、洞口,以及面积 > 0.3 m^2孔洞、梁所占面积,门、窗、洞口侧壁、垛突出部分按展开面积并入墙面积内。

(2)砌筑沥青浸渍砖(项目编码:011003002)

适用于浸渍标准砖。立砌按厚度 115mm 计算,平砌以 53mm 计算。

工程内容:包括基层清理、胶泥调制、浸渍砖铺砌。

项目特征:需要描述砌筑部位、浸渍砖规格、胶泥种类、浸渍砖砌法。

工程量计算规则:按设计图示尺寸以体积计算。

(3)防腐涂料(项目编码:011003003)

适用于建(构)筑物以及钢结构的防腐。

工程内容:包括基层清理、刮腻子、刷涂料。

项目特征:需要描述涂刷部位;基层材料类型;刮腻子的种类、遍数;涂料品种、刷涂遍数。

工程量计算规则:按设计图示尺寸以面积计算。平面防腐:扣除凸出地面的构筑物、设备基础等以及面积 > 0.3 m^2 孔洞、柱、垛所占面积;立面防腐:扣除门、窗、洞口以及面积 > 0.3 m^2孔洞、梁所占面积,门、窗、洞口侧壁、垛突出部分按展开面积并入墙面积内。

为了防止地面上各种有腐蚀性液体渗透到地面下的一种构造层称为隔离层。这种构造层一般多使用沥青胶。

防腐涂料项目在编制工程量清单时,应对涂刷基层(混凝土、抹灰面)及涂料底漆层、中间漆层、面漆涂刷(或刮)遍数进行描述,需要刮腻子时应包括在综合单价内,不得另行列项计算。

防腐涂料项目用于钢结构的防腐时,可按钢结构构件的质量以"58m^2/t"展开面积计算。

例如,某工程折线型钢屋架为 21.66t,设计说称"在吊装前应涂刷红丹防锈漆一道,灰色磁漆两道",故其防腐工程为 $21.66t \times 58m^2/t = 1256.28m^2$ 。

4.涂料类防腐蚀工程施工应遵守以下规定

(1)涂料施工环境温度宜为 10 ~ 30℃,相对湿度不宜大于 85%;在大风、雨、雾、雪天及强烈阳光照射下,不宜进行室外施工;当施工环境通风较差时,必须采取强制通风。

(2)钢结构涂装时,钢材表面温度必须高于露点温度 3℃方可施工。

(3)防腐蚀涂料和稀释剂在运输、储存、施工及养护过程中,不得与酸、碱等化学介质接触。严禁明火,并应防尘、防曝晒。

(4)涂装结束,涂层应自然养护后方可使用。其中化学反应类涂料形成的涂层,养护时间不应少于 7d。

(5)施工中宜采用耐腐蚀树脂配制胶泥修补凹凸不平处;不得自行将涂料掺加粉料,配制胶泥,也不得在现场用树脂等自配涂料。

(6)当涂料中挥发性有机化合物含量大于 40% 时,不得用做建筑防腐蚀涂料;涂料的施工,可采用刷涂、滚涂、喷涂或高压无气喷涂。但涂层厚度必须均匀,不得漏涂或误涂,同时,施工工具应保持干燥、清洁。

三、工程量计算规则解读

(1)柱帽保温隔热工程量应并入天棚保温隔热工程量内计算。

(2)池槽保温隔热工程,池壁、池底应分别编码列项,池壁应并入墙面保温隔热工程量内,池底并入地面保温隔热工程量内。

(3)防腐工程中的酸化处理及养护工作内容应包括在综合单价内。

四、工程量清单编制示例

【例 4-28】　根据图 4-62、图 4-63 所给屋面做法,列项计算屋面保温项目工程量并编制工程量清单。

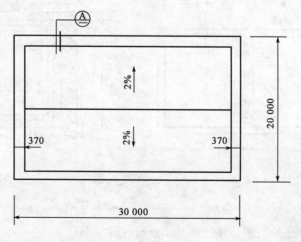

图 4-62　屋面平面图(尺寸单位:mm)

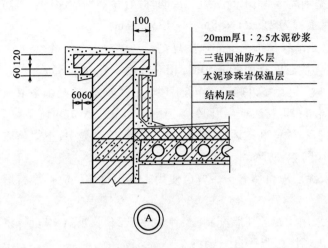

图 4-63　屋面构造大样图(尺寸单位:mm)

解　(1)工程量计算。

清单量计算屋面水平面积:

$$S_{平} = (30.0 - 0.37 \times 2) \times (20.0 - 0.37 \times 2) = 563.55(\text{m}^2)$$

(2)编制工程量清单(见表 4-44)。

分部分项工程量清单　　　　　　　　　　　　　　表 4-44

序号	项目编码	项目名称	项 目 特 征	计量单位	工程数量
1	011001001001	保温隔热屋面	(1)保温隔热部位:层面 (2)保温隔热材料种类:水泥珍珠岩 (3)20mm 厚 1:2.5 水泥砂浆 (4)三毡四油防水层	m²	563.55

【例 4-29】　如图 4-64 所示,求冷库室内软木保温层工程量并编制工程量清单。

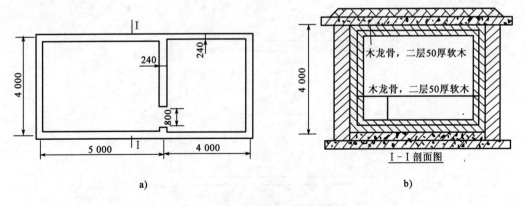

a)　　　　　　　　　　　　　　　　b)

图 4-64　某小型冷库保温隔热示意图

解　(1)依据题意及上述计算公式其工程量计算如下:

天棚隔热 $= (5 + 4 - 0.24 \times 2) \times (4 - 0.24) \times 0.1 = 3.2(\text{m}^3)$

$$墙体隔热 = [(9 - 0.48 - 0.1 \times 2) \times 2 + (4 - 0.24 - 0.1) \times 4 - 0.8 \times 2 \times 3] \times 0.1$$
$$= 2.65(m^3)$$

$$门侧 = [2 \times 0.34 \times 2 + 0.8 \times 0.34 + 2 \times 2 \times 0.22 + 0.8 \times 0.22] \times 0.34 \times 0.1$$
$$= 0.27(m^3)$$

$$墙体合计 = 2.65 + 0.27 = 2.92(m^3)$$

$$地面隔热层 = (5 + 4 - 0.24 \times 2) \times (4 - 0.24) \times 0.1 + 0.8 \times 0.24 \times 0.1$$
$$= 3.222(m^3)$$

(2)编制工程量清单(见表4-45)。

分部分项工程量清单　　　　　　　　　　　　　　　　表 4-45

序号	项目编码	项目名称	项目特征	计量单位	工程数量
1	011001002001	保温隔热天棚	木龙骨,二层50厚软木	m^3	3.2
2	011001002003	保温隔热墙面	木龙骨,二层50厚软木	m^3	2.92
3	011001002005	保温隔热地面	木龙骨,二层50厚软木	m^3	3.222

【例 4-30】　设某化工车间室内踢脚板设计图示净长度尺寸为 17.76m(4.5m × 4 - 0.12 × 2),该车间共有编号为 M3 门 3 个,门洞宽度为 0.90m,墙的厚度为 0.24m,踢脚板高度为 0.20m。试计算防腐踢脚板工程量并编制工程量清单。

解　(1)依据题意及上述计算公式其工程量计算如下:

$$F_脚 = (17.76 - 0.90 \times 3 + 0.12 \times 2 \times 3) \times 0.20$$
$$= 15.78 \times 0.20$$
$$= 3.16(m^2)$$

(2)编制工程量清单(见表4-46)。

分部分项工程量清单　　　　　　　　　　　　　　　　表 4-46

序号	项目编码	项目名称	项目特征	计量单位	工程数量
1	011002006001	块料防腐面层	(1)防腐部位:踢脚板 (2)踢脚板高 0.2m	m^2	3.16

复习思考题

1.简述平整场地工程量计算规则及工作内容。

2.简述砖基础工程量计算规则及工作内容。

3.工程量清单计算规则中,对钢筋工程量、混凝土工程量的计算是如何规定的。

4.在工程量清单计算规则中,屋面卷材防水的工程量如何计算?

5.某建筑物基础平面、剖面及建筑物平面图如图4-65所示。已知土壤类别为Ⅱ类土,土方运距3km,混凝土条形基础下设C10素混凝土垫层。试计算挖基础土方,并编制基础土方工程量清单。

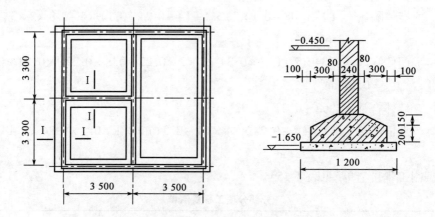

图4-65 某建筑物基础平面图及剖面图(尺寸单位:mm)

6. 如图4-66所示为某房屋标准层的结构平面图。已知板的混凝土强度等级为C25，板厚为100mm，正常环境下使用。试计算板内钢筋工程量(板中未注明分布钢筋按$\phi6@200$计算)。

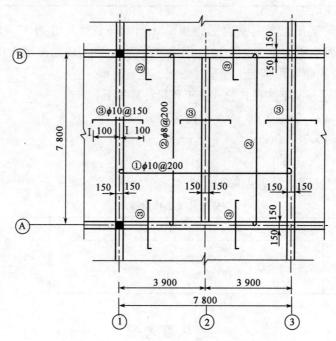

图4-66 某房屋标准层结构平面图(尺寸单位:mm)

第五章 房屋装饰工程工程量清单编制

本章要点

本章介绍了楼地面装饰工程、墙(柱)面装饰工程、天棚工程、油漆(涂料)工程、其他装饰工程、拆除工程以及措施项目工程7项房屋装饰工程工程量清单的相关内容。通过本章的学习，要求了解各项装饰工程的基础知识；掌握各项装饰工程工程量清单编制的内容和方法；根据实例学会编制房屋装饰工程工程量清单。

第一节 楼地面装饰工程清单计量

一、楼地面装饰工程基础知识

楼地面装饰分为楼面装饰和地面装饰，工程清单项目共分为8节，包括整体面层及找平层、块料面层、橡塑面层、其他材料面层、踢脚线、楼梯面层、台阶装饰、零星装饰等项目，适用于楼地面、楼梯、台阶等装饰工程。

楼地面主要有水泥砂浆楼地面、水磨石楼地面，缸砖、地面砖及陶瓷砖地面等，具体如图5-1～图5-3所示。

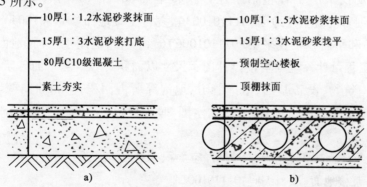

图 5-1 水泥砂浆楼地面
a)底层地面；b)楼板层地面

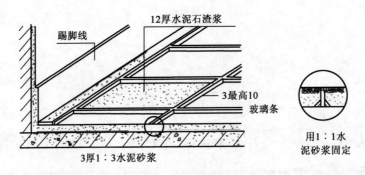

图 5-2 水磨石楼地面

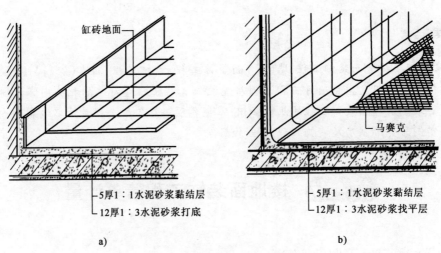

a) b)

图 5-3 缸砖、地面砖及陶瓷砖地面

a)缸砖地面;b)陶瓷锦砖地面

二、工程量清单项目

1.整体面层及找平层(编号:011101)

整体面层及找平层工程包括水泥砂浆楼地面(011101001)、现浇水磨石楼地面(011101002)、细石混凝土楼地面(011101003)、菱苦土楼地面(011101004)、自流坪楼地面(011101005)和平面砂浆找平层(011101006)6个项目,适用于楼面、地面所做的整体面层工程。其工程量计算规则均按设计图示尺寸以面积计算。除平面砂浆找平层外,均扣除凸出地面构筑物、设备基础、室内管道、地沟等所占面积,不扣除间壁墙及≤0.3m²柱、垛、附墙烟囱及孔洞所占面积。门洞、空圈、暖气包槽、壁龛的开口部分不增加面积。其计算公式为:

整体面层工程量 = 主墙间净空面积 - 地面凸出部分所占面积

(1)水泥砂浆楼地面(项目编码:011101001)

工程内容:包括基层清理;抹找平层;抹面层;材料运输。

项目特征:需要描述找平层厚度、砂浆配合比;素水泥浆遍数;面层厚度、砂浆配合比;面层做法要求。

（2）现浇水磨石楼地面（项目编码:011101002）

工程内容:包括基层清理;抹找平层;面层铺设;嵌缝条安装;磨光、酸洗打蜡;材料运输。

项目特征:需要描述找平层厚度、砂浆配合比;面层厚度、水泥石子浆配合比;嵌条材料种类、规格;石子种类、规格、颜色;颜料种类、颜色;图案要求;磨光、酸洗、打蜡要求。

（3）细石混凝土楼地面（项目编码:011101003）

工程内容:包括基层清理;抹找平层;面层铺设;材料运输。

项目特征:需要描述找平层厚度、砂浆配合比;面层厚度、混凝土强度等级。

（4）菱苦土楼地面（项目编码:011101004）

工程内容:包括基层清理;抹找平层;面层铺设;打蜡;材料运输。

项目特征:需要描述找平层厚度、砂浆配合比;面层厚度;打蜡要求。

（5）自流坪楼地面（项目编码:011101005）

工程内容:包括基层处理;抹找平层;涂界面剂;涂刷中层漆;打磨、吸尘;镘自流平面漆（浆）;拌和自流平浆料;铺面层。

项目特征:需要描述找平层砂浆配合比、厚度;界面剂材料种类;中层漆材料种类、厚度;面漆材料种类、厚度;面层材料种类。

（6）平面砂浆找平层（项目编码:011101006）

工程内容:包括基层处理;抹找平层;材料运输。

项目特征:需要描述找平层厚度、砂浆配合比。

2. 块料面层（编号:011102）

块料楼地面包括石材楼地面（011102001）、碎石材楼地面（011102002）和块料楼地面（011102003）3 个项目,适用于楼面、地面所做的块料面层工程。

工程内容:包括基层清理;抹找平层;面层铺设、磨边;嵌缝;刷防护材料;酸洗、打蜡;材料运输。

项目特征:需要描述找平层厚度、砂浆配合比;结合层厚度、砂浆配合比;面层材料品种、规格、颜色;嵌缝材料种类;防护层材料种类;酸洗、打蜡要求。

工程量计算规则:按设计图示尺寸以面积计算。均扣除凸出地面构筑物、设备基础、室内管道、地沟等所占面积,不扣除间壁墙及≤0.3m² 柱、垛、附墙烟囱及孔洞所占面积。门洞、空圈、暖气包槽、壁龛的开口部分不增加面积。

定额工程量结算规则为"楼地面块料装饰面积按饰面的净面积计算,不扣除 0.1m² 以内的孔洞所占面积"。块料面层定额工作内容不包括酸洗、打蜡,实际要求酸洗、打蜡的费用另计。

3. 橡塑面层（编号:011103）

橡胶面层包括橡胶楼板地面（011103001）、橡胶板卷材楼地面（011103002）、塑料板楼地面（011103003）和塑料卷材楼地面（011103004）4 个项目,适用于用黏结剂（如 CX401 胶等）粘贴橡塑楼面、地面面层工程。

工程内容:包括基层清理;面层铺贴;压缝条装钉;材料运输。

项目特征:需要描述黏结层厚度、材料种类;面层材料品种、规格、颜色;压线条种类。

工程量计算规则:按设计图示尺寸以面积计算。门洞、空圈、暖气包槽、壁龛的开口部分并入相应的工程量内。

4.其他材料面层(编号:011104)

其他材料面层包括地毯楼地面(011104001),竹、木(复合)地板(011104002),金属复合地板(011104003)和防静电活动地板(011104004)4项,都按设计图示尺寸以面积计算工程量。门洞、空圈、暖气包槽、壁龛的开口部分并入相应的工程量内。

地毯楼地面(011104001)的工程内容:基层清理;铺贴面层;刷防护材料;装钉压条;材料运输。

项目特征:需要描述面层材料品种、规格、颜色;防护材料种类;黏结材料种类;压线条种类等工程特征。

竹、木(复合)地板(011104002)和金属复合地板(011104003)的工程内容:基层清理;龙骨铺设;基层铺设;面层铺贴;刷防护材料;材料运输。

项目特征:需要描述龙骨材料种类、规格、铺设间距;基层材料种类、规格;面层材料品种、规格、颜色;防护材料种类。

防静电活动地板(011104004)的工程内容:基层清理;固定支架安装;活动面层安装;刷防护材料;材料运输。

项目特征:需要描述支架高度、材料种类;面层材料品种、规格、颜色;防护材料种类。

5.踢脚线(编号:011105)

踢脚线工程包括水泥砂浆踢脚线、石材踢脚线、块料踢脚线、塑料板踢脚线、木质踢脚线、金属踢脚线和防静电踢脚线7项,项目编码依次为011105001~011105007。

工程量计算规则:均以平方米计算,按设计图示长度乘高度以面积计算;或以米计量,按延长米计算。

定额工程量计算规则为"非块料踢脚线按延长米计算,洞口、空圈长度不予扣除,洞口、空圈、垛、附墙烟囱等侧壁长度亦不增加。块料踢脚线按实贴长乘高以平方米计算,成品踢脚线按实贴延长米计算。楼梯踢脚线按相应定额乘以1.15系数"。

工程内容:水泥砂浆踢脚线需完成基层清理;底层和面层抹灰;材料运输。石材踢脚线和块料踢脚线需完成基层清理;底层抹灰;面层铺贴、磨边;擦缝;磨光、酸洗、打蜡;刷防护材料;材料运输。塑料板踢脚线、木质踢脚线、金属踢脚线和防静电踢脚线需完成基层清理;基层铺贴;面层铺贴;材料运输。

项目特征:水泥砂浆踢脚线需要描述踢脚线高度;底层厚度、砂浆配合比;面层厚度、砂浆配合比。石材踢脚线和块料踢脚线需要描述踢脚线高度;粘贴层厚度、材料种类;面层材料品种、规格、颜色;防护材料种类。塑料板踢脚线需要描述踢脚线高度;黏结层厚度、材料种类;面层材料种类、规格、颜色。木质踢脚线、金属踢脚线和防静电踢脚线需要描述踢脚线高度;基层材料种类、规格;面层材料品种、规格、颜色。

6. 楼梯面层(编号:011106)

楼梯面层工程包括石材楼梯面层(011106001)、块料楼梯面层(011106002)、拼碎块料面层(011106003)、水泥砂浆楼梯面层(011106004)、现浇水磨石楼梯面层(011106005)、地毯楼梯面层(011106006)、木板楼梯面层(011106007)、橡胶板楼梯面层(011106008)和塑料板楼梯面层(011106009)9个项目。

工程内容如下:

石材楼梯面层、块料楼梯面层和拼碎块料面层需要完成基层清理;抹找平层;面层铺贴、磨边;贴嵌防滑条;勾缝;刷防护材料;酸洗、打蜡;材料运输。

水泥砂浆楼梯面层需要完成基层清理;抹找平层;抹面层;抹防滑条;材料运输。

现浇水磨石楼梯面层需要完成基层清理;抹找平层;抹面层;贴嵌防滑条;磨光、酸洗、打蜡;材料运输。

地毯楼梯面层需要完成基层清理;铺贴面层;固定配件安装;刷防护材料;材料运输。

木板楼梯面层需要完成基层清理;基层铺贴;面层铺贴;刷防护材料;材料运输。

橡胶板楼梯面层和塑料板楼梯面层需要完成基层清理;面层铺贴;压缝条装钉;材料运输。

项目特征如下:

石材楼梯面层、块料楼梯面层和拼碎块料面层需要描述找平层厚度、砂浆配合比;贴结层厚度、材料种类;面层材料品种、规格、颜色;防滑条材料种类、规格;勾缝材料种类;防护层材料种类;酸洗、打蜡要求。

水泥砂浆楼梯面层需要描述找平层厚度、砂浆配合比;面层厚度、砂浆配合比;防滑条材料种类、规格。

现浇水磨石楼梯面层需要描述找平层厚度、砂浆配合比;面层厚度、水泥石子浆配合比;防滑条材料种类、规格;石子种类、规格、颜色;颜料种类、颜色;磨光、酸洗、打蜡要求。

地毯楼梯面层需要描述基层种类;面层材料品种、规格、颜色;防护材料种类;黏结材料种类;固定配件材料种类、规格。

木板楼梯面层需要描述基层材料种类、规格;面层材料品种、规格、颜色;黏结材料种类;防护材料种类。

橡胶板楼梯面层和塑料板楼梯面层需要描述黏结层厚度、材料种类;面层材料品种、规格、颜色;压线条种类。

工程量计算规则:均按设计图示尺寸以楼梯(包括踏步、休息平台及≤500mm的楼梯井)水平投影面积计算。楼梯与楼地面相连时,算至梯口梁内侧边沿;无梯口梁者,算至最上一层踏步边沿加300mm。

7. 台阶装饰(编号:011107)

(1)石材台阶面(项目编码:011107001)

工程内容:包括基层清理;抹找平层;面层铺贴;贴嵌防滑条;勾缝;刷防护材料;材料运输。

项目特征:需要描述找平层厚度、砂浆配合比;黏结层材料种类;面层材料品种、规格、颜色;勾缝材料种类;防滑条材料种类、规格;防护材料种类。

工程量计算规则:按设计图示尺寸以台阶(包括最上层踏步边沿加300mm)水平投影面积计算。

(2)块料台阶面(项目编码:011107002)

工程内容:包括基层清理;抹找平层;面层铺贴;贴嵌防滑条;勾缝;刷防护材料;材料运输。

项目特征:需要描述找平层厚度、砂浆配合比;黏结层材料种类;面层材料品种、规格、颜色;勾缝材料种类;防滑条材料种类、规格;防护材料种类。

工程量计算规则:按设计图示尺寸以台阶(包括最上层踏步边沿加300mm)水平投影面积计算。

(3)拼碎块料台阶面(项目编码:011107003)

工程内容:包括基层清理;抹找平层;面层铺贴;贴嵌防滑条;勾缝;刷防护材料;材料运输。

项目特征:需要描述找平层厚度、砂浆配合比;黏结层材料种类;面层材料品种、规格、颜色;勾缝材料种类;防滑条材料种类、规格;防护材料种类。

工程量计算规则:按设计图示尺寸以台阶(包括最上层踏步边沿加300mm)水平投影面积计算。

(4)水泥砂浆台阶面(项目编码:011107004)

工程内容:包括基层清理;抹找平层;抹面层;抹防滑条;材料运输。

项目特征:需要描述找平层厚度、砂浆配合比;面层厚度、砂浆配合比;防滑条材料种类。

工程量计算规则:按设计图示尺寸以台阶(包括最上层踏步边沿加300mm)水平投影面积计算。

(5)现浇水磨石台阶面(项目编码:011107005)

工程内容:包括清理基层;抹找平层;抹面层;贴嵌防滑条;打磨、酸洗、打蜡;材料运输。

项目特征:需要描述找平层厚度、砂浆配合比;面层厚度、水泥石子浆配合比;防滑条材料种类、规格;石子种类、规格、颜色;颜料种类、颜色;磨光、酸洗、打蜡要求。

工程量计算规则:按设计图示尺寸以台阶(包括最上层踏步边沿加300mm)水平投影面积计算。

(6)剁假石台阶面(项目编码:011107006)

工程内容:包括清理基层;抹找平层;抹面层;剁假石;材料运输。

项目特征:需要描述找平层厚度、砂浆配合比;面层厚度、砂浆配合比;剁假石要求。工程量计算规则:按设计图示尺寸以台阶(包括最上层踏步边沿加300mm)水平投影面积计算。

8.零星装饰项目(编号:011108)

楼梯、台阶侧面装饰,0.5m²以内少量分散的楼地面装修,按零星装饰项目编码列项。

（1）石材零星项目（项目编码：011108001）

工程内容：包括清理基层；抹找平层；面层铺贴、磨边；勾缝；刷防护材料；酸洗、打蜡；材料运输。

项目特征：需要描述工程部位；找平层厚度、砂浆配合比；贴结合层厚度、材料种类；面层材料品种、规格、颜色；勾缝材料种类；防护材料种类；酸洗、打蜡要求。

工程量计算规则：按设计图示尺寸以面积计算。

（2）拼碎石材零星项目（项目编码：011108002）

工程内容：包括清理基层；抹找平层；面层铺贴、磨边；勾缝；刷防护材料；酸洗、打蜡；材料运输。

项目特征：需要描述工程部位；找平层厚度、砂浆配合比；贴结合层厚度、材料种类；面层材料品种、规格、颜色；勾缝材料种类；防护材料种类；酸洗、打蜡要求。

工程量计算规则：按设计图示尺寸以面积计算。

（3）块料零星项目（项目编码：011108003）

工程内容：包括清理基层；抹找平层；面层铺贴、磨边；勾缝；刷防护材料；酸洗、打蜡；材料运输。

项目特征：需要描述工程部位；找平层厚度、砂浆配合比；贴结合层厚度、材料种类；面层材料品种、规格、颜色；勾缝材料种类；防护材料种类；酸洗、打蜡要求。

工程量计算规则：按设计图示尺寸以面积计算。

（4）水泥砂浆零星项目（项目编码：011108004）

工程内容：包括清理基层；抹找平层；抹面层；材料运输。

项目特征：需要描述工程部位；找平层厚度、砂浆配合比；面层厚度、砂浆厚度。

工程量计算规则：按设计图示尺寸以面积计算。

三、工程量计算规则解读

（1）整体面层及找平层项目中，水泥砂浆面层处理是拉毛还是提浆压光应在面层做法要求中描述。平面砂浆找平层只适用于仅做找平层的平面抹灰。间壁墙指墙厚≤120mm的墙。

（2）块料面层项目中，在描述碎石材项目的面层材料特征时可不用描述规格、品牌、颜色。石材、块料与粘接材料的结合面刷防渗材料的种类在防护层材料种类中描述。上表工作内容中的磨边指施工现场磨边。

（3）踢脚线项目中，石材、块料与粘接材料的结合面刷防渗材料的种类在防护层材料种类中描述。

（4）楼梯面层项目中，在描述碎石材项目的面层材料特征时可不用描述规格、颜色。石材、块料与粘接材料的结合面刷防渗材料的种类在防护层材料种类中描述。

（5）台阶装饰项目中，在描述碎石材项目的面层材料特征时可不用描述规格、颜色。石材、块料与粘接材料的结合面刷防渗材料的种类在防护层材料种类中描述。

(6)零星装饰项目中,楼梯、台阶牵边和侧面镶贴块料面层,不大于 $0.5\mathrm{m}^2$ 的少量分散的楼地面镶贴块料面层,应按零星装饰项目执行。石材、块料与粘接材料的结合面刷防渗材料的种类在防护材料种类中描述。

四、工程量清单编制示例

【例5-1】 计算图5-4所示,地面为1:2水泥砂浆铺花岗岩(600mm×600mm),地面找平层1:3水泥砂浆25厚。试编制花岗岩地面工程量清单。

解 (1)花岗石地面工程量的计算。

花岗岩地面面层工程量

=实铺面积

=主墙间净空面积+门洞等开口部分面积

$= [(3 - 0.24) \times (4.8 - 0.24) \times 2 + (3.6 - 0.24) \times (4.8 - 0.24)] + 1 \times 0.24 \times 3$

$= 40.49 + 0.72 = 41.21(\mathrm{m}^2)$

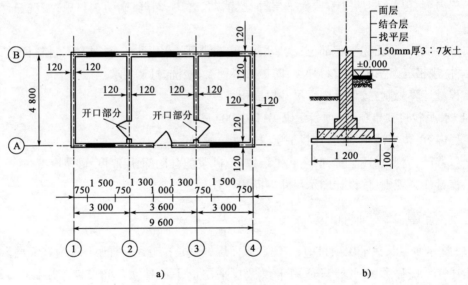

图5-4 某房屋平面及基础剖面图(尺寸单位:mm)

a)平面图;b)基础剖面图

(2)花岗岩地面工程量清单的编制(表5-1)。

花岗岩地面工程量清单 表5-1

工程名称:某建筑物

序号	项目编码	项目名称	工程特征	计量单位	工程数量
1	011102001001	花岗岩地面	①找平层厚度、砂浆配合比:1:3水泥砂浆找平层25mm厚 ②结合层材料种类:1:2水泥砂浆 ③面层材料种类:600mm×600mm花岗岩	m²	41.21

【例 5-2】　某房屋平面图如图 5-5 所示,室内水泥砂浆粘贴 200mm 高预制水磨石踢脚板。计算工程量,编制清单。

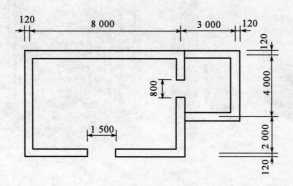

图 5-5　某房屋平面图(尺寸单位:mm)

解　(1)踢脚板工程量 = $[(8.00-0.24+6.00-0.24)\times 2+(4.00-0.24+3.00-0.24)\times 2-1.50-0.80\times 2+0.12\times 6]\times 0.20=7.54\text{m}^2$

(2)踢脚板工程量清单编制(见表 5-2)。

踢脚板工程量清单　　　　　　　　　　　　　　　　表 5-2

工程名称:某建筑物

序号	项目编码	项目名称	工 程 特 征	计量单位	工程数量
1	011105001001	踢脚板	室内水泥砂浆粘贴 200mm 高预制水磨石踢脚板	m^2	7.54

第二节　墙、柱面装饰与隔断、幕墙工程清单计量

一、墙、柱面装饰与隔断、幕墙工程基础知识

墙、柱面装饰与隔断、幕墙工程分为 10 节 35 个项目,包括墙面抹灰、柱面抹灰、零星抹灰,墙面块料面层、柱(梁)面镶贴块料、镶贴零星块料、墙饰面、柱(梁)饰面、幕墙、隔断工程。

隔断是指专门作为分隔室内空间的立面,应用更加灵活,如隔墙、隔断、活动展板、活动屏风、移动隔断、移动屏风、移动隔声墙等。活动隔断具有易安装、可重复利用、可工业化生产、防火、环保等特点。隔断主要包括木隔断、金属隔断、带骨架幕墙、塑料隔断、成品隔断等(见图 5-6)。

幕墙是建筑物的外墙护围,不承重,像幕布一样挂上去,故又称为悬挂墙,是现代大型和高层建筑常用的带有装饰效果的轻质墙体。由结构框架与镶嵌板材组成,是不承担主体结构荷载与作用的建筑围护结构。幕墙的作用主要有抗风压变形,保温、隔声、防雷、吸声、美观、装饰等,主要有玻璃幕墙、金属板幕墙、非金属板(玻璃除外)幕墙等(见图 5-7)。

图 5-6　隔断

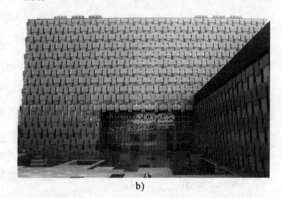

图 5-7　幕墙

二、工程量清单项目

1. 墙面抹灰（编号:011201）

抹灰是指采用一定种类和一定比例的砂浆在建筑物的墙面、柱面及相关部位等表面进行涂装的过程。墙、柱面抹灰的作用主要是:保护墙（柱）体,改善墙（柱）体的物理性能,使房屋美观、耐用。

墙、柱面抹灰可分为一般抹灰和装饰抹灰两类。

（1）一般抹灰:指墙、柱面采用石灰砂浆、水泥砂浆、水泥混合砂浆、聚合物水泥砂浆和麻刀石灰、纸筋石灰、石膏灰进行涂装的过程。一般抹灰工程又可分为普通抹灰和高级抹灰两种。普通抹灰是指两遍成活的抹灰,即一遍底层、一遍面层;高级抹灰是指四遍成活的抹灰,即一遍底层、一遍中层、二遍面层。

（2）装饰抹灰:指墙、柱面采用水刷石、干黏石、斩假石、拉条灰、甩毛灰等抹灰。

墙面抹灰包括墙面一般抹灰（011201001）、墙面装饰抹灰（011201002）、墙面勾缝（011201003）、立面砂浆找平层（011201004）4 项。

前 3 项的工作内容:基层清理;砂浆制作、运输;底层抹灰;抹面层;抹装饰面;勾分格缝。立面砂浆找平层的工作内容:基层清理;砂浆制作、运输;抹灰找平。

墙面一般抹灰和墙面装饰抹灰的项目特征:需要描述墙体类型,底层厚度、砂浆配合比,面层厚度、砂浆配合比,装饰面材料种类,分格缝宽度、材料种类。墙面勾缝需要描述勾缝类型和勾缝材料种类。立面砂浆找平层需要描述基层类型,找平层砂浆以及厚度、配合比。

上述 4 项的工程量计算规则:按设计图示尺寸以面积计算。扣除墙裙、门窗洞口及单个 $>0.3m^2$ 的孔洞面积,不扣除踢脚线、挂镜线和墙与构件交接处的面积,门窗洞口和孔洞的侧壁及顶面不增加面积。附墙柱、梁、垛、烟囱侧壁并入相应的墙面面积内。

外墙抹灰面积按外墙垂直投影面积计算,应扣除门窗洞口、外墙裙和 $>0.3m^2$ 孔洞所占面积,洞口侧壁和顶面面积不另增加。外墙裙抹灰面积按其长度乘以高度计算。

内墙抹灰面积按主墙间的净长乘以高度计算,应扣除门窗洞口和空圈所占面积,不扣除踢脚板、挂镜线、$0.3m^2$ 以内的孔洞和墙与构件交接处的面积,洞口侧壁和顶面亦不增加。

①无墙裙的,高度按室内楼地面至天棚底面计算;

②有墙裙的,高度按墙裙顶至天棚底面计算;

③有吊顶天棚抹灰,高度算至天棚底。

内墙裙抹灰面按内墙净长乘以高度计算。

2. 柱(梁)面抹灰(编号:011202)

柱(梁)面抹灰包括 4 项,分别是柱、梁面一般抹灰(011202001);柱、梁面装饰抹灰(011202002);柱、梁面砂浆找平(011202003);柱面勾缝(011202004)。

柱、梁面一般抹灰和柱、梁面装饰抹灰工程内容为基层清理,砂浆制作、运输,底层抹灰,抹面层,勾分格缝;项目特征需要描述柱体类型,底层厚度、砂浆配合比,面层厚度、砂浆配合比,装饰面材料种类,分格缝宽度、材料种类。

柱、梁面砂浆找平的工程内容为基层清理,砂浆制作、运输,抹灰找平;项目特征需要描述柱(梁)体类型以及找平的砂浆厚度、配合比。

柱面勾缝工程内容为基层清理,砂浆制作、运输,勾缝;项目特征需要描述勾缝类型,勾缝材料种类。

前 3 项柱、梁面一般抹灰,柱、梁面装饰抹灰,柱、梁面砂浆找平的工程量计算规则:柱面抹灰按设计图示柱断面周长乘高度以面积计算;梁面抹灰按设计图示梁断面周长乘长度以面积计。

柱面勾缝的工程量计算规则:按设计图示柱断面周长乘高度以面积计算。

3. 零星抹灰(编号:011203)

(1)零星项目一般抹灰(项目编码:011203001)

工程内容:包括基层清理;砂浆制作、运输;底层抹灰;抹面层;抹装饰面;勾分格缝。

项目特征:应描述墙体类型;底层厚度;砂浆配合比;面层厚度、砂浆配合比;装饰面材料种类;分格缝宽度、材料种类。

工程量计算规则:按设计图示尺寸以面积计算。

(2)零星项目装饰抹灰(项目编码:011203002)

工程内容:包括基层清理;砂浆制作、运输;底层抹灰;抹面层;抹装饰面;勾分格缝。

项目特征:应描述墙体类型;底层厚度、砂浆配合比;面层厚度、砂浆配合比;装饰面材料种类;分格缝宽度、材料种类。

工程量计算规则:按设计图示尺寸以面积计算。

（3）零星项目砂浆找平（项目编码：011203003）

工程内容：包括基层清理；砂浆制作、运输；抹灰找平。

项目特征：应描述基层类型；找平的砂浆厚度、配合比。

工程量计算规则：按设计图示尺寸以面积计算。

4. 墙面块料面层（编号：011204）

墙面块料面层工程包括石材墙面（011204001）、拼碎石材墙面（011204002）、块料墙面（011204003）、干挂石材钢骨架墙面（011204004）4项（图5-8）。

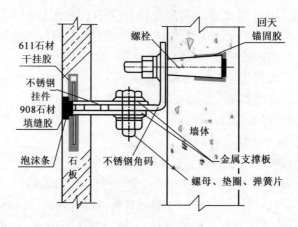

图5-8 干挂石材

石材墙面、拼碎石材墙面、块料墙面3项的工程内容：基层清理；砂浆制作、运输；黏结层铺贴；面层安装；嵌缝；刷防护材料；磨光、酸洗、打蜡。项目特征需要描述墙体类型；安装方式；面层材料品种、规格、颜色；缝宽、嵌缝材料种类；防护材料种类；磨光、酸洗、打蜡要求。工程量计算规则按镶贴表面积计算。

干挂石材钢骨架墙面的工程内容：骨架制作、运输、安装；刷漆。项目特征需要描述骨架种类、规格；防锈漆品种遍数。工程量计算规则按设计图示以质量（t）计算。

在描述碎块项目的面层材料特征时可不用描述规格、颜色。石材、块料与黏接材料的结合面刷防渗材料的种类在防护层材料种类中描述。安装方式可描述为砂浆或粘接剂粘贴、挂贴、干挂等；不论哪种安装方式，都要详细描述与组价相关的内容。

5. 柱（梁）面镶贴块料（编号：011205）

柱（梁）面镶贴块料工程包括石材柱面（011205001）、块料柱面（011205002）、拼碎块柱面（011205003）、石材梁面（011205004）、块料梁面（011205005）5项。

上述5项的工程内容：基层清理；砂浆制作、运输；黏结层铺贴；面层安装；嵌缝；刷防护材料；磨光、酸洗、打蜡。工程量计算规则为按镶贴表面积计算。

石材柱面、块料柱面、拼碎块柱面3项的项目特征需要描述柱截面类型、尺寸；安装方式；面层材料品种、规格、颜色；缝宽、嵌缝材料种类；防护材料种类；磨光、酸洗、打蜡要求。石材梁面和块料面层2项的项目特征需要描述安装方式；面层材料品种、规格、颜色；缝宽、嵌缝材料种类；防护材料种类；磨光、酸洗、打蜡要求。

在描述碎块项目的面层材料特征时可不用描述规格、颜色。石材、块料与黏接材料的结合面刷防渗材料的种类在防护层材料种类中描述。柱梁面干挂石材的钢骨架按墙面块料面层相应项目编码列项。

6.镶贴零星块料(编号:011206)

镶贴零星块料工程包括石材零星项目(011206001)、块料零星项目(011206002)、拼碎块零星项目(011206003)3项。

工程内容:基层清理;砂浆制作、运输;面层安装;嵌缝;刷防护材料;磨光、酸洗、打蜡。

项目特征需要描述基层类型、部位;安装方式;面层材料品种、规格、颜色;缝宽、嵌缝材料种类;防护材料种类;磨光、酸洗、打蜡要求。

工程量计算规则是按镶贴表面积计算。

在描述碎块项目的面层材料特征时可不用描述规格、颜色。石材、块料与粘接材料的结合面刷防渗材料的种类在防护层材料种类中描述。零星项目干挂石材的钢骨架按墙面块料面层相应项目编码列项。墙柱面≤0.5m^{2}的少量分散的镶贴块料面层应按零星项目执行。

7.墙饰面(编号:011207)

(1)墙面装饰板(项目编码:011207001)

工程内容:包括基层清理龙骨制作、运输、安装;钉隔离层;基层铺钉;面层铺贴。

项目特征:应描述龙骨材料种类、规格、中距;隔离层材料种类、规格;基层材料种类、规格;面层材料品种、规格、颜色;压条材料种类、规格。

工程量计算规则:按设计图示墙净长乘净高以面积计算。扣除门窗洞口及单个>0.3m^{2}的孔洞所占面积。

(2)墙面装饰浮雕(项目编码:011207002)

工程内容:包括基层清理;材料制作、运;安装成型。

项目特征:应描述基层类型;浮雕材料种类;浮雕样式。

工程量计算规则:按设计图示尺寸以面积计算。

8.柱(梁)饰面(编号:011208)

(1)柱(梁)面装饰(项目编码:011208001)

工程内容:包括清理基层;龙骨制作、运输、安装;钉隔离层;基层铺钉;面层铺贴。

项目特征:应描述龙骨材料种类、规格、中距;隔离层材料种类;基层材料种类、规格;面层材料品种、规格、颜色;压条材料种类、规格。

工程量计算规则:按设计图示饰面外围尺寸以面积计算。柱帽、柱墩并入相应柱饰面工程量内。

(2)成品装饰柱(项目编码:011208002)

工程内容:包括柱运输、固定、安装。

项目特征:应描述柱截面、高度尺寸;柱材质。

工程量计算规则:以根计量,按设计数量计算;以米计量,按设计长度计算。

9.幕墙工程(编号:011209)

(1)带骨架幕墙(项目编码:011209001)

工程内容:包括骨架制作、运输、安装;面层安装;隔离带、框边封闭;嵌缝、塞口;清洗。

项目特征:应描述骨架材料种类、规格、中距;面层材料品种、规格、颜色;面层固定方式;隔离带、框边封闭材料品。

工程量计算规则:按设计图示框外围尺寸以面积计算。与幕墙同种材质的窗所占面积不扣除。

(2)全玻(无框玻璃)幕墙(项目编码:011209002)

工程内容:包括幕墙安装;嵌缝、塞口;清洗。

项目特征:应描述玻璃品种、规格、颜色;黏结塞口材料种类;固定方式。

工程量计算规则:按设计图示尺寸以面积计算。带肋全玻幕墙按展开面积计算。

10.隔断(编号:011210)

(1)木隔断(项目编码:011210001)

工程内容:包括骨架及边框制作、运输、安装;隔板制作、运输、安装;嵌缝、塞口;装钉压条。

项目特征:应描述骨架、边框材料种类、规格;隔板材料品种、规格、颜色;嵌缝、塞口材料品种;压条材料种类。

工程量计算规则:按设计图示框外围尺寸以面积计算。不扣除单个≤0.3m² 的孔洞所占面积;浴厕门的材质与隔断相同时,门的面积并入隔断面积。

(2)金属隔断(项目编码:011210002)

工程内容:包括骨架及边框制作、运输、安装;隔板制作、运输、安装;嵌缝、塞口。

项目特征:应描述骨架、边框材料种类、规格;隔板材料品种、规格、颜色;嵌缝、塞口材料品种。

工程量计算规则:按设计图示框外围尺寸以面积计算。不扣除单个≤0.3m² 的孔洞所占面积;浴厕门的材质与隔断相同时,门的面积并入隔断面积内。

(3)带骨架幕墙(项目编码:011210003)

工程内容:包括边框制作、运输、安装;玻璃制作、运输、安装;嵌缝、塞口。

项目特征:应描述边框材料种类、规格;玻璃品种、规格、颜色;嵌缝、塞口材料品种。

工程量计算规则:按设计图示框外围尺寸以面积计算。不扣除单个≤0.3m² 的孔洞所占面积。

(4)塑料隔断(项目编码:011210004)

工程内容:包括骨架及边框制作、运输、安装;隔板制作、运输、安装;嵌缝、塞口。

项目特征:应描述边框材料种类、规格;隔板材料品种、规格、颜色;嵌缝、塞口材料品种。

工程量计算规则:按设计图示框外围尺寸以面积计算。不扣除单个≤0.3m² 的孔洞所占面积。

(5)成品隔断(项目编码:011210005)

工程内容:包括隔断运输、安装;嵌缝、塞口。

项目特征:应描述隔断材料品种、规格、颜色;配件品种、规格。

工程量计算规则:按设计图示框外围尺寸以面积计算;按设计间的数量以间计算。

(6)其他隔断(项目编码:011210006)

工程内容:包括骨架及边框安装;隔板安装;嵌缝、塞口。

项目特征:应描述骨架、边框材料种类、规格;隔板材料品种、规格、颜色;嵌缝、塞口材料品种。

工程量计算规则:按设计图示框外围尺寸以面积计算。不扣除单个$\leq 0.3m^2$的孔洞所占面积。

三、工程量计算规则解读

(1)立面砂浆找平项目适用于仅做找平层的立面抹灰。

(2)抹石灰砂浆、水泥砂浆、混合砂浆、聚合物水泥砂浆、麻刀石灰浆、石膏灰浆等按墙面一般抹灰列项,水刷石、斩假石、干粘石、假面砖等按墙面装饰抹灰列项。

(3)飘窗凸出外墙面增加的抹灰并入外墙工程量内。

(4)有吊顶天棚的内墙面抹灰,抹至吊顶以上部分在综合单价中考虑。

(5)墙面抹灰不扣除与构件交接处的面积,是指墙与梁的交接处所占面积,不包括墙与楼板的交接。

(6)外墙裙抹灰面积,按其长度乘以高度计算,长度是指外墙裙的长度。

(7)柱的一般抹灰和装饰抹灰及勾缝,以柱断面周长乘以高度计算。柱断面周长是指结构断面周长。如矩形柱结构断面尺寸为600mm×500mm,其断面周长$(L) = (0.60 + 0.50) \times 2 = 2.20m^2$。若此柱高度为3.0m,其一般抹灰、装饰抹灰、勾缝的工程量$(F) = 2.2 \times 3 = 6.60m^2$。

(8)装饰板柱(梁)面按设计图示外围饰面尺寸乘以高度(长度)以面积计算。外围饰面尺寸是指饰面的表面尺寸。

(9)带肋全玻璃幕墙是指玻璃幕墙带玻璃肋,玻璃肋的工程量应合并在玻璃幕墙工程量内计算。

(10)砂浆找平项目适用于仅做找平层的柱(梁)面抹灰。

(11)抹石灰砂浆、水泥砂浆、混合砂浆、聚合物水泥砂浆、麻刀石灰浆、石膏灰浆等按柱(梁)面一般抹灰编码列项,水刷石、斩假石、干粘石、假面砖等按柱(梁)面装饰抹灰编码列项。

(12)零星项目抹石灰砂浆、水泥砂浆、混合砂浆、聚合物水泥砂浆、麻刀石灰浆、石膏灰浆等按本表中零星项目一般抹灰编码列项,水刷石、斩假石、干粘石、假面砖等按零星项目装饰抹灰编码列项。

(13)墙、柱(梁)面$\leq 0.5m^2$的少量分散的抹灰按零星抹灰项目编码列项。

四、工程量清单编制示例

【例5-3】 按图5-9计算墙饰面分项工程的工程量并编制工程量清单。

解 (1)计算工程量

大理石墙面按设计图示尺寸以镶贴表面积计算:
$$F_石 = (5.8 - 0.9) \times 1.1 = 5.39(m^2)$$

榉木板面层按图示尺寸长度乘以高度按实铺面积以平方米计算:
$$F_榉 = 5.8 \times 1.85 - (2.0 - 1.1 - 0.15) \times 0.9 = 10.06(m^2)$$

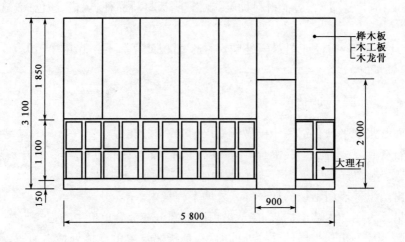

图 5-9　墙饰面示意图(尺寸单位:mm)

(2)工程量清单编制(见表 5-3)。

分部分项工程量清单　　　　　　　　　　　　　　　表 5-3

序号	项目编码	项目名称	项目特征	计量单位	工程数量
1	011204001001	石材墙面	(1)墙体类型:砖墙 (2)底层厚度、砂浆配合比:13mm 厚 1:3 水泥砂浆 (3)黏结层厚度、材料种类:1:2.5 水泥砂浆 (4)挂贴方式:挂贴 (5)面层材料品种、规格、品牌、颜色:大理石板 (6)缝宽、吸缝材料种类:密缝、白水泥 (7)磨光、酸洗、打蜡要求:无	m²	5.39
2	011207001001	装饰板墙面	(1)墙体类型:砖墙 (2)龙骨材料种类、规格、中距:木龙骨,断面 13cm² 内,中距 45cm (3)基层材料种类、规格:细木工板 (4)面层材料品种、规格、品牌、颜色:榉木板 (5)油漆品种、刷漆遍数:润油粉,刮腻子、聚氨酯漆 2 遍	m²	10.06

【例 5-4】　按图 5-10 计算柱花岗岩面层工程量并编制工程量清单(花岗岩板厚 20mm)。

解　(1)计算工程量

清单规则:柱花岗岩面层按设计图示尺寸以镶贴表面积计算。

圆柱部分面积:$S_{柱} = (0.4 + 2 \times 0.02) \times 3.1416 \times (6.0 - 0.02) = 8.27(\text{m}^2)$

第一层~第二层底座平面:

$S_{平} = (0.775 + 2 \times 0.02) \times (0.775 + 2 \times 0.02) - (0.4/2 + 0.02)^2 \times 3.1416 = 0.51(\text{m}^2)$

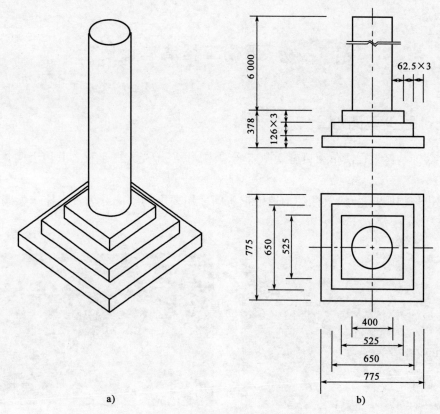

a)　　　　　　　　　　　　　　　　b)

图 5-10　柱示意图(尺寸单位:mm)

第一层底座侧面:

$S_1 = (0.525 + 2 \times 0.02) \times 4 \times 0.126 = 0.28(\text{m}^2)$

第二层底座侧面:

$S_2 = (0.65 + 2 \times 0.02) \times 4 \times 0.126 = 0.35(\text{m}^2)$

第三层底座侧面:

$S_3 = (0.775 + 2 \times 0.02) \times 4 \times (0.126 + 0.02) = 0.48(\text{m}^2)$

合计:8.27 + 0.51 + 0.28 + 0.35 + 0.48 = 9.89(m²)

(2)编制工程量清单(见表 5-4)。

分部分项工程量清单　　　　　　　　　　　　　　表 5-4

序号	项目编码	项目名称	项 目 特 征	计量单位	工程数量
1	011205001001	石材柱面	(1)柱体材料:混凝土 (2)柱截面类型、尺寸:圆形 φ400 (3)黏结层厚度、材料种类:5mm 厚 1:2.5水泥砂浆 (4)挂贴方式:挂贴 (5)面层材料品种、规格、品牌、颜色:花岗岩(厚 20mm) (6)缝宽、嵌缝材料种类:密缝、白水泥 (7)磨光、酸洗、打蜡要求:有	m²	9.89

第三节 天棚工程清单计量

一、天棚工程基础知识

天棚装饰装修工程清单项目有天棚抹灰、天棚吊顶、采光天棚工程和其他天棚装饰4项（图5-11）。

天棚也称顶棚或吊顶，天棚的构造依据房间使用要求的不同分为直接抹灰天棚和吊顶天棚两类。

a)

b)

c)

图5-11 天棚

a)天棚抹灰；b)天棚吊顶；c)采光天棚

天棚抹灰主要包括弹水平线，洒水湿润，刷结合层（仅适用于混凝土基层），抹底灰、中灰，抹面灰等施工顺序。天棚抹灰适用于各种基层（混凝土现浇板、预制板、木板条等）上的抹灰工程。

二、工程量清单项目

1. 天棚抹灰(编号:011301)

天棚抹灰(011301001)

天棚抹灰按不同材料、不同做法分为:石灰砂浆、水泥砂浆、混合砂浆天棚抹灰,按抹灰基层分为:现浇、预制、钢板网、板条及其他木质面天棚抹灰等。

工程内容:包括基层清理;底层抹灰;抹面层。

项目特征:需要描述基层类型;抹灰厚度、材料种类;砂浆配合比。

工程量计算规则:按设计图示尺寸以水平投影面积计算。不扣除间壁墙、垛、柱、附墙烟囱、检查口和管道所占的面积,带梁天棚、梁两侧抹灰面积并入天棚面积内,板式楼梯底面抹灰按斜面积计算,锯齿形楼梯底板抹灰按展开面积计算。

2. 天棚吊顶(编号:011302)

(1)吊顶天棚(011302001)适用于形式上非漏空式的天棚吊顶。

工程内容:包括基层清理、吊杆安装;龙骨安装;基层板铺贴;面层铺贴;嵌缝;刷防护材料。

项目特征:需要描述吊顶形式、吊杆规格、高度;龙骨材料种类、规格、中距;基层材料种类、规格;面层材料品种、规格、压条材料种类、规格;嵌缝材料种类;防护材料种类。

吊顶形式:是指平面、跌级、锯齿形、阶梯形、吊挂式、藻井式,以及矩形、弧形、拱形等形式。

基层材料是指底板或面层背后的加强材料。

面层材料的品种是指纸面石膏板、石棉装饰吸声板、铝合金罩面板、镜面玻璃等。

同一工程中其龙骨材料种类、规格、中距有不同,或龙骨材料种类、规格、中距相同但面层或基层不同,都应分别编码列项,以第五级编码不同来区分。

工程量计算规则:按设计图示尺寸以水平投影面积计算。天棚面中的灯槽及跌级、锯齿形、吊挂式、藻井式天棚面积不展开计算。不扣除间壁墙、检查口、附墙烟囱、柱垛和管道所占面积,扣除单个 $>0.3\text{m}^2$ 的孔洞、独立柱及与天棚相连的窗帘盒所占的面积。

(2)格栅吊顶(项目编码:011302002)

工程内容:基层清理;安装龙骨;基层板铺贴;面层铺贴;刷防护材料。

项目特征:需要描述龙骨材料种类、规格、中距;基层材料种类、规格;面层材料品种、规格;防护材料种类。

工程量计算规则:按设计图示尺寸以水平投影面积计算。

(3)吊筒吊顶(项目编码:011302003)

工程内容:基层清理;吊筒制作安装;刷防护材料。

项目特征:需要描述吊筒形状、规格;吊筒材料种类;防护材料种类。

工程量计算规则:按设计图示尺寸以水平投影面积计算。

(4)藤条造型悬挂吊顶(项目编码:011302004)

工程内容:基层清理;龙骨安装;铺贴面层。

项目特征:需要描述骨架材料种类、规格;面层材料品种、规格。

工程量计算规则:按设计图示尺寸以水平投影面积计算。

(5)织物软雕吊顶(项目编码:011302005)

工程内容:基层清理;龙骨安装;铺贴面层。

项目特征:需要描述骨架材料种类、规格;面层材料品种、规格。

工程量计算规则:按设计图示尺寸以水平投影面积计算。

(6)装饰网架吊顶(项目编码:011302006)

工程内容:基层清理;网架制作安装。

项目特征:需要描述网架材料品种、规格。

工程量计算规则:按设计图示尺寸以水平投影面积计算。

3.采光天棚工程(编号:011303)

采光天棚(项目编码:011303001)

工程内容:包括清理基层;面层制安;嵌缝、塞口;清洗。

项目特征:需要描述骨架类型;固定类型、固定材料品种、规格;面层材料品种、规格;嵌缝、塞口材料种类。

工程量计算规则:按框外围展开面积计算。

4.天棚其他装饰(编号:011304)

(1)灯带(槽)(项目编码:011304001)

工程内容:包括安装、固定。

项目特征:需要描述灯带形式、尺寸;格栅片材料品种、规格;安装固定方式。

工程量计算规则:按设计图示尺寸以框外围面积计算。

(2)送风口、回风口(项目编码:011304002)

工程内容:包括安装、固定;刷防护材料。

项目特征:需要描述风口材料品种、规格;安装固定方式;防护材料种类。

工程量计算规则:按设计图示数量计算。

三、工程量计算规则

(1)天棚龙骨按主墙间净空面积计算,不扣除间壁墙、检查口、附墙烟囱、柱、垛和管道所占的面积;但天棚中的折线,跌落等圆弧形、高低灯槽等面积也不展开计算。

(2)天棚基层及面层按实铺面积计算,扣除大于 $0.3m^2$ 占位面积及与天棚相连的窗帘盒所占的面积。天棚中折线、跌落等圆弧形、拱形、高低灯槽及其他艺术形式天棚面层,按展开面积计算。

(3)楼梯底面的装饰工程量按实铺面积计算。

(4)凹凸天棚按展开面积计算。

(5)镶贴镜面按实铺面积计算。

四、工程量清单编制示例

【例5-5】 图5-12所示为某房屋平面图、立面图及墙身大样。该房屋内墙面、外墙面及天棚面的工程做法见表5-5,门窗口尺寸见表5-6。已知内外墙厚均为240mm,窗台线长按洞口宽度两端共加 200mm 计算。试编制天棚装饰装修各分部分项工程量清单。

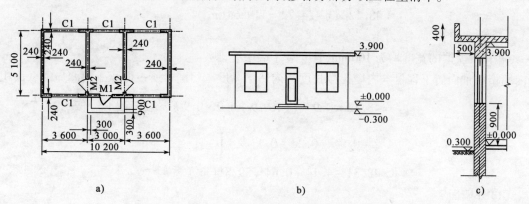

图 5-12　某房屋平面图、立面图及墙身大样(尺寸单位:mm)

a)平面图;b)立面图;c)墙身大样

工 程 做 法 表　　　　　　　　　　　　表 5-5

部　位	工　程　做　法
内墙面	(1)5mm 厚 1:2.5 水泥砂浆抹面,压实赶光 (2)13mm 厚 1:3 水泥砂浆打底
内墙裙(900mm)	(1)白水泥擦缝 (2)粘贴 5mm 厚釉面砖 (3)8mm 厚 1:0.1:2.5 水泥石灰膏砂浆找平 (4)12mm 厚 1:3 水泥砂浆打底扫毛
外墙面	(1)1:1 水泥砂浆勾缝 (2)贴 6~12mm 厚面砖 (3)6mm 厚 1:0.1:2.5 水泥石灰膏砂浆找平 (4)12mm 厚 1:3 水泥砂浆打底扫毛
天棚	(1)6mm 水泥砂浆抹面 (2)8mm 厚 1:3 水泥砂浆打底 (3)刷素水泥浆一道(内掺 107 胶)
挑檐	(1)1:1 水泥砂浆勾缝 (2)贴 6~12mm 厚面砖 (3)基层用 EC 聚合物砂浆修补整平

门窗洞口尺寸表　　　　　　　　　　　　表 5-6

门窗名称	洞口尺寸	门窗名称	洞口尺寸
M1	1 000mm×2 400mm	C1	1 800mm×2 100mm
M2	900mm×2 100mm		

解　(1)计算工程量

①内墙面:

内墙面抹灰工程量 = 内墙面净长度 × 内墙面抹灰高度 − 门窗洞口所占面积

$$= [(3.6 - 0.24 + 5.1 - 0.24) \times 2 \times 2 + (3 - 0.24 + 5.1 - 0.24) \times$$

$$2] \times (3.9 - 0.9) - 1 \times 1.5 + 0.9 \times 1.2 \times 2 \times 2 + 1.8 \times 2.1 \times 5$$
$$= 48.12 \times 3 - 24.72 = 119.64 \, (m^2)$$

②内墙裙：

门框、窗框的宽度均为 100mm，且安装于墙中线，则：

内墙裙贴釉面砖工程量 = 内墙裙净长度 × 内墙裙高度 − 门洞口所占面积 + 门洞口侧壁面积

$$= 48.12 \times 0.9 - (1 \times 0.9 + 0.9 \times 0.9 \times 2 \times 2) + \left[1 \times \frac{0.24 - 0.1}{2} \times \right.$$

$$\left. 2 + 0.9 \times (0.24 - 0.1) \times 4 \right]$$

$$= 43.31 - 4.14 + 0.64 = 39.81 \, (m^2)$$

③外墙面：

外墙面贴花岗岩工程量 = $L_{外}$ × 外墙面高度 − 门窗洞口、台阶所占面积 + 洞口侧壁面积

$$= (3.6 \times 2 + 3 + 0.24 + 5.1 + 0.24) \times 2 \times (3.9 + 0.3) - (1 \times 2.4 +$$

$$1.8 \times 2.1 \times 5) - (2.4 \times 0.15 + 3 \times 0.15) + \frac{0.24 - 0.1}{2} \times$$

$$\left[(1 + 2.4 \times 2) + (1.8 + 2.1) \times 2 \times 5 \right]$$

$$= 31.56 \times 4.2 - 21.3 - 0.81 + 3.14$$

$$= 132.55 - 21.3 - 0.81 + 3.14 = 113.58 \, (m^2)$$

④天棚：

天棚抹灰工程量 = 主墙间净面积

$$= (3.6 - 0.24) \times (5.1 - 0.24) \times 2 + (3 - 0.24) \times (5.1 - 0.24)$$

$$= 16.33 \times 2 + 13.41 = 46.07 \, (m^2)$$

⑤挑檐：

挑檐贴面砖工程量 = 挑檐立板外侧面积 + 挑檐底板面积

$$= (L_{外} + 0.5 \times 8) \times 立板高度 + (L_{外} + 0.5 \times 4) \times 挑檐宽度$$

$$= (31.56 + 0.5 \times 8) \times 0.4 + (31.56 + 0.5 \times 4) \times 0.5$$

$$= 14.22 + 16.78 = 31 \, (m^2)$$

（2）天棚装饰装修工程量清单的编制（见表 5-7）。

天棚装饰装修工程量清单　　　　　　　　　　　　　　　　　表 5-7

序号	项目编码	项目名称	项 目 特 征	计量单位	工程数量
1	011201001001	墙面一般抹灰（内墙）	（1）5mm 厚 1:2.5 水泥砂浆抹面，压实赶光 （2）13mm 厚 1:3 水泥砂浆打底	m²	119.64
2	011204003001	墙面贴面砖（外墙）	（1）白水泥擦缝 （2）贴 6~12mm 厚面砖 （3）6mm 厚 1:0.1:2.5 水泥石灰膏砂浆找平 （4）12mm 厚 1:3 水泥砂浆打底扫毛	m²	113.58

续上表

序号	项目编码	项目名称	项目特征	计量单位	工程数量
3	011204003002	内墙裙粘贴釉面砖	(1)白水泥擦缝 (2)粘贴5mm厚釉面砖 (3)8mm厚1:0.1:2.5水泥石灰膏砂浆找平 (4)12mm厚1:3水泥砂浆打底扫毛	m²	39.81
4	011204003003	挑檐贴面砖	(1)1:1水泥砂浆勾缝 (2)贴6～12mm厚面砖 (3)基层用EC聚合物砂浆修补整平	m²	31
5	011301001001	天棚抹灰	(1)6mm水泥砂浆抹面 (2)8mm厚1:3水泥砂浆打底 (3)刷素水泥浆1道(内掺107胶)	m²	46.07

【例5-6】　按图5-13计算吊顶工程量并编制工程量清单。

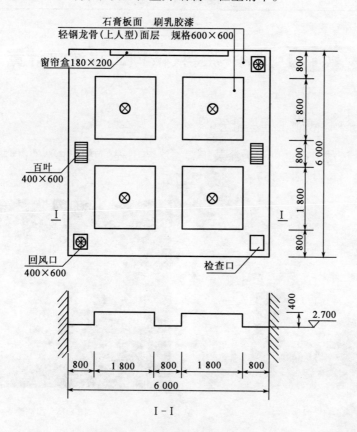

图5-13　吊顶示意图(尺寸单位:mm)

解　(1)计算工程量(图中窗帘盒长4 000mm,宽180mm)。

计算规则:①各种吊顶天棚龙骨按主墙间净空面积计算,不扣除间壁墙、检查口、附墙烟囱、柱、垛和管道所占面积。但天棚中的折线、迭落等因弧形、高低吊灯槽等面积不展开计算。②天棚装饰面积,按主墙间实铺面积以平方米计算,不扣除间隔墙、检查口、附墙烟囱、附墙垛和管道所占面积,应扣除独立柱及与天棚相连的窗帘盒的面积。

轻钢龙骨工程量:$S_{龙骨} = 6.0 \times 6.0 = 36(\text{m}^2)$

石膏板面层工程量:$S_{龙骨} = 6.0 \times 6.0 + 1.8 \times 4 \times 0.4 \times 4 - 4.0 \times 0.18 = 46.84(\text{m}^2)$

(2)编制工程量清单(表5-8)。

分部分项工程量清单　　　　　　　　　　　　　表5-8

序号	项目编码	项目名称	项 目 特 征	计量单位	工程数量
1	011302001001	天棚吊顶	吊顶形式:悬吊 龙骨类型、材料种类、规格、中距:轻钢龙骨(上人型),600mm×600mm 面层材料品种、规格、品牌、颜色:石膏板 油漆品种、刷漆遍数:双飞粉2遍,乳胶漆2遍	m^2	36
2	011304002001	送风口、回风口	风口材料品种、规格、品牌、颜色:铅合金 安装固定方式:螺钉固定	个	5

第四节　油漆、涂料、裱糊工程清单计量

一、油漆、涂料、裱糊工程基础知识

油漆、涂料、裱糊工程也可称为涂装工程。涂装工程的功能主要是:保护作用、装饰作用、特殊作用等(图5-14、图5-15)。

图5-14　内墙涂料

图5-15　门油漆

油漆是一种能牢固覆盖在物体表面,起保护、装饰、标志和其他特殊用途的化学混合物。涂料工程是在底材表面涂敷一层装饰性或保护性涂料的整个过程。为获得坚固性的涂

膜,涂料施工常包括底材的表面处理、涂漆、固化和涂膜检验4个步骤。

裱糊是在建筑物内墙和顶棚表面粘贴纸张、塑料壁纸、玻璃纤维墙布、锦锻等制品的施工,以美化居住环境,满足使用要求,并对墙体、顶棚起一定的保护作用。

二、工程量清单项目

1. 门油漆(编号:011401)

(1)木门油漆(项目编码:011401001)

工程内容:基层清理;刮腻子;刷防护材料、油漆。

项目特征:应描述门类型;门代号及洞口尺寸;腻子种类;刮腻子遍数;防护材料种类;油漆品种、刷漆遍数。

工程量计算规则:以樘计量,按设计图示数量计量;以平方米计量,按设计图示洞口尺寸以面积计算。

(2)金属门油漆(项目编码:011401002)

工程内容:除锈、基层清理;刮腻子;刷防护材料、油漆。

项目特征:应描述门类型;门代号及洞口尺寸;腻子种类;刮腻子遍数;防护材料种类;油漆品种、刷漆遍数。

工程量计算规则:以樘计量,按设计图示数量计量;以平方米计量,按设计图示洞口尺寸以面积计算。

2. 窗油漆(编号:011402)

(1)木窗油漆(项目编码:011402001)

工程内容:基层清理;刮腻子;刷防护材料、油漆。

项目特征:应描述窗类型;窗代号及洞口尺寸;腻子种类;刮腻子遍数;防护材料种类;油漆品种、刷漆遍数。

工程量计算规则:以樘计量,按设计图示数量计量;以平方米计量,按设计图示洞口尺寸以面积计算。

(2)金属窗油漆(项目编码:011402002)

工程内容:除锈、基层清理;刮腻子;刷防护材料、油漆。

项目特征:应描述窗类型;窗代号及洞口尺寸;腻子种类;刮腻子遍数;防护材料种类;油漆品种、刷漆遍数。

工程量计算规则:以樘计量,按设计图示数量计量;以平方米计量,按设计图示洞口尺寸以面积计算。

3. 木扶手及其他板条、线条油漆(编号:011403)

木扶手及其他板条、线条油漆工程包括木扶手油漆(011403001),窗帘盒油漆(011403002),封檐板(011403003)、顺水板油漆(011403004),挂衣板、黑板框油漆(011403005),挂镜线、窗帘棍、单独木线油漆(011403006)6个项目。

工程内容:基层清理;刮腻子;刷防护材料、油漆。

项目特征:应描述断面尺寸;腻子种类;刮腻子遍数;防护材料种类;油漆品种、刷漆遍数。

工程量计算规则:按设计图示尺寸以长度计算。

4. 木材面油漆(编号:011404)

具体有木护墙、木墙裙油漆(011404001),窗台板、筒子板、盖板、门窗套、踢脚线油漆(011404002),清水板条天棚、檐口油漆(011404003),木方格吊顶天棚油漆(011404004),吸声板墙面、天棚面油漆(011404005),暖气罩油漆(011404006),其他木材面油漆(011404007),木间壁、木隔断油漆(011404008),玻璃间壁露明墙筋油漆(011404009),木栅栏、木栏杆(带扶手)油漆(011404010),衣柜、壁柜油漆(011404011),梁柱饰面油漆(011404012),零星木装修油漆(011404013),木地板油漆(011404014),木地板烫硬蜡面(011404015)。

上述前14项的工程内容:基层清理;刮腻子;刷防护材料、油漆。

项目特征:应描述腻子种类;刮腻子遍数;防护材料种类;油漆品种、刷漆遍数。

木地板烫硬蜡面(011404015)的工程内容:基层清理;烫蜡。

项目特征:应描述腻子种类;刮腻子遍数;防护材料种类;油漆品种、刷漆遍数;硬蜡品种和面层处理要求。

1~7项按设计图示尺寸以面积计算;8~10项按设计图示尺寸以单面外围面积计算;11~13项按设计图示尺寸以油漆部分展开面积计算;14~15项按设计图示尺寸以面积计算,空洞、空圈、暖气包槽、壁龛的开口部分并入相应的工程量内。

5. 金属面油漆(编号:011405)

金属面油漆(011405001)

工程内容:基层清理;刮腻子;刷防护材料、油漆。

项目特征:应描述构件名称;腻子种类;刮腻子要求;防护材料种类;油漆品种、刷漆遍数。

工程量计算规则:以吨计量,按设计图示尺寸以质量计算;以平方米计量,按设计展开面积计算。

6. 抹灰面油漆(编号:011406)

(1)抹灰面油漆(项目编码:011406001)

工程内容:基层清理;刮腻子;刷防护材料、油漆。

项目特征:应描述基层类型;腻子种类;刮腻子遍数;防护材料种类;油漆品种、刷漆遍数;部位。

工程量计算规则:按设计图示尺寸以面积计算。

(2)抹灰线条油漆(项目编码:011406002)

工程内容:基层清理;刮腻子;刷防护材料、油漆。

项目特征:应描述线条宽度、道数;腻子种类;刮腻子遍数;防护材料种类;油漆品种、刷漆遍数。

工程量计算规则:按设计图示尺寸以长度计算。

（3）满刮腻子（项目编码：011406003）

工程内容：基层清理；刮腻子。

项目特征：应描述基层类型；腻子种类；刮腻子遍数。

工程量计算规则：按设计图示尺寸以面积计算。

7.喷刷涂料（编号：011407）

（1）墙面喷刷涂料（项目编码：011407001）

工程内容：基层清理；刮腻子；刷、喷涂料。

项目特征：应描述基层类型；喷刷涂料部位；腻子种类；刮腻子要求；涂料品种、喷刷遍数。

工程量计算规则：按设计图示尺寸以面积计算。

（2）天棚喷刷涂料（项目编码：011407002）

工程内容：基层清理；刮腻子；刷、喷涂料。

项目特征：应描述基层类型；喷刷涂料部位；腻子种类；刮腻子要求；涂料品种、喷刷遍数。

工程量计算规则：按设计图示尺寸以面积计算。

（3）空花格、栏杆刷涂料（项目编码：011407003）

工程内容：基层清理；刮腻子；刷、喷涂料。

项目特征：应描述腻子种类；刮腻子遍数；涂料品种、刷喷遍数。

工程量计算规则：按设计图示尺寸以单面外围面积计算。

（4）线条刷涂料（项目编码：011407004）

工程内容：基层清理；刮腻子；刷、喷涂料。

项目特征：应描述基层清理；线条宽度；刮腻子遍数；刷防护材料、油漆。

工程量计算规则：按设计图示尺寸以长度计算。

（5）金属构件刷防火涂料（项目编码：011407005）

工程内容：基层清理；刷防护材料、油漆。

项目特征：应描述喷刷防火涂料构件名称；防火等级要求；涂料品种、喷刷遍数。

工程量计算规则：以吨计量，按设计图示尺寸以质量计算；以平方米计量，按设计展开面积计算。

（6）木材构件喷刷防火涂料（项目编码：011407006）

工程内容：基层清理；刷防火材料。

项目特征：应描述喷刷防火涂料构件名称；防火等级要求；涂料品种、喷刷遍数。

工程量计算规则：以平方米计量，按设计图示尺寸以面积计算；以平方米计量，按设计结构尺寸以体积计算。

8.裱糊（编号：011408）

（1）墙纸裱糊（项目编码：011408001）

工程内容：基层清理；刮腻子；面层铺粘；刷防护材料。

项目特征:应描述基层类型;裱糊部位;腻子种类;刮腻子遍数;黏结材料种类;防护材料种类;面层材料品种、规格、颜色。

工程量计算规则:按设计图示尺寸以面积计算。

(2)木门油漆(项目编码:011408002)

工程内容:基层清理;刮腻子;面层铺粘;刷防护材料。

项目特征:应描述基层类型;裱糊部位;腻子种类;刮腻子遍数;黏结材料种类;防护材料种类;面层材料品种、规格、颜色。

工程量计算规则:按设计图示尺寸以面积计算。

三、工程量计算规则解读

(1)木门油漆应区分木大门、单层木门、双层(一玻一纱)木门、双层(单裁口)木门、全玻自由门、半玻自由门、装饰门及有框门或无框门等项目,分别编码列项。

(2)金属门油漆应区分平开门、推拉门、钢制防火门等项目,分别编码列项。

(3)以平方米计量,项目特征可不必描述洞口尺寸。

(4)木窗油漆应区分单层木门、双层(一玻一纱)木窗、双层框扇(单裁口)木窗、双层框三层(二玻一纱)木窗、单层组合窗、双层组合窗、木百叶窗、木推拉窗等项目,分别编码列项。

(5)金属窗油漆应区分平开窗、推拉窗、固定窗、组合窗、金属隔栅窗等项目,分别编码列项。

(6)以平方米计量,项目特征可不必描述洞口尺寸。

(7)木扶手应区分带托板与不带托板,分别编码列项。若是木栏杆带扶手,木扶手不应单独列项,应包含在木栏杆油漆中。

(8)喷刷墙面涂料部位要注明内墙或外墙。

(9)楼梯木扶手工程量按中心线斜长计算,弯头长度应计算在扶手长度内。

(10)博风板工程量按中心线斜长计算,有大刀头的每个大刀头增加长度50cm。

(11)木板、纤维板、胶合板油漆,单面油漆按单面面积计算,双面油漆按双面面积计算。

(12)木护墙、木墙裙油漆按垂直投影面积计算。

(13)台板、筒子板、盖板、门窗套、踢脚线油漆按水平或垂直投影面积(门窗套的贴脸板和筒子板垂直投影面积合并)计算。

(14)清水板条天棚、檐口油漆、木方格吊顶天棚油漆以水平投影面积计算,不扣除孔洞面积。

(15)暖气罩油漆垂直面按垂直投影面积计算,突出墙面的水平面按水平投影面积计算,不扣除孔洞面积。

(16)工程量以面积计算的油漆、涂料项目,线角、线条、压条等不展开。

四、工程清单编制示例

【例5-7】 如图5-16所示,墙面、天棚粘贴对花壁纸,门窗洞口侧面粘贴壁纸100mm,房间净高 3.0m,踢脚板高 150mm,墙面与天棚交接出粘定 41mm×85mm 木装饰压角线。计算墙面天棚粘贴壁纸工程量并编制工程量清单。

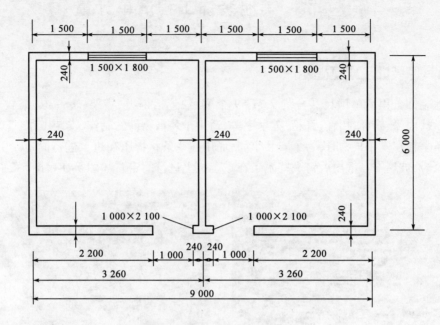

图 5-16 某平房平面图(尺寸单位:mm)

解 (1)墙面粘贴壁纸工程量 = $[(6-0.24)+(4.5-0.24)]×2×(3.0-0.15)×2-$
$1.0×(2.1-0.15)×2-1.5×1.8×2+[(2.1-$
$0.15)×2+1.0]×0.1×2+(1.5+1.8)×2×0.1×2$
$=107.23(m^2)$

(2)天棚粘贴壁纸工程量 = $(6-0.24)×(4.5-0.24)×2=49.08(m^2)$

(3)工程量清单(见表5-9)。

工 程 量 清 单 表5-9

序号	项目编码	项目名称	项 目 特 征	计量单位	工程数量
1	011408001001	墙纸裱糊	部位:墙面、天棚 面层:粘贴对花壁纸	156.31	m²

【例5-8】 全玻璃门,尺寸如图 5-17 所示,油漆为底油 1 遍,调和漆 3 遍,计算工程量,编写清单。

解 (1)油漆工程量 = $1.50×2.40=3.6(m^2)$

(2)工程量清单(见表5-10)。

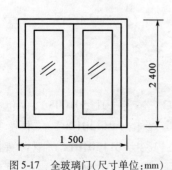

图 5-17 全玻璃门(尺寸单位:mm)

工 程 量 清 单 表5-10

序号	项目编码	项目名称	项 目 特 征	计量单位	工程数量
1	011401001001	墙纸裱糊	全玻璃门,油漆为底油 1 遍,调和漆 3 遍	3.6	m²

第五节　其他装饰工程清单计量

一、其他装饰工程基础知识

其他装饰工程清单项目共分为 7 节 59 个项目,包括柜类、货架、暖气罩、浴厕配件、压条、装饰线、雨篷、旗杆、招牌、灯箱、美术字等,适用于装饰物件的制作、安装工程。

压条是指在安装某物时,为了安装牢固,而用一些条状物压在边上进行固定。例如木窗安装玻璃时,玻璃安在框内后钉一些木条在玻璃边上进行固定。如图 5-18 ~ 图 5-21 所示。

图 5-18　暖气罩

图 5-19　压条

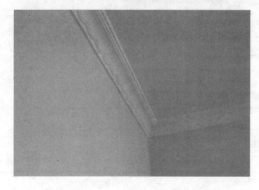

图 5-20　石膏线

图 5-21　灯箱

二、工程量清单项目

1. 柜类、货架(编号:011501)

柜类、货架工程包括柜台(011501001)、酒柜(011501002)、衣柜(011501003)、存包柜(011501004)、鞋柜(011501005)、书柜(011501006)、厨房壁柜(011501007)、木壁柜(011501008)、厨房低柜(011501009)、厨房吊柜(011501010)、矮柜(011501011)、吧台背柜(011501012)、酒吧吊柜(011501013)、酒吧台(011501014)、展台(011501015)、收银台

（011501016）、试衣间（011501017）、货架（011501018）、书架（011501019）、服务台（011501020）计20个项目。

工程内容：包括台柜制作、运输、安装（安放）；刷防护材料、油漆；五金件安装。

项目特征：需要描述台柜规格；材料种类、规格；五金种类、规格；防护材料种类；油漆品种、刷漆遍数。

工程量计算规则：以个计量，按设计图示数量计量；以米计量，按设计图示尺寸以延长米计算；以立方米计量，按设计图示尺寸以体积计算。

2. 装饰线（编号：011502）

装饰线工程包括金属装饰线、木质装饰线、石材装饰线、石膏装饰线、镜面玻璃线、铝塑装饰线、塑料装饰线、GRC装饰线条共8个项目，项目编码依次为011502001～011502008，均按设计图示尺寸以长度计算

金属装饰线、木质装饰线、石材装饰线、石膏装饰线、镜面玻璃线、铝塑装饰线、塑料装饰线项目需要完成线条制作、安装；刷防护材料。GRC装饰线条需要完成线条制作安装。

金属装饰线、木质装饰线、石材装饰线、石膏装饰线需要描述基层类型；线条材料品种、规格、颜色；防护材料种类。GRC装饰线条需要描述基层类型、线条规格、线条安装部位、填充材料种类。

3. 扶手、栏杆、栏板装饰（编号：011503）

扶手、栏杆、栏板装饰工程分为金属扶手、栏杆、栏板（011503001），硬木扶手、栏杆、栏板（011503002），塑料扶手、栏杆、栏板（011503003），GRC栏杆、扶手（011503004），金属靠墙扶手（011503005），硬木靠墙扶手（011503006），塑料靠墙扶手（011503007），玻璃栏板（011503008）8个项目。

工程内容：包括制作、运输、安装、刷防护材料。

项目特征：金属扶手、栏杆、栏板，硬木扶手、栏杆、栏板，塑料扶手、栏杆、栏板需要描述扶手材料种类、规格、品牌；栏杆材料种类、规格、品牌；栏板材料种类、规格、品牌、颜色；固定配件种类；防护材料种类。GRC栏杆、扶手需要描述栏杆的规格；安装间距；扶手类型规格；填充材料种类。金属靠墙扶手需要描述扶手材料种类、规格、品牌；固定配件种类；防护材料种类。玻璃栏板需要描述栏杆玻璃的种类、规格、颜色；固定方式；固定配件种类。

工程量计算规则：按设计图示以扶手中心线长度（包括弯头长度）计算。

4. 暖气罩（编号：011504）

暖气罩工程包括饰面板暖气罩（011504001）、塑料板暖气罩（011504002）、金属暖气罩（011504003）3个项目。

工程内容：包括暖气罩制作、运输、安装；刷防护材料、油漆。

项目特征：需要描述暖气罩材质；防护材料种类。

工程量计算规则：按设计图示尺寸以垂直投影面积（不展开）计算。

5. 浴厕配件（编号：011505）

（1）洗漱台（项目编码：011505001）

工程内容：台面及支架、运输、安装；杆、环、盒、配件安装；刷油漆。

项目特征：需要描述材料品种、规格、品牌、颜色；支架、配件品种、规格、品牌。

工程量计算规则:按设计图示尺寸以台面外接矩形面积计算。不扣除孔洞、挖弯、削角所占面积,挡板、吊沿板面积并入台面面积内;按设计图示数量计算。

(2)晒衣架(项目编码:011505002)

工程内容:台面及支架、运输、安装;杆、环、盒、配件安装;刷油漆。

项目特征:需要描述材料品种、规格、品牌、颜色;支架、配件品种、规格、品牌。

工程量计算规则:按设计图示数量计算。

(3)帘子杆(项目编码:011505003)

工程内容:台面及支架、运输、安装;杆、环、盒、配件安装;刷油漆。

项目特征:需要描述材料品种、规格、品牌、颜色;支架、配件品种、规格、品牌。

工程量计算规则:按设计图示数量计算。

(4)浴缸拉手(项目编码:011505004)

工程内容:台面及支架、运输、安装;杆、环、盒、配件安装;刷油漆。

项目特征:需要描述材料品种、规格、品牌、颜色;支架、配件品种、规格、品牌。

工程量计算规则:按设计图示数量计算。

(5)卫生间扶手(项目编码:011505005)

工程内容:台面及支架、运输、安装;杆、环、盒、配件安装;刷油漆。

项目特征:需要描述材料品种、规格、品牌、颜色;支架、配件品种、规格、品牌。

工程量计算规则:按设计图示数量计算。

(6)毛巾杆(架)(项目编码:011505006)

工程内容:台面及支架制作、运输、安装;杆、环、盒、配件安装;刷油漆。

项目特征:需要描述材料品种、规格、品牌、颜色;支架、配件品种、规格、品牌。

工程量计算规则:按设计图示数量计算。

(7)毛巾环(项目编码:011505007)

工程内容:台面及支架制作、运输、安装;杆、环、盒、配件安装;刷油漆。

项目特征:需要描述材料品种、规格、品牌、颜色;支架、配件品种、规格、品牌。

工程量计算规则:按设计图示数量计算。

(8)卫生纸盒(项目编码:011505008)

工程内容:台面及支架制作、运输、安装;杆、环、盒、配件安装;刷油漆。

项目特征:需要描述材料品种、规格、品牌、颜色;支架、配件品种、规格、品牌。

工程量计算规则:按设计图示数量计算。

(9)肥皂盒架(项目编码:011505009)

工程内容:台面及支架制作、运输、安装;杆、环、盒、配件安装;刷油漆。

项目特征:需要描述材料品种、规格、品牌、颜色;支架、配件品种、规格、品牌。

工程量计算规则:按设计图示数量计算。

(10)镜面玻璃(项目编码:011505010)

工程内容:基层安装;玻璃及框制作、运输、安装。

项目特征:需要描述镜面玻璃品种、规格;框材质、断面尺寸;基层材料种类;防护材料种类。

工程量计算规则:按设计图示尺寸以边框外围面积计算。

(11)镜箱(项目编码:011505011)

工程内容:基层安装;箱体制作、运输、安装;玻璃安装;刷防护材料、油漆。

项目特征:需要描述箱材质、规格;玻璃品种、规格;基层材料种类;防护材料种类;油漆品种、刷漆遍数。

工程量计算规则:按设计图示数量计算。

6.雨篷、旗杆(编号:011506)

(1)雨篷吊挂饰面(项目编码:011506001)

工程内容:底层抹灰;龙骨基层安装;面层安装;刷防护材料、油漆。

项目特征:需要描述基层类型;龙骨材料种类、规格、中距;面层材料品种、规格、品牌;吊顶(天棚)材料品种、规格、品牌;嵌缝材料种类;防护材料种类。

工程量计算规则:按设计图示尺寸以水平投影面积计算。

(2)金属旗杆(项目编码:011506002)

工程内容:土石挖、填、运;基础混凝土浇筑;旗杆制作、安装;旗杆台座制作、饰面。

项目特征:需要描述旗杆材料、种类、规格;旗杆高度;基础材料种类;基座材料种类;基座面层材料、种类、规格。

工程量计算规则:按设计图示数量计算。

(3)玻璃雨篷(项目编码:011506003)

工程内容:龙骨基层安装;面层安装;刷防护材料、油漆。

项目特征:需要描述玻璃雨篷固定方式;龙骨材料种类、规格、中距;玻璃材料品种、规格、品牌;嵌缝材料种类;防护材料种类。

工程量计算规则:按设计图示尺寸以水平投影面积计算。

7.招牌、灯箱(编号:011507)

(1)平面、箱式招牌(项目编码:011507001)

工程内容:基层安装;箱体及支架制作、运输、安装;面层制作、安装;刷防护材料、油漆。

项目特征:需要描述箱体规格;基层材料种类;面层材料种类;防护材料种类。

工程量计算规则:按设计图示尺寸以正立面边框外围面积计算。复杂形的凸凹造型部分。

(2)竖式招牌(项目编码:011507002)

工程内容:基层安装;箱体及支架制作、运输、安装;面层制作、安装;刷防护材料、油漆。

项目特征:需要描述箱体规格、基层材料种类、面层材料种类、防护材料种类。

工程量计算规则:按设计图示数量计算。

(3)灯箱(项目编码:011507003)

工程内容:基层安装;箱体及支架制作、运输、安装;面层制作、安装;刷防护材料、油漆。

项目特征:需要描述箱体规格;基层材料种类;面层材料种类;防护材料种类。

工程量计算规则:按设计图示数量计算。

(4)信报箱(项目编码:011507004)

工程内容:基层安装;箱体及支架制作、运输、安装;面层制作、安装;刷防护材料、油漆。

项目特征:需要描述箱体规格;基层材料种类;面层材料种类;保护材料种类。

工程量计算规则:按设计图示数量计算。

8.美术字(编号:011508)

美术字工程包括泡沫塑料字(011508001)、有机玻璃字(011508002)、木质字(011508003)、金属字(011508004)、吸塑字(011508005)5个项目。

工程内容:字的制作、运输、安装;刷油漆。

项目特征:需要描述基层类型;镌字材料品种、颜色;字体规格;固定方式;油漆品种、刷漆遍数。

工程量计算规则:按设计图示数量计算。

第六节 拆除工程清单计量

一、拆除工程基础知识

拆除工程是指对已经建成或部分建成的建(构)筑物进行拆除的工程。随着我国城市现代化建设的加快,旧建筑拆除工程也日益增多。拆除物的结构也从砖木结构发展到了混合结构、框架结构、板式结构等,从房屋拆除发展到烟囱、水塔、桥梁、码头等建筑物或构筑物的拆除。因而建(构)筑物的拆除施工近年来已形成一种行业趋势。

拆除工程按拆除的标的物划分,有民用建筑的拆除、工业厂房的拆除、地基基础的拆除,以及机械设备的拆除、工业管道的拆除、电气线路的拆除、施工设施的拆除等;按拆除的程度,可分为全部拆除和部分拆除(或叫局部拆除);按拆下的建筑构件和材料的利用程度不同,分为毁坏性拆除和拆卸;按拆除建筑物和拆除物的空间位置不同,又有地上拆除和地下拆除之分。

二、措施项目清单

1.砖砌体拆除(编号:011601)

砖砌体拆除(项目编码:011601001)

工程内容:拆除;控制扬尘;清理;建渣的场内、外运输。

项目特征:应描述砌体名称;砌体材质;拆除高度;拆除砌体的截面尺寸;砌体表面的附着物种类。

工程量计算规则:以立方米计量,按拆除的体积计算;以米计量,按拆除的延长米计算。

2.混凝土及钢筋混凝土构件拆除(编号:011602)

(1)混凝土构件拆除(项目编码:011602001)

工程内容:拆除;控制扬尘;清理;建渣的场内、外运输。

项目特征:应描述构件名称;拆除构件的厚度或规格尺寸;构件表面的附着物种类。

工程量计算规则:以立方米计算,按拆除构件的混凝土体积计算;以平方米计算,按拆除部位的面积计算;以米计算,按拆除部位的延长米计算。

（2）钢筋混凝土构件拆除（项目编码：011602002）

工程内容：拆除；控制扬尘；清理；建渣的场内、外运输。

项目特征：应描述构件名称；拆除构件的厚度或规格尺寸；构件表面附着物的种类。

工程量计算规则：以立方米计算，按拆除构件的混凝土体积计算；以平方米计算，按拆除部位的面积计算；以米计算，按拆除部位的延长米计算。

3. 木构件拆除（编号：011603）

木构件拆除（项目编码：011603001）

工程内容：拆除；控制扬尘；清理；建渣的场内、外运输。

项目特征：应描述构件名称；拆除构件的厚度或规格尺寸；构件表面附着物的种类。

工程量计算规则：以立方米计算，按拆除构件的混凝土体积计算；以平方米计算，按拆除面积计算；以米计算，按拆除延长米计算。

4. 抹灰面拆除（编号：011604）

抹灰面拆除工程包括平面抹灰层拆除（011604001）、立面抹灰层拆除（011604002）、天棚抹灰面拆除（011604003）3个项目。

上述3项的工程内容：拆除；控制扬尘；清理；建渣的场内、外运输。

项目特征：需要描述拆除部位及抹灰层种类；抹灰种类可描述为一般抹灰或装饰抹灰。

工程量的计算规则：按拆除部位的面积计算。

5. 块料面层拆除（编号：011605）

块料面层拆除工程包括平面块料拆除（011605001）和立面块料拆除（011605002）2个项目。

上述2项的工程内容：拆除；控制扬尘；清理；建渣的场内、外运输。

项目特征：需要描述拆除的基层类型；饰面材料种类。

工程量的计算规则：按拆除面积计算。

拆除的基层类型的描述指砂浆层、防水层、干挂或挂贴所采用的钢骨架层等。如仅拆除块料层，拆除的基层类型不用描述。

6. 龙骨及饰面拆除（编号：011606）

龙骨及饰面拆除工程包括楼地面龙骨及饰面拆除（011606001）、墙柱面龙骨及饰面拆除（011606002）、天棚面龙骨及饰面拆除（011606003）3个项目。

工程内容：拆除；控制扬尘；清理；建渣的场内、外运输。

项目特征：应描述拆除的基层类型；龙骨及饰面种类。

工程量计算规则：按拆除面积计算。

基层类型的描述指砂浆层、防水层等。如仅拆除龙骨及饰面，拆除的基层类型不用描述。如只拆除饰面，不用描述龙骨材料种类。

7. 屋面拆除（编号：011607）

屋面拆除工程包括刚性层拆除（011607001）和防水层拆除（011607002）2个项目。

刚性层拆除和防水层拆除的工程内容：铲除；控制扬尘；清理；建渣的场内、外运输。刚性层拆除需要描述刚性层厚度；防水层拆除需要描述防水层厚度。

项目特征：工程量计算规则：按铲除部位的面积计算。

8. 铲除油漆涂料裱糊面(编号:011608)

铲除油漆涂料裱糊面工程包括铲除油漆面(011608001)、铲除涂料面(011608002)、铲除裱糊面(011608003)3个项目。

工程内容:铲除;控制扬尘;清理;建渣的场内、外运输。

项目特征:需要描述铲除部位名称和铲除部位的截面尺寸。

工程量计算规则:以平方米计算,按铲除部位的面积计算;以米计算,按铲除部位的延长米计算。

单独铲除油漆涂料裱糊面的工程按本表中的编码列项。

项目特征:描述指墙面、柱面、天棚、门窗等。工程计算规则按米计量,必须描述铲除部位的截面尺寸;以平方米计量时,则不用描述铲除部位的截面尺寸。

9. 栏杆、轻质隔断隔墙拆除(编号:011609)

栏杆、轻质隔断隔墙拆除工程包括栏杆、栏板拆除(011609001)和隔断隔墙拆除(011609002)2个项目。

工程内容:拆除;控制扬尘;清理;建渣的场内、外运输。

栏杆、栏板拆除项目特征:需要描述栏杆(板)的高度,栏杆、栏板种类。

工程量计算规则:以平方米计量,按拆除部位的面积计算;以米计量,按拆除的延长米计算。

隔断隔墙拆除项目特征:应描述拆除隔墙的骨架种类,拆除隔墙的饰面种类。

工程量计算规则:按拆除部位的面积计算。以平方米计量,不用描述栏杆(板)的高度。

10. 门窗拆除(编号:011610)

门窗拆除工程包括木门窗拆除(011610001)和金属门窗拆除(011610002)2个项目。

工程内容:铲除;控制扬尘;清理;建渣的场内、外运输。

项目特征:需要描述的项目特征包括室内高度;门窗洞口尺寸。

工程计算规则:以平方米计量,按拆除面积计算;以樘计量,按拆除樘数计。门窗拆除以平方米计量,不用描述门窗的洞口尺寸。

室内高度指室内楼地面至门窗的上边框。

11. 金属构件拆除(编号:011611)

金属构件拆除工程包括钢梁拆除(011611001),钢柱拆除(011611002),钢网架拆除(011611003),钢支撑、钢墙架拆除(011611004),其他金属构件拆除(011611005)5项。

工程内容铲除;控制扬尘;清理;建渣的场内、外运输。

项目特征:需要描述构件名称;拆除构件的规格尺寸。

工程量计算规则:钢梁拆除,钢柱拆除,钢支撑、钢墙架拆除及其他金属构件拆除以吨计算,按拆除构件的质量计算;以米计算,按拆除延长米计算。钢网架拆除按拆除构件的质量(t)计算。

12. 管道及卫生洁具拆除(编号:011612)

(1)管道拆除(项目编码:011612001)

工程内容:拆除;控制扬尘;清理;建渣的场内、外运输。

项目特征:应描述管道种类、材质;管道上的附着物种类。

工程量计算规则:按拆除管道的延长米计算。

(2)卫生洁具拆除(项目编码:011612002)

工程内容:拆除;控制扬尘;清理;建渣的场内、外运输。

项目特征:应描述卫生洁具种类。

工程量计算规则:按拆除的数量(套/个)计算。

13.灯具、玻璃拆除(编号:011613)

(1)灯具拆除(项目编码:011613001)

工程内容:拆除;控制扬尘;清理;建渣的场内、外运输。

项目特征:需要描述拆除灯具高度;灯具种类。

工程量计算规则:按拆除的数量(套)计算。

(2)玻璃拆除(项目编码:011613002)

工程内容:拆除;控制扬尘;清理;建渣的场内、外运输。

项目特征:应描述玻璃厚度;拆除部位。

工程量计算规则:按拆除的面积计算。

14.其他构件拆除(编号:011614)

(1)暖气罩拆除(项目编码:011614001)

工程内容:拆除;控制扬尘;清理;建渣的场内、外运输。

项目特征:需要描述暖气罩材质。

工程量计算规则:以个为单位计量,按拆除个数计算;以米为单位计量,按拆除延长米计算。

(2)柜体拆除(项目编码:011614002)

工程内容:拆除;控制扬尘;清理;建渣的场内、外运输。

项目特征:需要描述柜体材质;柜体尺寸(长、宽、高)。

工程量计算规则:以个为单位计量,按拆除个数计算;以米为单位计量,按拆除延长米计算。

(3)窗台板拆除(项目编码:011614003)

工程内容:拆除;控制扬尘;清理;建渣的场内、外运输。

项目特征:需要描述窗台板平面尺寸。

工程量计算规则:以块计量,按拆除数量计算;以米计量,按拆除的延长米计算。

(4)筒子板拆除(项目编码:011614004)

工程内容:拆除;控制扬尘;清理;建渣的场内、外运输。

项目特征:需要描述筒子板的平面尺寸。

工程量计算规则:以块计量,按拆除数量计算;以米计量,按拆除的延长米计算。

(5)窗帘盒拆除(项目编码:011614005)

工程内容:拆除;控制扬尘;清理;建渣的场内、外运输。

项目特征:需要描述窗帘盒的平面尺寸。

工程量计算规则:按拆除物的延长米计算。

(6)窗帘轨拆除(项目编码:011614006)

工程内容:拆除;控制扬尘;清理;建渣的场内、外运输。

项目特征:需要描述窗帘轨的材质。

工程量计算规则:按拆除物的延长米计算。双轨窗帘轨拆除按双轨长度分别计算工程量。

15. 开孔(打洞)(编号:011615)

开孔(打洞)工程(011615001)的工作内容:拆除;控制扬尘;清理;建渣的场内、外运输。

项目特征:需要描述部位;打洞部位材质;洞尺寸。

工程量计算规则:按数量(个)计算。

三、工程量计算规则解读

(1)砌体指墙、柱、水池等。

(2)砌体表面的附着物种类指抹灰层、块料层、龙骨及装饰面层等。

(3)以米计量,如砖地沟、砖明沟等必须描述拆除部位的截面尺寸;以立方米计量,截面尺寸则不必描述。

(4)以立方米作为计量单位时,可不描述构件的规格尺寸;以平方米作为计量单位时,则应描述构件的厚度;以米作为计量单位时,则必须描述构件的规格尺寸。

(5)构件表面的附着物种类指抹灰层、块料层、龙骨及装饰面层等。

(6)拆除木构件应按木梁、木柱、木楼梯、木屋架、承重木楼板等分别在构件名称中描述。

(7)以立方米作为计量单位时,可不描述构件的规格尺寸;以平方米作为计量单位时,则应描述构件的厚度;以米作为计量单位时,则必须描述构件的规格尺寸。

(8)构件表面的附着物种类指抹灰层、块料层、龙骨及装饰面层等。

第七节 措施项目清单计量

一、措施项目基础知识

措施项目指为了完成工程施工,发生于该工程施工前和施工过程中,主要指技术、生活、安全等方面的非工程实体项目。

综合脚手架综合了建筑物中砌筑内外墙所需用的砌墙脚手架、运料斜坡、上料平台、金属卷扬机架、外墙粉刷脚手架等内容。它是工业和民用建筑物砌筑墙体(包括其外粉刷)所使用的一种脚手架。

外脚手架是为建筑施工而搭设在外墙外边线外的上料、堆料与施工作业用的临时结构架(图5-22)。

里脚手架搭设于建筑物内部,每砌完一层墙后,即将其转移到上一层楼面,进行新一层的砌体砌筑,它可用于内外墙的砌筑和室内装饰施工。

垂直运输是指物料的上下运输。机械包括塔式起重机、施工升降机、物料提升机等(图5-23)。

图 5-22　外脚手架

图 5-23　垂直运输

措施项目包括脚手架工程、混凝土模板及支架(撑)、垂直运输、超高施工增加、大型机械设备及进出场及安拆、施工排水、降水、安全文明施工及其他措施项目。

二、措施项目清单

1.脚手架工程(编号:011701)

(1)综合脚手架(项目编码:011701001)

工程内容:场内、场外材料搬运;脚手架、斜道、上料平台斜道、上料平台的搭、拆;安全网的铺设;选择附墙点与主体连接;测试电动装置、安全锁等;拆除脚手架后材料的堆放。

项目特征:需要描述建筑结构形式;檐口高度。

工程量计算规则:按建筑面积计算。

(2)外脚手架(项目编码:011701002)

工程内容:场内、场外材料搬运;脚手架、斜道、上料平台的搭、拆;安全网的铺设;拆除脚手架后材料的堆放。

项目特征:搭设方式;搭设高度;脚手架材质。

工程量计算规则:按所服务对象的垂直投影面积计算。

(3)里脚手架(项目编码:011701003)

工程内容:场内、场外材料搬运;脚手架、斜道、上料平台的搭、拆;安全网的铺设;拆除脚手架后材料的堆放。

项目特征:需要描述搭设方式;搭设高度;脚手架材质。

工程量计算规则:按所服务对象的垂直投影面积计算。

(4)悬空脚手架(项目编码:011701004)

工程内容:场内、场外材料搬运;脚手架、斜道、上料平台斜道、上料平台的搭、拆;安全网的铺设;选择附墙点与主体连接;测试电动装置、安全锁等;拆除脚手架后材料的堆放。

项目特征:需要描述搭设方式;悬挑宽度;脚手架材质。

工程量计算规则:按搭设的水平投影面积计算。

(5)挑脚手架(项目编码:011701005)

工程内容:场内、场外材料搬运;脚手架、斜道、上料平台斜道、上料平台的搭、拆;安全网的铺设;选择附墙点与主体连接;测试电动装置、安全锁等;拆除脚手架后材料的堆放。

项目特征:需要描述搭设方式;悬挑宽度;脚手架材质。

工程量计算规则:按搭设长度乘以搭设层数以延长米计算。

(6)满堂脚手架(项目编码:011701006)

工程内容:场内、场外材料搬运;脚手架、斜道、上料平台斜道、上料平台的搭、拆;安全网的铺设;选择附墙点与主体连接;测试电动装置、安全锁等;拆除脚手架后材料的堆放。

项目特征:需要描述搭设方式;搭设高度;脚手架材质。

工程量计算规则:按搭设的水平投影面积计算。

(7)整体提升架(项目编码:011701007)

工程内容:场内、场外材料搬运;选择附墙点与主体连接;脚手架、斜道、上料平台的搭、拆;安全网的铺设;测试电动装置、安全锁等;拆除脚手架后材料的堆放。

项目特征:需要描述搭设方式及启动装置;搭设高度。

工程量计算规则:按所服务对象的垂直投影面积计算。

(8)外装饰吊篮(项目编码:011701008)

工程内容:场内、场外材料搬运;吊篮的安装;测试电动装置、安全锁、平衡控制器等;吊篮的拆卸。

项目特征:需要描述升降方式及启动装置、搭设高度及吊篮型号。

工程量计算规则:按所服务对象的垂直投影面积计算。

2.混凝土模板及支架(撑)(编号:011702)

混凝土模板及支架(撑)工程共包括基础,矩形柱,构造柱,异形柱,基础梁,矩形梁,异形梁,圈梁,过梁,弧形、拱形梁,直形墙,弧形墙,短肢剪力墙、电梯井壁,有梁板,无梁板,平板,拱板,薄壳板,空心板,其他板,栏板,天沟、檐沟,雨棚、悬挑板、阳台板,楼梯,其他现浇构件,电缆沟、地沟,台阶,扶手,散水,后浇带,化粪池和检查井共 32 个项目,项目编码依次为011702001 ~ 0117020032。

工程内容:以上 32 项都需要完成模板制作;模板安装、拆除、整理堆放及场内外运输;清理模板黏结物及模内杂物、刷隔离剂等。

项目特征:基础模板及支架(撑)需要描述基础类性;异形柱模板及支架(撑)需要描述柱截面形状;基础梁模板及支架(撑)需要描述梁截面形状;矩形梁;有梁板;无梁板;平板;拱板;薄壳板;空心板;其他板模板及支架(撑)需要描述支撑高度;异型梁和弧形、拱形梁模板及支架(撑)需要描述梁截面形状和支撑高度;天沟、檐沟和其他现浇构件模板及支架(撑)需要描述构件类型;雨棚、悬挑板、阳台板模板及支架(撑)需要描述构件类型和板厚度;楼梯模板及支架(撑)需要描述类型;电缆沟、地沟模板及支架(撑)需要描述沟类型和沟截面;台阶模板及支架(撑)需要描述台阶踏步宽;扶手模板及支架(撑)需要描述扶手断面尺寸;后浇带模板及支架(撑)需要描述后浇带部位;化粪池模板及支架(撑)需要描述化粪池部位和化粪池规格;检查井模板及支架(撑)需要描述检查井部位和检查井规格。

工程量计算规则:前 21 项按模板与现浇混凝土构件的接触面积计算。

现浇钢筋混凝土墙、板单孔面积≤0.3m² 的空洞不予扣除,洞侧壁模板亦不增加;单孔面积>0.3m² 时应予扣除,洞侧壁模板面积并入墙、板工程量内计算;现浇框架分别按梁、板、柱有关规定计算;附墙柱、暗梁、暗柱并入墙内工程量内计算;柱、梁、墙、板相互连接的重迭部分,均不计算模板面积;构造柱按图示外露部分计算模板面积。

天沟、檐沟、雨棚、悬挑板、阳台板,其他现浇构件,电缆沟、地沟,台阶,扶手,散水,后浇带,化粪池和检查井项目按模板与现浇混凝土构件的接触面积计算。

楼梯项目按楼梯(包括休息平台、平台梁、斜梁和楼层板的连接梁)的水平投影面积计算,不扣除宽度≤500mm的楼梯井所占面积,楼梯踏步、踏步板、平台梁等侧面模板不另计算,伸入墙内部分亦不增加。

3. 垂直运输(编号:011703)

垂直运输(项目编码:011703001)

工程内容:垂直运输机械的固定装置、基础制作、安装;行走式垂直运输机械轨道的铺设、拆除、摊销。

项目特征:需要描述建筑物建筑类型及结构形式;地下室建筑面积;建筑物檐口高度、层数。

工程量计算规则:按建筑面积计算;按施工工期日历天数计算。

4. 超高施工增加(编号:011704)

超高施工增加(项目编码:011704001)

工程内容:建筑物超高引起的人工工效降低以及由于人工工效降低引起的机械降效;高层施工用水加压水泵的安装、拆除及工作台班;通信联络设备的使用及摊销。

项目特征:需要描述建筑物建筑类型及结构形式;建筑物檐口高度、层数;单层建筑物檐口高度超过20m,多层建筑物超过6层部分的建筑面积。

工程量计算规则:按建筑物超高部分的建筑面积计算。

5. 大型机械设备及进出场及安拆(编号:011705)

大型机械设备进出场及安拆(项目编码:011705001)

工程内容:安拆费包括施工机械、设备在现场进行安装拆卸所需人工、材料、机械和试运转费用以及机械辅助设施的折旧、搭设、拆除等费用;进出场费包括施工机械、设备整体或分体自停放地点运至施工现场或由一施工地点运至另一施工地点所发生的运输、装拆、辅助材料等费用。

项目特征:需要描述机械设备名称;机械设备规格型号。

工程量计算规则:按使用机械设备的数量计算。

6. 施工排水、降水(编号:011706)

(1)成井(项目编码:011706001)

工程内容:准备钻孔机械、埋设护筒、钻机就位;泥浆制作、固壁;成孔、出渣、清孔等;对接上、下井管(滤管),焊接,安放,下滤料,洗井,连接试抽等。

项目特征:需要描述成井方式;地层情况;成井直径;井(滤)管类型、直径。

工程量计算规则:按设计图示尺寸以钻孔深度计算。

(2)排水、降水(项目编码:011706002)

工程内容:包括管道安装、拆除,场内搬运等;抽水、值班、降水设备维修等。

项目特征:需要描述需要描述机械规格型号;降排水管规格。

工程量计算规则:按排、降水日历天数计算。

7.安全文明施工及其他措施项目(编号:011707)

(1)安全文明施工(项目编码:011707001)

工程内容:

①环境保护:现场施工机械设备降低噪声、防扰民措施;水泥和其他易飞扬细颗粒建筑材料密闭存放或采取覆盖措施等;工程防扬尘洒水;土石方、建渣外运车辆冲洗、防洒漏等;现场污染源的控制、生活垃圾清理外运、场地排水排污措施;其他环境保护措施。

②文明施工:"五牌一图";现场围挡的墙面美化(包括内外粉刷、刷白、标语等)、压顶装饰;现场厕所便槽刷白、贴面砖,水泥砂浆地面或地砖,建筑物内临时便溺设施;其他施工现场临时设施的装饰装修、美化措施;现场生活卫生设施;符合卫生要求的饮水设备、淋浴、消毒等设施;生活用洁净燃料;防煤气中毒、防蚊虫叮咬等措施;施工现场操作场地的硬化;现场绿化、治安综合治理;现场配备医药保健器材、物品和急救人员培训;用于现场工人的防暑降温费、电风扇、空调等设备及用电;其他文明施工措施。

③安全施工:安全资料、特殊作业专项方案的编制,安全施工标志的购置及安全宣传;"三宝"(安全帽、安全带、安全网)、"四口"(楼梯口、电梯井口、通道口、预留洞口),"五临边"(阳台围边、楼板围边、屋面围边、槽坑围边、卸料平台两侧),水平防护架、垂直防护架、外架封闭等防护;施工安全用电,包括配电箱三级配电、两级保护装置要求、外电防护措施;起重机、塔吊等起重设备(含井架、门架)及外用电梯的安全防护措施(含警示标志)及卸料平台的临边防护、层间安全门、防护棚等设施;建筑工地起重机械的检验检测;施工机具防护棚及其围栏的安全保护设施;施工安全防护通道;工人的安全防护用品、用具购置;消防设施与消防器材的配置;电气保护、安全照明设施;其他安全防护措施。

④临时设施:施工现场采用彩色、定型钢板,砖、混凝土砌块等围挡的安砌、维修、拆除或摊销;施工现场临时建筑物、构筑物的搭设、维修、拆除或摊销,如临时宿舍、办公室、食堂、厨房、厕所、诊疗所、临时文化福利用房、临时仓库、加工场、搅拌台、临时简易水塔、水池等;施工现场临时设施的搭设、维修、拆除或摊销,如临时供水管道、临时供电管线、小型临时设施等;施工现场规定范围内临时简易道路铺设,临时排水沟、排水设施安砌、维修、拆除;其他临时设施搭设、维修、拆除。

(2)夜间施工(项目编码:011707002)

工程内容:

①夜间固定照明灯具和临时可移动照明灯具的设置、拆除。

②夜间施工时,施工现场交通标志、安全标牌、警示灯等的设置、移动、拆除。

③包括夜间照明设备摊销及照明用电、施工人员夜班补助、夜间施工劳动效率降低等。

(3)非夜间施工照明(项目编码:011707003)

工程内容:为保证工程施工正常进行,在如地下室等特殊施工部位施工时所采用的照明设备的安拆、维护、摊销及照明用电等。

(4)二次搬运(项目编码:011707004)

工程内容:由于施工场地条件限制而发生的材料、成品、半成品等一次运输不能到达堆放地点,必须进行二次或多次搬运的。

（5）冬雨季施工（项目编码:011707005）

工程内容:

①冬雨（风）季施工时增加的临时设施（防寒保温、防雨、防风设施）的搭设、拆除。

②冬雨（风）季施工时,对砌体、混凝土等采用的特殊加温、保温和养护措施。

③冬雨（风）季施工时,施工现场的防滑处理、对影响施工的雨雪的清除。

④包括冬雨（风）季施工时增加的临时设施、施工人员的劳动保护用品、冬雨（风）季施工劳动效率降低等。

（6）地上设施、地下设施和建筑物的临时保护设施（项目编码:011707006）

工程内容:在工程施工过程中,对已建成的地上设施、地下设施和建筑物进行的遮盖、封闭、隔离等必要保护措施所发生的。

（7）已完工程及设备保护（项目编码:011707007）

工程内容:对已完工程及设备采取的覆盖、包裹、封闭、隔离等必要保护措施所发生的。

三、工程量计算规则解读

（1）脚手架工程中,使用综合脚手架时,不再使用外脚手架、里脚手架等单项脚手架。综合脚手架适用于能够按"建筑面积计算规则"计算建筑面积的建筑工程脚手架,不适用于房屋加层、构筑物及附属工程脚手架。同一建筑物有不同檐高时,按建筑物竖向切面分别按不同檐高编列清单项目。整体提升架已包括2m高的防护架体设施。脚手架材质可以不描述,但应注明由投标人根据工程实际情况按照《建筑施工扣件式钢管脚手架安全技术规范》（JGJ 130—2011）、《建筑施工附着升降脚手架管理暂行规定》等自行确定。

（2）混凝土模板及支架（撑）项目中,原槽浇灌的混凝土基础、垫层,不计算模板。此混凝土模板及支撑（架）项目,只适用于以平方米计量,按模板与混凝土构件的接触面积计算;以立方米计量,模板及支撑（支架）不再单列,按混凝土及钢筋混凝土实体项目执行,综合单价中应包含模板及支架。采用清水模板时,应在项目特征中注明。若现浇混凝土梁、板支撑高度超过3.6m时,项目特征应描述支撑高度。

（3）垂直运输项目中,建筑物的檐口高度是指设计室外地坪至檐口滴水的高度（平屋顶系指屋面板底高度）,突出主体建筑物屋顶的电梯机房、楼梯出口间、水箱间、瞭望塔、排烟机房等不计入檐口高度。垂直运输机械指施工工程在合理工期内所需垂直运输机械。同一建筑物有不同檐高时,按建筑物的不同檐高做纵向分割,分别计算建筑面积,以不同檐高分别编码列项。

（4）超高施工增加项目中,单层建筑物檐口高度超过20m,多层建筑物超过6层时,可按超高部分的建筑面积计算超高施工增加。计算层数时,地下室不计入层数。同一建筑物有不同檐高时,可按不同高度的建筑面积分别计算建筑面积,以不同檐高分别编码列项。

（5）施工排水、降水项目中,相应专项设计不具备时,可按暂估量计算。

（6）安全文明施工及其他措施项目中,所列项目应根据工程实际情况计算措施项目费用,需分摊的应合理计算摊销费用。

四、措施项目清单编制示例

【例5-9】　某12层框架结构住宅楼,层高3m,带一层地下室,每层建筑面积980m^2。现场采用一台塔式起重机(80kN·m)进行垂直运输,做轨道式基础,场外运输在25km以内,夜间进入施工现场。该建筑物正面水平长度为100m。试计算垂直运输工程量并编制工程量清单。

解 (1)依据题意及上述计算公式其工程量计算如下:

$$S_{建筑} = 980 \times 13 = 12740 (m^2)$$

(2)编制工程量清单(见表5-11)。

工程量清单 表5-11

序号	项目编码	项目名称	项目特征	计量单位	工程数量
1	011703001001	垂直运输	(1)框架结构住宅楼 (2)地下室建筑面积980m² (3)12层	m²	12740

复习思考题

1. 水磨石地面清单工程量如何计算?

2. 门、窗油漆的清单工程量如何计算?

3. 图5-24所示为某建筑平面图,地面工程做法为:

(1)20mm厚1:2水泥砂浆抹面压实抹光(面层)。

(2)刷素水泥浆结合层一道(结合层)。

(3)60mm厚C20细石混凝土找坡层,最薄处30mm厚。

(4)聚氨酯涂膜防水层厚1.5~1.8mm,防水层周边卷起150mm。

(5)40mm厚C20细石混凝土随打随抹平。

(6)150mm厚3:7灰土垫层。

(7)素土夯实。

试编制水泥砂浆地面工程量清单。

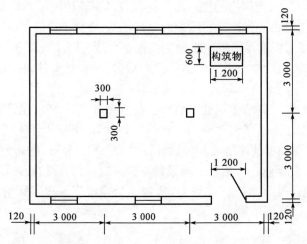

图5-24 建筑物平面示意图(尺寸单位:mm)

第六章 房屋建筑工程量清单计价

本章要点

　　本章主要以《陕西省建筑装饰工程消耗量定额(2004)》(以下简称《消耗量定额》)及补充消耗量定额为例,介绍了土石方工程、桩基工程、砌筑工程、混凝土及钢筋工程、金属结构工程、门窗工程、屋面工程清单计价的说明及主要项目计价工程量的计算,并结合实例讲解工程量清单计价的具体过程。学生通过本章的学习,掌握主要工程量的消耗量定额消耗量计算;掌握工程量清单综合单价的计算。

　　《消耗量定额》一般是按照工程种类不同,以分部工程分章编制,每一章又按产品技术规格不同、施工方法不同等分列很多消耗量定额项目。整个预算消耗量定额一般是由总说明、分章消耗量定额和附录等组成。

　　《消耗量定额》各章由章说明、工程量计算规则、附表和消耗量定额表等组成。说明中介绍了本章消耗量定额包括的主要项目、有关规定、消耗量定额的换算方法等内容。工程量计算规则主要介绍了各个项目的工程量计算规则,是正确计算各分项工程量的统一尺度。附表包括工程量计算和消耗量定额换算的用表。消耗量定额表一般由工作内容、计量单位和项目表组成。工作内容扼要说明主要工序的施工操作过程,次要工序不一定全部列出,但消耗量定额中均已做了考虑。工作内容是正确划分项目的基本依据。计量单位在表格的右上角,一般采用扩大量单位。

第一节　土石方工程清单计价

一、计价说明

1. 消耗量定额项目设置及说明

(1)土石方工程共包括 5 部分 142 个项目,补充消耗量定额 1 个项目(水坠砂),消耗量定额项目组成见表6-1。

土石方工程项目组成表 表 6-1

章	节	子 目
土石方工程	人工土方	消耗量定额 1-1～1-43，包括挖土（人工挖土方、人工挖沟槽、挖地坑、挖枯井、挖淤泥流砂、山坡切土、人工挖桩孔），运土（单双轮车运土 50m、每增 50m），填土（回填夯实素土、回填夯实灰土、回填土松填），其他（平整场地、钻探及回填孔、原土夯实、挡土板）
	人工石方	消耗量定额 1-44～1-82，包括平基、沟槽、基坑、地面摊座、槽（坑）摊座、修整边坡、人工打眼爆破石方、单（双）轮车运石方
	机械土方	消耗量定额 1-83～108，包括推土机推土、挖掘机挖土（装车、不装车）、现场倒运土、填土（人填机压、机填机压）、平整碾压
	机械石方	消耗量定额 1-109～1-126
	强夯工程	消耗量定额 1-127～1-142，根据夯击的能量，共 16 个子目
	补充消耗量定额	消耗量定额 B1-1 水坠砂

（2）消耗量定额中已综合考虑了土方工程施工中土壤类别权重，使用时不得调整换算。

（3）消耗量定额中人工挖土（1-1～1-12）、挖桩孔（1-22～1-23）综合了现场内 100m 土方倒运，若发生 100m 以上时按所增加的运距套用 1-33 单（双）轮车运土每增 50m 子目。其余要套 1-32 及 1-33 子目。

（4）人工回填子目包含了回填工作面以外 5m 以内的取土，回填工作面内的土方倒运不得计算，增加的运距套用 1-33 单（双）轮车运土每增 50m 子目。

（5）原土夯实子目（1-21）不能用于灰土回填夯实工序。

（6）1-26～1-28 子目适用于室内外及各类垫层的回填土。

（7）人工挖桩间土时，按实挖体积（扣桩占体积）计算，套用人工挖土方消耗量定额时，人工乘以 1.5 的系数。

（8）垃圾土外运执行装载机装车和自卸汽车运土每增加 1km 子目。

（9）机械挖土方消耗量定额也适应机械开挖沟槽。

（10）余（脏）土外运，按本章的机械土方子目执行，弃土场费用按环卫有关规定计算。

（11）机械土方子目中没有计算大型机械场外运输费用，按《消耗量定额》中第十六章附录二大型机械场外运输、安装、拆卸有关子目另行计算。

2. 计价项目主要工程量计算

土方工程《工程量清单计价规则》和《消耗量定额》计算规则差异较大，按施工方法不同分人工土方工程和机械土方工程，计价工程量需按图重新计算工程量。

主要区别在于预算消耗量定额考虑了施工时的预留量如工作面、放坡（图 6-1、图 6-2）等（工作面和放坡的取定考虑了：①施工组织设计；②消耗量定额相关规定）。

消耗量定额规定如下：

①挖土深度≥1.5m 时应计算放坡（图 6-2），且不分土壤类别，按表 6-2 计算工程量。

放坡起点及放坡系数　　　表 6-2

放坡起点(m)	放坡系数
1.5	1:0.33

注:a. 计算放坡时,交接处重复工程量不予扣除。

b. 槽、坑做基础垫层时,不论是否支模,均以垫层下表面计算放坡系数,并不再考虑垫层的工作面。

②挖沟槽、基坑需支挡土板(图 6-3)时,其宽度按图示沟槽、基坑底宽,单面加 10cm,双面加 20cm 计算。挡土板面积,按槽、坑垂直支撑面积计算。支挡土板后,不得再计算放坡。

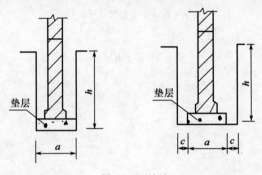

图 6-1　不放坡

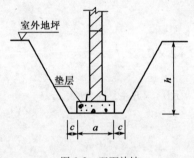
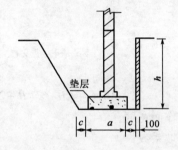

图 6-2　双面放坡　　　　　　图 6-3　一面放坡,一面支挡土板

③基础施工所需工作面,按表 6-3 规定计算。

基础施工所需工作面宽度计算表　　　表 6-3

基 础 材 料	每边各增加工作面宽度(mm)
砖基础	200
砌筑毛石、条石基础	150
混凝土基础支模	300
基础垂直面做防水层	800

消耗量定额应用前应确定计算资料:①土壤类别与地下水位标高。②挖、填、运土与排水施工方法。③土方放坡与支挡板情况。

1)人工土方工程

(1)平整场地:其工程量按建筑物外墙外边线每边各加 2m 以平方米计算。

$$S = (长 + 4m) \times (宽 + 4m)$$

或

$$S = S_底 + L_外 \times 2 + 16$$

(2)挖土:"挖土"工程量计算应根据施工组织设计(编制报价)确定的挖土深度、工作面宽度、放坡系数或支挡土板等因素进行。若无施工组织设计(编制预算和标底),可按《消耗量定额》规定确定工作面和放坡系数(和清单的最大区别在于挖土时留工作面和放坡)。

挖土分为人工挖土方、沟槽、地坑,工程量按设计要求尺寸以立方米(m^3)计算。

①挖沟槽:指沟槽底宽小于3m且沟槽长度大于槽宽3倍以上的槽(沟)土方开挖(即细长条的),沟槽土方量计算公式为:

不放坡:

$$V = (B + 2 \times C) \times H \times L$$

放坡:

$$V = (B + 2 \times C + KH) \times H \times L$$

式中:C——工作面宽度;

K——放坡系数;

B——垫层宽度;

H——挖土深度;

L——沟槽长度。

②挖地坑指坑底面积在$20m^2$以内的土方开挖(即小面积的),地坑土方量计算公式如下。

不放坡:

$$V = (A + 2 \times C) \times (B + 2 \times C) \times H$$

放坡:

$$V = (A + 2 \times C + KH) \times (B + 2 \times C + KH) \times H + 1/3 \times K2 \times H3$$

式中:C——工作面宽度;

K——放坡系数;

B——垫层宽度;

H——挖土深度。

③挖土方指坑底面积大于$20m^2$的地坑或沟槽底宽大于3m的坑、槽(沟)土方开挖,(即大面积且挖土较厚的)。

挖土方工程量计算公式同挖地坑。

(3)回填土

①基础回填土工程量以挖方体积减去设计室外地坪以下埋设砌筑物(垫层、基础等)体积计算,其计算公式如下:

$$V = 挖土体积 - 设计室外地坪以下埋设的砌筑量$$

注:在减去砌筑物的基础时,不能直接减去砖基础的工程量,因为砖基础与砖墙的分界线在设计室内地面,而回填土的分界线在设计室外地坪,所以要注意调整两个分界线之间相差的工程量。

②管道沟槽回填,管径超过500mm以上时按表6-4规定扣除管道所占体积计算,计算公式如下:

$$V = 挖土体积 - 管道基础垫层体积 - 管道所占体积$$

表6-4

管道扣除土方体积表（单位：m^3/m）

管道名称	管道直径（mm）					
	501~600	601~800	801~1 000	1 001~1 200	1 201~1 400	1 401~1 600
钢管	0.21	0.44	0.71	—	—	—
铸铁管	0.24	0.49	0.77	—	—	—
混凝土管	0.33	0.60	0.92	1.15	1.35	1.55

③室内回填土工程量按主墙（承重墙或厚度在15cm以上的墙）之间的面积乘以填土平均厚度计算，不扣除垛、附墙烟囱、垃圾道及地沟所占的体积，计算公式如下：

$$V = 室内净面积 \times 填土平均厚度$$

$$= (S_底 - L_中 \times 墙厚 - L_内 \times 墙厚) \times (室内外高差 - 垫层找平层面层等厚度)$$

即室内回填土的消耗量定额工程量同清单项目工程量。

④基础垫层回填土工程量按垫层底面积乘以垫层厚度以体积计算，计算公式如下：

$$V = 垫层底面积 \times 垫层厚度$$

或

$$V = 垫层断面积 \times 垫层长度$$

即基础垫层回填土的消耗量定额工程量同清单项目工程量。

（4）原土夯实是以所夯实的面积计算，即：

$$S = 室内净面积$$

或

$$S = 坑槽底面积$$

（5）钻探及回填孔工程量按建筑物外墙外边线每边各加3m以平方米计算，计算公式如下：

$$S = (长 + 6m) \times (宽 + 6m)$$

或

$$S = S_底 + L_外 \times 3 + 36$$

（6）运土（余土或取土）

按自然方计算，若无法按自然方计算时，则以压实方量乘1.22系数。

2）机械土方工程

（1）机械挖土方按自然方计算（公式同人工土方）。

（2）机械回填碾压工程量按压实方计算。

（3）运土工程量按自然方计算，若无法按自然方计算时，素土按压实体积乘1.22系数，灰土按压实体积乘1.31系数。

（4）外购黄土按自然方计算或压实方乘1.22系数。

（5）无施工组织设计时，可参考以下数据选用施工机械：

①推土机推土：推土距离在80m以内，开挖深度在3m以内的土方施工。

②铲运机运土：运土800~1 000m开挖深度在地下水位1m以上的挖运土方，并考虑机械转向所需要的场地要求。

③挖掘机挖土（推土机辅助）配自卸汽车运土适用于运土距离在500m以上、挖掘深度

8m 以内、推土距离 50m 范围以内的土方施工。

④装载机倒运土方适用于现场 150m 以内的土方运输。

⑤翻斗车运土适用于运距在 150~500m 的土方运输。

(6)机械挖土方工程量按施工组织设计分别计算机械和人工挖土工程量。无施工组织设计时可按机械挖土方 90%、人工挖土方 10% 计算(人工挖土部分按相应定额项目人工乘系数 2.0)。

(7)推土机推土或铲运机铲土土层平均厚度小于 30cm 时,推土机台班用量乘以系数 1.25;铲运机台班用量乘以系数 1.17。

二、工程量清单计价编制示例

【例 6-1】 平整场地综合单价组价

某建筑物平面为 16.44m × 7.14m,底层建筑面积 95.96m²,平整场地清单如表 6-5 所示。请计算综合单价。

平整场地工程量清单 表 6-5

序号	项目编码	项目名称	计量单位	工程数量
1	010101001001	平整场地 挖填土方 场地找平	m²	95.96

方法一:采用《消耗量定额》计算

计算计价工程量:

$$L_{外} = (16.44 + 7.14) \times 2 = 41.16(m)$$

$$S = S_{底} + L_{外} \times 2 + 16 = 95.96 + 41.16 \times 2 + 16 = 194.28(m^2)$$

查《消耗量定额》:1-19 子目平整场地;人工:6.37 工日/100m²;人工单价:42 元/工日。

人工费 = 6.37 × 42 × 1.9428 = 519.78 元;材料费 = 0;机械费 = 0;分项风险 = 0。

分项直接工程费 = 519.78(元)

分项管理费 = 519.78 × 3.58% = 18.61(元)

分项利润 = 519.78 × 2.88% = 14.97(元)

分项综合费用 = 519.78 + 18.61 + 14.97 = 556.36(元)

分项综合单价 = 556.36/95.96 = 5.77 元/m²

方法二:采用《陕西省建筑装饰工程价目表 2009》计算

计算计价工程量　$S = 194.28(m^2)$

查《陕西省建筑装饰工程价目表 2009》1-19 子目平整场地:基价,267.54 元/100m²;其中人工费:267.54 元/100m²。

消耗量定额基价 = 267.54 元/100m²

管理费 = 267.54 × 3.58% = 9.58 元/100m²

利润 = 267.54 × 2.88% = 7.71 元/100m²

分项合计 = (267.54 + 9.58 + 7.71) = 284.83 元/100m²

分项综合单价 = 284.83 × 1.9428/95.96 = 5.77 元/m²

【例6-2】　机械土方回填综合单价组价

某工程大开挖(按设计开挖线)后,进行地基换土处理,地基回填土清单如表6-6所示。请计算综合单价。

土方回填工程量清单　　　　　　　　　　　　　　　　　　　　　　表6-6

序号	项目编码	项目名称	计量单位	工程数量
1	010103001001	土方回填 【项目特征】 1.回填部位:地基处理 2.土质要求:3:7灰土 3.密实度要求:>0.97 夯填(碾压):碾压 4.运输距离:黄土外购	m³	1 800.00

方法一:根据清单项目特征,该分项工程综合单价由两项内容组成:人工铺填机械碾压、外购黄土。

(1)人工铺填机械碾压

查《消耗量定额》:1-102子目人工铺填3:7灰土,人工:366.5工日/1 000m³;

生石灰:246.74t/1 000m³;

水:15m³/1 000m³;

6t压路机:6.82台班/1 000m³,4 000L洒水车:0.75台班/1 000m³。

确定要素单价(均采用《陕西省建筑装饰工程价目表2009》中的单价):

人工:42.00元/工日;

生石灰:181.78元/t(主要材料单价表序号486);

水:6.85元/m³(主要材料单价表序号702);

6t压路机:240.83元/台班(序号J01055),4 000L洒水车:402.80元/台班(序号J04037)。

计算计价工程量:$V = 1\ 800\text{m}^3$

消耗量定额人工费 $= 366.5 \times 42 = 15\ 267.00$ 元/1 000m³

材料费 $= 246.74 \times 181.78 + 15 \times 6.85 = 44\ 910.15$ 元/1 000m³

机械费 $= 6.82 \times 240.83 + 0.75 \times 402.80 = 1\ 944.56$ 元/1 000m³

消耗量定额基价 = 消耗量定额人工费 + 材料费 + 机械费 $= 15\ 267 + 44\ 910.15 + 1\ 944.56$
$$= 62\ 121.71\ \text{元/1 000m}^3$$

管理费 $= 62\ 121.71 \times 1.70\% = 1\ 056.70$ 元/1 000m³

利润 $= (62\ 121.71 + 1\ 056.70) \times 1.48\% = 935.04$ 元/1 000m³

分项综合单价 $= (62\ 121.71 + 1\ 056.70 + 935.04) \times 1.8/1\ 800 = 64.11$ 元/m³

(2)外购黄土

市场单价 $= 18.24$ 元/m³

外购黄土数量 $= 1\ 800 \times 0.7 \times 1.22 = 1\ 537.2\text{m}^3$

分项综合单价 $= 18.24 \times 1\ 537.2/1\ 800 = 15.58$ 元/m³

清单综合单价 $= 64.11 + 15.58 = 79.69$ 元/m³

方法二:查《陕西省建筑装饰工程价目表2009》,根据清单项目特征,该分项工程综合单价由两项内容组成:人工铺填机械碾压、外购黄土。

(1)人工铺填机械碾压

查《陕西省建筑装饰工程价目表 2009》:1-102 子目人工铺填机械碾压 3:7 灰土基价:62 121.71 元/1 000m³。

其中人工费:15 267.00 元/1 000m³;

材料费:44 910.15 元/1 000m³;

机械费:1 944.56 元/1 000m³。

计算计价工程量:$V = 1\,800(m^3)$

消耗量定额基价 = 62 121.71 元/1 000m³

管理费 = 62 121.71 × 1.7% = 1 056.10 元/1 000m³

利润 = (62 121.71 + 1 056.10) × 1.48% = 935.03 元/1 000m³

综合单价 = (62 121.71 + 1 056.10 + 935.03) × 1.8/1 800 = 64.11 元/m³

(2)外购黄土

市场单价 = 18.24 元/m³

外购黄土数量 = 1 800 × 0.7 × 1.22 = 1 537.2m³

综合单价 = 18.24 × 1 537.2/1 800 = 15.58 元/m³

清单综合单价 = 64.11 + 15.58 = 79.69 元/m³

第二节 桩基工程清单计价

一、计价说明

1. 消耗量定额项目设置及说明

(1)本章消耗量定额共包括 7 部分 112 个子目,修改子目 13 个项目,补充消耗量定额 30 个项目,消耗量定额项目组成见表 6-7。

桩基础工程项目组成表 表 6-7

章	节	子 目
桩基础工程	打压入预制桩	打入预制混凝土方桩、管桩、板桩,静力压桩,接桩,安装导向夹具等共 19 个子目(2-1~2-19)
	灌注桩成孔	走管式打桩机打孔、螺旋钻机成孔、重锤夯扩、回旋钻机钻孔、冲击钻机成孔、锅钻、CFG 桩等(2-20~2-63)
	其他桩	灰土井桩、砂石桩、水冲桩、灰土挤密桩(2-64~2-69)
	基坑降水	2-70~2-80
	地基深层加固	深层搅拌粉喷桩、喷浆,高压旋喷桩(2-81~2-85)
	基坑支护	土钉锚杆成孔、注浆、喷射混凝土、加预应力(2-86~2-92)
	其他	埋设钢护筒、泥浆制作运输、灌注混凝土、凿桩头、钢筋笼安放、泥渣外运(2-93~2-112)
	补充消耗量定额	B2-1~B2-30

（2）各类桩综合考虑了不同的土壤类别、不同的机械型号与规格、桩断面等因素,除另有规定者外,均不得换算。

（3）消耗量定额中综合考虑了预制桩的喂桩及送桩的因素,使用中亦不再做调整。

（4）混凝土灌注桩将桩的成孔和灌注混凝土分为两个消耗量定额项目,使用时要注意分别套用相关消耗量定额子目。

（5）灰土井桩(2-64,2-65)为综合消耗量定额,使用时要注意消耗量定额表上边的工作内容。

（6）修改子目:走管式打桩机打孔(2-20～2-22),螺旋钻机成孔和重锤夯扩(2-23～2-25),CFG桩成孔(2-61～2-63),泥浆制作、运输(2-97～2-100)见补充消耗量定额。

（7）重锤夯扩消耗量定额中填充材料,应按补充消耗量定额下面的脚注进行换算。

（8）CFG桩修改为单项消耗量定额,成孔和混凝土灌注应分开执行。

（9）桩基础工程子目中没有计算大型机械场外运输费用,按消耗量定额中第十六章附录二大型机械场外运输、安装、拆卸有关子目另行计算。

（10）基坑支护脚手架执行十三章消耗量定额脚手架工程15m以内外脚手架子目(16-1)。

2. 主要项目工程量计算

1）预制钢筋混凝土桩

预制钢筋混凝土桩应分别列项计算制桩(分混凝土、钢筋、模板)、运桩、打桩或压桩、接桩、截桩与凿桩头、石渣外运等内容,并分别套用相应各分部消耗量定额。

（1）预制钢筋混凝土桩制作工程量按图纸计算的工程量并考虑制作损耗量计算,其计算公式如下:

$$混凝土、模板工程量(V) = 图纸计算的桩体积 \times 1.02$$
$$钢筋工程量(G) = 按图纸计算的钢筋重量 \times 1.02$$

（2）预制钢筋混凝土桩运输工程量按图纸计算的工程量并考虑损耗量计算,其计算公式如下:

$$V = 图纸计算的桩体积 \times 1.019$$

（3）打(压)入预制钢筋混凝土桩工程量按图纸计算的工程量并考虑损耗量计算,其计算公式如下:

$$V = 图纸计算的桩体积 \times 1.015$$

打(压)入预制钢筋混凝土桩按设计桩长加桩尖长度乘以桩截面积以立方米计算,消耗量定额的消耗量已考虑了桩尖虚空部分的因素。

图纸计算的桩体积 = 桩断面积 × 桩长(包括桩尖) × 根数 = 桩断面积 × 总桩长(包括桩尖)

（4）接桩(一般15m以上):型钢焊接接桩按接头个数计算。

（5）凿桩头:余桩长度在500mm以内的为凿桩,500mm以外的为截桩,同时还应计算凿桩。凿桩头按体积计算。

（6）泥浆制作,泥浆、泥渣外运按钻孔理论体积计算。凿桩头混凝土渣外运以凿除体积乘以系数1.25套用第一章自卸汽车运渣子目。桩头处理中补浇混凝土、补焊锚固钢筋的材料量按实计算。

2）灌注桩

分别按成孔、泥渣外运、钢筋笼（制作、运输与安放、焊接费用补贴）、灌注混凝土（现场搅拌和商品混凝土）、凿桩头和桩头处理、石渣外运等内容套用消耗量定额或计算。

（1）成孔（2-20～2-60）、泥渣外运（2-112）工程量按桩的断面积乘以入土深度以体积 V 计算，其计算公式为：

$$V = 桩的断面积 \times 深度（长度）$$

①走管式打桩机、螺旋钻机、回旋钻机、冲击钻机、锅锥钻机、旋挖钻机成孔以设计入土深度 L 计算，其计算式为：

$$L = 桩底标高 - 自然地坪标高（或坑底标高）或 L = 设计桩长 + 超灌长度$$

②回旋钻机、冲击钻机成孔深度是指护筒顶至桩底的深度，同一井深内分不同土质套用不同子目，不论其所在的深度如何，均执行总孔深子目。

（2）灌注混凝土（2-101～2-108）

①人工挖孔桩灌注混凝土体积 V 以设计图示桩长乘以断面，以立方米计算，其计算公式为：

$$V = 桩的断面积 \times 设计桩长$$

桩的断面积、设计桩长可直接在清单项目特征和内容中得到。

②走管式打桩机成孔后，先埋入预制混凝土桩尖，再灌注混凝土者，桩尖按有关章节另行计算。

a. 预制桩尖按实体积计算套用消耗量定额第四章混凝土及钢筋混凝土工程、第六章构件运输及安装子目。

b. 灌注混凝土按体积计算，即：

$$V = 断面积 \times 桩长（从桩尖顶面算起）$$

③钻孔桩灌注混凝土以设计桩长（含桩尖）加 0.5m 乘以断面面积计算，即：

$$V = 桩的断面积 \times （设计桩长 + 0.5m）$$

（3）灌注桩的钢筋笼制作与安放，以设计图纸量净用量（焊接的搭接长度按 10d 考虑）计算套用第四章钢筋子目（4-6～4-8），钢筋笼安放按钢筋笼的重量计算执行钢筋笼安放子目（2-111），钢筋笼的焊接费用补贴见消耗量定额第四章混凝土及钢筋混凝土工程说明，即重量同清单钢筋重量

（4）泥浆制作、泥浆运输、泥渣外运、凿桩头和石渣外运按钻孔理论体积计算。

3）夯扩桩（DDC 桩）

分螺旋钻机成孔和重锤夯扩两个子目套用。夯扩按夯扩后的桩径以体积计算，成孔按夯扩前的桩径计算。填充材料应按补充消耗量定额下面的脚注进行换算。

4）CFG

桩（2-61～2-63 已修改，成孔和灌注混凝土分开）按设计桩长乘以桩截面积以立方米计算。

5)灰土挤密桩

按设计桩长加0.25m乘以桩截面积以立方米计算,即:

$$V = 桩的断面积 \times (设计桩长 + 0.25m)$$

二、工程量清单计价编制示例

【例6-3】　预制钢筋混凝土桩综合单价组价。

某预制钢筋混凝土桩清单见表6-8,请计算综合单价。

某预制钢筋混凝土桩清单　　　　　　　　　　　表6-8

序号	编码编号	项 目 名 称	计量单位	工程量	综合单价
1	010201001001	预制钢筋混凝土桩 【项目特征】 1.土的级别:二级土 2.单桩设计长度:9.6m 3.桩截面尺寸:400×400 4.混凝土强度等级:C40碎石混凝土 5.桩的运距:10km 【工程内容】 桩制作、运输,打桩、送桩	m	960.00	

解　根据清单项目特征,该分项工程综合单价由3项内容组成:打桩、C40碎石混凝土、桩运输打桩。

(1)打桩

查《陕西省建筑装饰工程价目表2009》:2-1打入预制钢筋混凝土方桩,桩长(12m)以内,消耗量定额基价:1 970.19元/10m³。

计算计价工程量$(V) = 0.4 \times 0.4 \times 960 \times 1.015 = 155.90m^3$

分项直接工程费 $= 1 970.19 \times 15.59/960 = 32.00$ 元/m³

管理费 $= 32.00 \times 1.72\% = 0.55$ 元/m³

利润 $= (32.00 + 0.55) \times 1.07\% = 0.35$ 元/m³

分项综合单价 $= 32.00 + 0.55 + 0.35 = 32.9$ 元/m³

(2)C40碎石混凝土

查《陕西省建筑装饰工程价目表2009》:4-1C20砾石混凝土(普通)换:

消耗量定额基价 $= 268.43 + 1.015 \times (223.64 - 160.88) = 332.13$ 元/m³

计算计价工程量$(V) = 0.4 \times 0.4 \times 960 \times 1.02 = 156.67m^3$

分项直接工程费 $= 332.13 \times 156.67/960 = 54.20$ 元/m³

管理费 $= 54.20 \times 5.11\% = 2.77$ 元/m³

利润 $= (54.20 + 2.77) \times 3.11\% = 1.77$ 元/m³

分项综合单价 $= 54.20 + 2.77 + 1.77 = 58.74$ 元/m³

(3)桩运输

查《陕西省建筑装饰工程价目表2009》:6-15预制钢筋混凝土,三类构件运输10km以内。消耗量定额基价:2 283.47元/10m³。

计算计价工程量$(V) = 0.4 \times 0.4 \times 960 \times 1.019 = 156.52(m^3)$

分项直接工程费 $= 2\,283.47 \times 15.65/960 = 37.23$ 元/m³

管理费 $= 37.23 \times 5.11\% = 1.90$ 元/m³

利润 $= (37.23 + 1.90) \times 3.11\% = 1.22$ 元/m³

分项综合单价 $= 37.23 + 1.90 + 1.22 = 40.35$ 元/m³

清单综合单价 $= 32.9 + 58.74 + 40.35 = 131.99$ 元/m³

第三节 砌筑工程清单计价

一、计价说明

1. 消耗量定额项目设置及说明

本章消耗量定额共包括 3 部分 103 个子目,补充消耗量定额 33 个子目,消耗量定额项目组成见表6-9。

砖石工程项目组成表　　　　　　　　　　　　表 6-9

章	节	子目
砖石工程	砌砖	砖基础、混水砖墙、清水砖墙、砖柱、零星砌体、砖地沟、台阶、空斗墙、砌体加固筋
		承重多孔砖墙、非承重多孔砖墙、砌块
		衬墙、化粪池、检查井、围墙挡土墙
	砌石	6-59 ~ 6-83
	砖烟囱、水塔	6-84 ~ 6-103

2. 主要项目工程量计算

(1)砖基础

基础与墙身的划分以设计室内地坪为界,其工程量计算规则和清单项目计算规则相同。

(2)墙身

砖墙按墙厚划分消耗量定额子目,实心砖墙还分清水墙和混水墙,应用时还应区分砌筑砂浆的强度等级。

因此按不同部位(外墙、内墙)、不同砖型(标准砖、多孔砖、砌块)、不同墙厚及不同的砌筑砂浆以体积计算。除墙高和清单项目计算规则有区别外,其余均相同。即:

$$V = 清单项目工程量$$

(3)砖柱

砖柱不分柱身和柱基,其工程量合并,柱基、柱身工程量计算与清单项目工程量相同。

二、工程量清单计价编制示例

【例6-4】 砖基础综合单价组价。

某砖基础工程清单见表6-10,请计算综合单价。

某砖基础工程清单　　　　　　　　　表 6-10

序号	编码编号	项 目 名 称	计量单位	工程量
1	010301001001	砖基础 【项目特征】 1.砖品种规格:标准红机砖 2.基础类型:条形基础 3.基础深度:1.20m 4.砂浆强度等级:M10 水泥砂浆 5.20 厚 1:2.5 水泥砂浆掺防水剂抹平 【工作内容】 1.砂浆制作、运输 2.砌砖、铺设防潮层 3.材料运输	m³	22.32

解　根据清单项目特征,该分项工程综合单价由两项内容组成:砖基础、防潮层。

(1)砖基础

查《陕西省建筑装饰工程价目表 2009》:3-1 砖基础基价:2 036.50 元/10m³。其中人工费:495.18 元/10m³,材料费:1 516.46 元/10m³,机械费:27.86 元/10m³。

计算计价工程量(V) = 22.32(m^3)

分项直接工程费 = 2 036.50 × 2.230/22.30 = 206.65 元/m^3

管理费 = 206.65 × 5.11% = 10.41 元/m^3

利润 = (206.65 + 10.41) × 3.11% = 6.66 元/m^3

分项综合单价 = 206.65 + 10.41 + 6.66 = 220.72 元/m^3

(2)防潮层

查《陕西省建筑装饰工程价目表 2009》:8-19 防潮层,墙基防水砂浆基价:751.80 元/100m²。其中人工费:366.24 元/100m²,材料费:362.88 元/100m²,机械费:22.68 元/100m²。

计算计价工程量(V) = (37.8 + 20.94) × 0.24 + 0.365 × 0.13 × 2 = 14.19m³

分项直接工程费 = 751.80 × 0.140 9/22.32 = 4.78 元/m^3

管理费 = 4.78 × 5.11% = 0.24 元/m^3

利润 = (4.78 + 0.24) × 3.11% = 0.16 元/m^3

分项综合单价 = 4.78 + 0.24 + 0.16 = 5.18 元/m^3

清单综合单价 = 220.72 + 5.18 = 225.9 元/m^3

第四节　混凝土及钢筋工程清单计价

一、计价说明

1.消耗量定额项目设置及说明

(1)本章消耗量定额共包括 5 部分 167 个子目,补充消耗量定额 33 个子目,消耗量定额项目组成见表6-11。

钢筋混凝土工程项目组成表 表6-11

章	节	子　目
钢筋混凝土工程	混凝土、钢筋及预埋	C20 砾石混凝土、C20 毛石混凝土、C30 预应力混凝土
		冷拔丝、圆钢筋、螺纹钢筋、预埋铁件、预应力钢筋(4-5～4-15)
	模板	现浇构件模板(4-16～4-70)
		预制构件模板(4-71～4-115)预制桩、过梁、沟盖板、空心板
		构筑物模板(4-116～4-150)
	预制构件坐浆灌缝	4-151～4-167 过梁、沟盖板、空心板
	补充消耗量定额	B4-1～B4-33 商品混凝土、植筋、钢筋机械连接、模板等

(2)钢筋混凝土工程的工作内容包括混凝土、钢筋、模板(措施项目),预制构件还应包括运输和安装(《消耗量定额》第六章)、坐浆灌缝等内容。

混凝土、钢筋是构成混凝土构件自身的必不可少的因素,是计算钢筋混凝土构件分部分项工程费用的基础。消耗量定额子目不分构件名称、也不分现浇和预制,应综合考虑。即每一个混凝土清单均套一个混凝土子目(4-1 或 B4-1 或相应子母换算),每一个钢筋清单均套一个钢筋子目(4-6～4-8)。

模板及支撑是混凝土构件在施工中必不可少的措施,是计算措施项目清单费用的基础。消耗量定额子目按不同的构件名称及施工方法分别编制了不同的子目。即每一个混凝土分部分项工程量清单均对应一个模板子目(现浇构件模板、预制构件模板或模板支撑增加)。

预制构件坐浆灌缝是预制构件安装过程中及安装后必不可少的工序,是计算预制构件分部分项工程费用的基础之一。消耗量定额按预制构件名称的不同编制的消耗量定额子目。

预制构件运输和安装,特别是安装是预制构件施工中不可缺少的工序,是计算预制构件分部分项工程费用的基础之一。运输子目按运距分四类编制(见《消耗量定额》第六章构件运输及安装)

(3)预制混凝土构件的运输和安装

①《消耗量定额》第六章构件运输及安装由构件的运输与安装两部分组成,运输部分包括混凝土构件、金属构件和木门窗运输;安装部分包括预制构件和金属构件安装(表6-12)。

运输与安装工程项目组成表 表6-12

章	节	子　目
构件运输与安装	构件运输	混凝土预制构件运输:分四类构件 6-1～6-24
		金属构件运输:分三类构件 6-25～6-39
		木门窗运输:6-40～6-44
	构件安装	混凝土预制构件安装:6-45～6-88
		金属构件安装:6-89～6-121

加气混凝土、硅酸盐块、其他轻质构件运输以每 m^3 折合钢筋混凝土 $0.4m^3$,按一类构件运输计算。

②预制构件运输子目按预制构件类型和外形尺寸划分为四类。

③混凝土预制构件关联的运输和安装子目:预制构件的运输:《消耗量定额》6-1 ~ 6-24。预制构件的安装:《消耗量定额》6-45 ~ 6-88。

2. 主要项目工程量计算

1)现浇构件

(1)模板

以各类构、配件的混凝土体积或水平投影面积、垂直投影面积计算。

楼梯、阳台、雨篷、看台阶梯段、台阶按水平投影面积计算(阳台、雨篷的模板工程量需按图重新计算)。

栏板按外侧垂直投影面积计算(即清单工程量/栏板的厚度)。

其他混凝土构件均按实体积计算(除压顶和扶手外同清单工程量,压顶模板为压顶的断面压顶的长度)。

(2)混凝土

楼梯、雨篷、台阶等按消耗量定额附表(构、配件混凝土含量表)折算成混凝土体积。

其余均按构件实体积计算(同清单工程量,注意压顶和扶手)。

2)预制构件

预制构件工程量的计算应考虑预制构件的损耗。预制构件的制作损耗、运输及堆放损耗、安装(吊装、打桩)损耗不论构件大小,均按表 6-13 规定损耗率计算列入工程量内。

预制构件损耗率(单位:%)　　　　　　　　　表 6-13

构 件 名 称	制作废品率	运输及堆放损耗率	安装、打桩损耗率
各类预制构件	0.20	0.80	0.50
混凝土预制桩	0.10	0.40	1.50

具体计算公式如下:

(1)预制构件制作

$$混凝土、模板工程量 = 图纸用量(清单量) \times 1.015(1.02)$$

(2)预制构件还要计算坐浆和灌缝

$$工程量 = 图纸混凝土用量(清单量)$$

坐浆灌缝的工程量是指预制构件的体积。

(3)预制构件运输

$$工程量 = 图纸混凝土用量(清单量) \times 1.013(1.09)$$

(4)预制构件安装

$$工程量 = 图纸混凝土用量(清单量) \times 1.005(1.15)$$

预制构件图纸工程量与清单中该构件的体积计算方法相同。

3）钢筋（分现浇构件和预制构件）

现浇构件：按图纸净用量计算（同清单项目工程量）。

预制构件：同样考虑损耗，图纸净用量乘以 1.015（1.02）（即清单项目工程量×1.015 的系数）。

施工措施用钢筋的计算：

（1）固定双层钢筋的马凳筋，如设计有规定者，按设计规定计算；设计没有规定者按间距 1m 计算用量，其长度为 2H+20cm（H 为板厚），钢筋直径不得大于双层钢筋中较小的一种。

（2）混凝土梁高在 1.2m 以上者，如需增加钢筋斜撑等固定时，按审定的施工组织设计规定计算。

（3）梁下部设计有双排钢筋且上排钢筋无法与箍筋连接固定时，需增设垫筋，其计算长度 $L=B-5cm$（B 梁宽），垫筋按 $\varnothing25$ 计算，并入 $\varnothing10$ 以上钢筋用量内。

设计要求（或清单描述）用机械连接接头的钢筋，接头工程量区分直径按"个"计算。

钢筋笼套用本章相应子目，并在此基础上每吨增加 30kVA 交流电焊机 0.9 台班，电焊条 6.5kg，其他不再调整（见消耗量定额第四章混凝土及钢筋混凝土工程说明）。

钢筋采用机械连接（锥螺纹连接、直螺纹连接、冷挤压套筒连接）子目时，应扣除电渣压力焊或电焊的费用，框架筑钢筋扣除 4.5 元/个，其他构件钢筋扣除 2.6 元/个（见《陕西省建筑装饰工程价目表 2009》第四章混凝土及钢筋混凝土工程说明）。

3. 有关消耗量定额模板子目的应用（措施项目）

（1）有梁式带形基础、有梁式满堂基础模板子目：适用于梁高小于等于 1.2m，超高 1.2m 时，梁套用"墙"的消耗量定额，基础套用无梁式带形基础、无梁式满堂基础。

（2）混凝土基础垫层模板子目：适用于支模浇灌的基础下的混凝土垫层。满堂基础的混凝土垫层套用无梁式满堂基础。基础及基础下的混凝土垫层应分别列项计算。

（3）整体阳台和阳台底板模板子目

整体阳台：包括了伸出墙外的挑梁、阳台底板、隔板、栏板、栏杆、压顶、扶手。

阳台底板：适用于使用型钢及其他围栏的阳台使用，子目中综合考虑了梁板式和板式等类型。

（4）屋面混凝土女儿墙模板的套用：屋面混凝土女儿墙厚 100mm 以内，执行栏板模板消耗量定额，墙厚 100mm 以上，执行相应厚度墙模板子目。

（5）栏板与挂板模板：水平板面以上弯起部分称为栏板，下垂部分称为挂板。挂板下垂高度小于等于 300mm，并入所依附的构件内。高度大于 300mm 的挂板，按展开面积计算工程量，套用栏板子目乘 1.35 的系数。

（6）悬挑构件（挑沿）模板：指现浇梁、圈梁侧面向外挑出大于 300mm 的捣制通廊、水平遮阳板、水平板带等，且悬挑构件底与下一层板面高度在 6m 以上（高度在 6m 以内者，执行"有梁板"子目）。

（7）墙模板计算规则：墙与柱连接时墙算至柱侧面，墙与梁连接是墙算至梁底；但墙内的暗柱、暗梁并入墙内计算。

（8）模板支撑增加费（4-68,4-69）：模板子目层高是按6.6m考虑,设计层高超过6.6m时,应计算超高支模。板底处于与下一层高度6.6m以上时,则梁和板应全部计算模板支撑增加费。

（9）其他板模板：飘窗板模板套用栏板模板子目计算；斜屋面板模板按相应板模板子目乘1.15系数。

（10）地沟模板：此消耗量定额为单项子目,不含地沟土方、地沟盖板及沟底、侧壁的抹灰等。反映了地沟中混凝土部分模板支撑时所需的各种消耗量。其工程量包括地沟底板混凝土体积和沟壁混凝土体积之和。

（11）漏空花格模板：漏空花格（4-105）模板和混凝土计算不同,模板不分复杂和简单按外形体积计算,混凝土按外形体积乘以附表混凝土含量计算。

二、工程量清单计价编制示例

【例6-5】　混凝土综合单价组价

某学生公寓楼工程混凝土基础清单见表6-14。请计算综合单价。

某混凝土基础清单
表6-14

序号	项目编码	项目名称	计量单位	工程数量
1	010401003001	无梁式满堂基础 【项目特征】 1.基础形式:无梁式 2.混凝土强度等级:C30 3.混凝土拌合料要求:现场搅拌砾石混凝土 【工程内容】 混凝土制作、运输、浇捣、养护	m³	980.00

解　查《陕西省建筑装饰工程价目表2009》:4-1C20砾石混凝土（普通）基价:268.43元/m³;查消耗量定额:4-1C20砾石混凝土（普通）,混凝土消耗量:1.015m³/m³。

4-1的基价是按照普通混凝土C20（16-21）单价编制,即混凝土单价:166.39元/m³,C30混凝土单价（16-53）:186.64元/m³。

计算消耗量定额项目工程量:C30混凝土工程量$(V) = 980.00(m^3)$。

C30混凝土的消耗量定额基价（4-1换）:基价$= 268.43 + (186.64 - 166.39) \times 1.015 = 292.03$元/m³。

管理费$= 292.03 \times 5.11\% = 14.92$元/m³

利润$= (292.03 + 14.92) \times 6.11\% = 9.55$元/m³

综合单价$= (292.03 + 14.92 + 9.55) \times 980/980 = 316.50$元/m³

【例6-6】　混凝土综合单价组价

某学生公寓楼工程混凝土基础清单见表6-15。请计算综合单价。

材料的市场价如下:水泥32.5,350元/t;砾石1~3,60元/m³。

某混凝土基础清单   表 6-15

序号	项目编码	项目名称	计量单位	工程数量
1	010401003001	无梁式满堂基础 【项目特征】 1. 基础形式:无梁式 2. 混凝土强度等级:C30 3. 混凝土拌合料要求:现场搅拌砾石混凝土 【工程内容】 混凝土制作、运输、浇捣、养护	m³	980.00

基价 = C30 混凝土基价 + 水泥费用差额 + 砾石费用差额

(费用差额 = (市场价 –《陕西省建筑装饰工程价目表 2009》单价)×消耗量)

查材料单价表:水泥单价 0.32 元/kg,砾石 52.69 元/m³。

消耗量定额 16-53 普通混凝土(坍落度 10 ~ 90mm):水泥,402kg/m³;砾石,0.788m³/m³。

基价 = 292.03 + (0.35 – 0.32) × 402 × 1.015 + (60 – 52.69) × 0.788 × 1.015 = 310.18 元/m³

管理费 = 310.18 × 5.11% = 15.85 元/m³

利润 = (310.18 + 15.85) × 6.11% = 10.14 元/m³

综合单价 = (310.18 + 15.85 + 10.14) × 980/980 = 336.17 元/m³

【例 6-7】 商品混凝土综合单价组价

某学生公寓楼工程混凝土基础清单见表 6-16,请计算综合单价。

11 月份西安市商品混凝土的市场价为:C30,360 元/m³。

某满堂基础清单   表 6-16

序号	项目编码	项目名称	计量单位	工程数量
1	010401003001	无梁式满堂基础 【项目特征】 1. 基础形式:无梁式 2. 混凝土强度等级:C30 3. 混凝土拌合料要求:现场搅拌砾石混凝土 【工程内容】 混凝土制作、运输、浇捣、养护	m³	980.00

解 查《陕西省建筑装饰工程价目表 2009》:B4-1C20 混凝土,非现场搅拌;C20 混凝土基价:214.13 元/m³

B4-1 的基价是按照泵送普通混凝土 C20(16-133)单价编制,即商品混凝土单价:186.53 元/m³。

查消耗量定额:B4-1C20 混凝土,非现场搅拌。

商品混凝土消耗量:1.005m³/m³;人工消耗量:0.53 工日/m³。

计算消耗量定额项目工程量(V) = 980.00m³

C30 商品混凝土的消耗量定额基价(查补充定额 B4-1 换):

基价 $= 214.13 + (360 - 186.53) \times 1.005 = 391.48$ 元/m³

管理费 $= 391.48 \times 5.11\% = 20.00$ 元/m³

利润 $= (391.48 + 20.00) \times 6.11 = 12.80$ 元/m³

综合单价 $= (391.48 + 20 + 12.80) \times 980/980 = 424.28$ 元/m³

第五节　金属结构工程清单计价

一、消耗量定额项目设置及说明

(1)本章消耗量定额共包括 2 部分 42 个项目,消耗量定额项目组成见表 6-17。

金属构件制作工程项目组成表　　　　　　表 6-17

章	节	子　目
金属构件制作工程	金属构件制作	钢柱,钢屋架、钢托架、钢吊车梁、制动梁、钢支撑、檩条、墙架,钢平台、钢梯、钢栏杆,钢网架
	钢门窗安装	钢门安装、钢窗安装、钢天窗、钢防盗门、钢橱窗、开窗机安装、钢门窗安玻璃、钢栅栏
		厂库钢大门制安
	补充消耗量定额	B5-1 金属压型墙面

　　对应工程量清单计价规则,金属结构工程关联《消耗量定额》第五章金属构件制作及钢门窗、第六章构件运输及安装和第十章建筑装饰工程的部分内容。

　　本章钢门窗部分和第七章木门窗部分(7-1 ~ 7-51)并入《消耗量定额》第十章建筑装饰工程介绍。

　　(2)清单金属结构工程计价时应计算金属构件的制作、运输、安装和油漆等工作内容。

　　①运输及安装消耗量定额(第六章):由构件的运输与安装两部分组成,运输部分包括混凝土构件、金属构件和木门窗运输;安装部分包括预制构件和金属构件安装。

　　②油漆消耗量定额(第十章):由木材面油漆、金属面油漆和抹灰面油漆组成。金属面的油漆分为钢门窗、其他金属面、白铁皮和金属构件等四类油漆子目。

　　③本章主要介绍金属构件及其关联项目:

　　金属构件的制作:消耗量定额 5-1 ~ 5-23;

　　金属构件的运输:消耗量定额 6-25 ~ 6-39;

　　金属构件的安装:消耗量定额 6-89 ~ 6-121;

　　金属构件的油漆:消耗量定额 10-1266 ~ 10-1320。

　　(3)消耗量定额的有关规定

　　①金属构件制作。制作子目中均包括刷一遍防锈漆工料。

　　钢栏杆(5-18)仅适用于工业建筑的一般栏杆,民用建筑的栏杆按第十章子目套用。

②金属构件运输与安装。构件运输按类型和外形尺寸划分为3类。

③金属构件的油漆。见油漆、涂料、裱糊工程部分。

二、工程量计算

（1）金属构件制作、运输、安装等项目的工程量同清单有关项目工程量的计算。

（2）金属构件油漆计算按面积乘以系数计算。即：

$$金属构件的油漆 = 清单工程量 \times 附表中的系数$$

第六节　门窗工程清单计价

一、计价说明

1. 消耗量定额项目设置和说明

（1）本部分消耗量定额包括三章内容

①钢门窗：第五章（5-24~5-35）。

②普通木门窗：第七章（7-1~7-51）和补充消耗量定额（B7-1~B7-6）（表6-18）。

木门窗、钢门窗工程项目组成表　　　　　表6-18

章	节	子　目
木门窗、钢门窗工程	木门窗	木窗：7-1~7-22
		木门：7-23~7-45（7-27）
		门窗附件：7-46~7-51
		补充：B7-1~B7-6 成品门安装、人防门安装
	钢门窗	单层钢门窗安装（5-24~5-32）防盗门
		开窗机安装（5-33~5-34）
		钢门窗安玻璃 5-35

③成品门窗：第十章第四节（10-949~10-1034）共18部分86个项目。本节"门窗工程"仅包括装饰性门窗、铝合金门窗、塑钢门窗、彩板门窗、卷帘门窗等，不包括普通门窗和钢门窗（表6-19）。

成品门窗工程项目组成表　　　　　表6-19

章	节	子　目
成品门窗工程	铝合金门窗	地弹门、推拉平开门，推拉、平开固定窗、窗纱
	卷帘门	普通卷帘门窗、电动装置、活动小门增加费
	彩板门窗	彩板门、彩板窗、彩板门窗附框安装
	塑钢门窗	塑钢门、塑钢窗、塑钢门连窗、窗纱
	防盗装饰门窗	三防门、不锈钢防盗窗、不锈钢格栅门
	防火门、防火卷帘门	钢质防火门、木质防火门、卷帘防火门窗、防火卷帘门手动装置

章	节	子　目
成品门窗工程	装饰门扇制安	实木镶板门扇、实木全玻门扇、装饰板门扇制作、装饰门扇安玻璃、高级装饰木门安装、门扇包不锈钢、木门扇隔声层
	自动门及转门	电子感应自动门、全玻转门
	电动伸缩门	不锈钢电动伸缩门、传动装置
	不锈钢包门框	不锈钢板包门框、无框全玻门、固定无框玻窗
	门窗套、贴脸	红榉木夹板、不锈钢、石材门窗套，门窗贴脸
	门窗筒子板	硬木、榉木装饰板
	窗帘盒	细木工板、红榉木、硬木窗帘盒
	窗台板	硬木、石材、装饰板和窗台板
	窗帘轨道	不锈钢、铝合金、硬木
	五金安装	滑动门轨、门锁、防盗门扣、猫眼、插销、拉手、门碰、高档门拉手、电子锁（磁卡锁）、门吸、底板拉手、弹簧
	闭门器安装	明装、暗装

（2）木门窗部分（木门窗清单）计价内容包括制作、运输、安装和油漆或特种五金等工作内容。

①木门窗消耗量定额（第七章）按框制作与安装、扇制作与安装分列消耗量定额子目，其中配套木门不再设扇制作子目，木门扇按成品采用市场采购方式列项（自己补充子目）计算。

②木门窗的运输子目在消耗量定额第六章构件运输及安装（6-40～6-44）。

③木门窗的油漆子目在消耗量定额第十章建筑装饰工程第五节油漆、涂料、裱糊工程（木材面油漆、金属面油漆和抹灰面油漆），其中木材面油漆分单层木门、单层木窗、木扶手、其他木材面等四类子目（10-1035～10-1265）。

④特殊五金（如门锁、清单一般单列）子目在消耗量定额第十章第四节门窗工程十七"五金安装"、门窗工程十八"闭门器安装"部分。

⑤《消耗量定额》新补充了"成品木门安装"（补充消耗量定额 B7-1），"成品木门安装"子目包括了成品木门的制作、运输、安装等内容。套用消耗量定额时应注意，"成品木门安装"《陕西省建筑装饰工程价目表 2009》是按成品木门单价 180 元/m² 考虑的。

（3）其他门窗消耗量定额（第十章建筑装饰工程第四门窗工程节）安装子目均按外购成品列入（通称成品门安装），成品门窗价（除钢门窗）包含玻璃和门窗附件消耗量定额中已包括制作、运输、安装、五金等全部内容。

（4）《消耗量定额》还新补充了"人防门安装"子目（补充消耗量定额 B7-2～B7-6），是人防工程专用子目，仅适用于地下室的人防工程。

（5）门窗套、筒子板、贴脸的区别。

2. 主要项目工程量计算

（1）各类木门窗的制作、运输、安装工程量均按门窗洞口尺寸以面积计算。门亮子按所在门的洞口面积计算。

①制作、运输、安装工程量按框外围面积计算，即：

$$S = 洞口宽 \times 高 \times 清单项目樘数$$

或

$$S = 洞口面积（清单工程量）$$

洞口宽×高见清单项目特征描述。

②油漆工程量按洞口面积乘系数计算，即：

$$S = 洞口面积 \times 系数$$

③普通木门扇（成品门扇）也可按"樘"计算（同清单项目数量）。

（2）铝合金门窗、塑钢门窗、彩板门窗安装工程量按洞口面积以平方米计算，窗纱扇工程量同窗工程量，即：

$$S = 洞口宽 \times 高 \times 清单项目樘数$$

（3）卷帘门窗安装按其安装高度乘以门的实际宽度以平方米计算，安装高度算至滚筒顶点，卷筒罩按展开面积计算。

（4）防盗门窗、不锈钢格栅门按外围面积以平方米计算。

（5）成品防火门以框外围面积计算，防火卷帘门从地（楼）面算至端板顶点乘以设计宽度。

（6）实木门扇制作安装、装饰门扇制作按外围面积计算。装饰门扇及成品门扇安装按"扇"计算。

（7）门窗套、门窗筒子板按展开面积计算（同清单项目工程量）。门窗贴脸按延长米计算（清单项目按展开面积计算）。

（8）窗帘盒、窗帘轨按延长米计算（同清单项目工程量计算）。窗台板按实铺面积以平方米计算（清单项目按长度计算）。

二、工程量清单计价编制示例

【例6-8】 金属门综合单价组价。

某工程金属门清单见表6-20。请计算综合单价。

某工程金属门清单   表6-20

序号	项目编码	项目名称	计量单位	工程数量
1	020402003001	金属地弹门 【项目特征】 1.门类型:铝合金单玻门 M-1 2.洞口尺寸:1 500×3 000 3.工程做法:见陕 02J06-3 4.玻璃品种:5 厚白色玻璃 【工作内容】 1.门制作、运输、安装 2.五金、玻璃安装	樘	1

解 查《陕西省建筑装饰工程价目表2009》:10-949 地弹门消耗量定额基价:37 220.68 元/100m²。

计算计价工程量$(V) = 1.5 \times 3 = 4.5（m^2）$

分项直接工程费 $= 37\ 220.68 \times 0.045 = 1\ 674.93$ 元/樘

管理费 = 1 674.93 × 3.83% = 64.15 元/樘

利润 = (1 674.93 + 64.15) × 3.37% = 58.61 元/樘

分项综合单价 = 1 674.93 + 64.15 + 58.61 = 1 797.7 元/樘

【例6-9】　塑钢窗综合单价组价。

某住宅塑钢窗清单见表6-21,请计算综合单价。

某住宅塑钢窗清单
表6-21

序号	项目编码	项目名称	计量单位	工程数量
1	020406007001	塑钢窗 【项目特征】 1.窗类型:单玻推拉窗(带纱)C-1 2.洞口尺寸:1 500×2 100 3.工程做法:见陕02J06-4 4.玻璃品种规格:5厚白色玻璃 【工作内容】 1.窗制作、运输、安装 2.五金、玻璃安装	樘	5

解　查《陕西省建筑装饰工程价目表2009》:10-965 塑钢窗消耗量定额基价:23 136.68 元/100m²。

计算计价工程量(V) = 1.5 × 2.1 × 5 = 15.75(m²)

分项直接工程费 = 23 136.68 × 0.1 575/5 = 728.81 元/樘

管理费 = 728.81 × 3.83% = 27.91 元/樘

利润 = (728.81 + 27.91) × 3.37% = 25.50 元/樘

分项综合单价 = 728.81 + 27.91 + 25.50 = 782.22 元/樘

查《陕西省建筑装饰工程价目表2009》:10-968 纱窗在彩板塑料塑钢,推拉窗上消耗量定额基价:235.03 元/100m²。

计算计价工程量(V) = 1.5 × 2.1 × 5 = 15.75(m²)

分项直接工程费 = 235.03 × 0.1575/5 = 7.40 元/樘

管理费 = 7.40 × 3.83% = 0.28 元/樘

利润 = (7.40 + 0.28) × 3.37% = 0.26 元/樘

分项综合单价 = 7.40 + 0.28 + 0.26 = 7.94 元/樘

清单综合单价 = 782.22 + 7.94 = 790.16 元/樘

第七节　屋面工程清单计价

一、计价说明

1.消耗量定额项目设置及说明

(1)本章消耗量定额共包括3部分129个项目,补充消耗量定额19个项目。消耗量定额项目组成见表6-22。

屋面工程项目组成表 表6-22

章	节	子 目
屋面工程	屋面	瓦屋面、金属压型板屋面(9-1~9-22)
		卷材屋面防水、涂膜屋面防水(9-23~9-46)
		屋面保温(9-47~9-56)
		其他(9-57~9-73)
	墙地面防水	卷材防水、涂膜防水(9-74~9-113)
	天棚墙面保温	天棚保温隔热、外墙内保温(9-114~9-129)
	补充消耗量定额	B9-1~B9-19 筏板防水、外墙外保温等

（2）本章消耗量定额和第十二章消耗量定额对应于清单《计价规则》"A.7 屋面及防水工程"和"A.8 防腐、隔热、保温工程"。

（3）屋面子目均为单项子目,防水层和保温层未综合其他内容。隔气层(防水层)、找平层、隔离层、保护层等另外考虑(找平层在《消耗量定额》第八章、楼地面工程,保护层在《消耗量定额》第十章建筑装饰工程)。

（4）掌握屋面构造,了解工程量清单的内容:一般情况下,防水层清单计价时应包括防水层、找平层、隔离层和保护层等计价内容。

找坡层清单有可能包括找坡层、隔气层、找平层。

保温层清单一般包括一个子目(单项子目)。

屋面排水清单计价时应包括排水管、水斗和水落口等内容。

（5）墙地面防水:楼地面防水、墙面防水执行《消耗量定额》第九章屋面防水及保温隔热工程子目(平面、立面);基础底板下层防水套用补充消耗量定额。

墙地面防水清单计价时应包括找平层、防水层和保护层。

2. 主要项目工程量计算

1)屋面防水

（1）卷材和涂膜防水层:按整个屋面的水平投影面积计算(包括女儿墙及挑沿栏板),女儿墙和挑沿栏板内侧弯起部分的面积并入防水层内(即计价工程量同清单工程量)。即:

$$S = 清单工程量$$

$$弯起部分面积 = 长度 \times 高度$$

当高度无详图时,可按0.3m计算。

（2）防水层下设找平层时,消耗量定额执行《消耗量定额》第八章楼地面工程子目,其工程量同防水层的面积。

（3）防水层上的保护层一般执行《消耗量定额》第十章建筑装饰工程或第八章楼地面工程子目,其工程量一般只计算水平面积。

2)屋面排水管

（1）排水管按长度计算(同清单)。

（2）水斗、出水口等需按设计图纸重新按个（塑料制品）或套（铸铁制品）或按平方米（铁皮排水）计算。

3）地面、墙面防水

（1）楼地面防水清单（不管是单列还是合并在楼地面中）均按室内的净面积计算。计价时其工程量应考虑周边上翻高度并按图示尺寸计算。上翻高度小于500mm时，并入地面防水层；大于500mm时按立面防水层子目计算套用。

设计无具体尺寸时按300mm计算。

找平层工程量同防水层、保护层的工程量一般只算水平面积。

（2）基础底板、墙面卷材和涂膜防水层清单，计价时其内容应包括找平层、防水层和保护层，其工程量计算同清单项目工程量。

变形缝和止水带计算同清单项目工程量。

4）屋面保温、找坡层的工程量

按设计图示铺设面积乘以平均厚度以立方米计算。

计算的具体范围同清单项目。

计价工程量（V）＝清单项目工程量×平均厚度（找坡层的平均厚度要按图示重新进行计算）。

隔气层的工程量按面积计算同屋面保温层清单工程量。

架空隔热板按实铺面积计算同屋面保温层清单工程量。

5）天棚保温隔热层工程量

按设计图示铺设（或抹灰）体积（面积）计算。

保温层是铺设的按体积计算，即：

$$V = 清单面积 \times 厚度$$

隔热层是粉刷抹灰的按面积计算，即：

$$S = 清单面积$$

6）外墙内、外保温工程量

按设计图示粘铺或粉抹面积计算，区分不同厚度列项。工程量同清单项目工程量。

二、工程量清单计价编制示例

【例6-10】 屋面保温层综合单价组价。

某建筑物屋面保温清单见表6-20。请计算综合单价。

憎水膨胀珍珠岩板市场价380元/m³。

解 查《陕西省建筑装饰工程价目表2009》中的单价：主要材料单价表，序号674：356元/m³。

某建筑物屋面保温清单见表6-23。

某建筑物屋面保温清单 表6-23

序号	项目编码	项 目 名 称	计量单位	工程数量
1	010803001001	屋面憎水膨胀珍珠岩板保温层，厚250mm	m²	95.96

方法一：

采用消耗量定额计算：

查消耗量定额：9-48 憎水膨胀珍珠岩板，人工：5.28 工日/10m³；憎水膨胀珍珠岩板：10.4m³/10m³。

计算消耗量定额项目工程量$(V) = 95.96 \times 0.25 = 26.99 (m^3)$

消耗量定额人工费 $= 5.28 \times 42 = 221.76$ 元/10m³

消耗量定额材料费 $= 10.4 \times 380 = 3\ 952.00$ 元/10m³

消耗量定额基价 = 消耗量定额人工费 + 材料费 + 机械费

$= 221.76 + 3\ 952.00 = 4\ 176.76$ 元/10m³

管理费 $= 4\ 176.76 \times 5.11\% = 216.28$ 元/10m³

利润 $= (4\ 176.76 + 216.28) \times 6.11\% = 136.44$ 元/10m³

分项综合单价 $= (4\ 176.76 + 216.28 + 136.44) \times 2.399/95.96 = 116.09$ 元/m²

方法二：

用《陕西省建筑装饰工程价目表2009》计算：

查《陕西省建筑装饰工程价目表2009》：9-48 憎水膨胀珍珠岩板基价：3\ 924.16 元/10m³

其中，人工费：221.76 元/10m³；材料费：3\ 702.40 元/10m³；憎水膨胀珍珠岩板：10.4m³/10m³。

计算消耗量定额项目工程量$(V) = 95.96 \times 0.25 = 26.99 (m^3)$

分项直接工程费 $= 221.76 + 3\ 702.40 + (380 - 356) \times 10.4 = 4\ 176.76$ 元/10m³

或分项直接工程费 $= 3\ 924.16 + (380 - 356) \times 10.4 = 4\ 176.76$ 元/10m³

管理费 $= 4\ 176.76 \times 5.11\% = 216.28$ 元/10m³

利润 $= (4\ 176.76 + 216.28) \times 3.11\% = 136.44$ 元/10m³

综合单价 $= (4\ 176.76 + 216.28 + 136.44) \times 2.399/95.96 = 116.09$ 元/m²

复习思考题

1. 土石方工程包括哪些内容？常用部分工程量如何计算？

2. 桩基工程包括哪些内容？各部分工程量如何计算？

3. 砌筑工程包括哪些内容？各部分工程量如何计算？

4. 混凝土及钢筋工程包括哪些内容？各部分工程量如何计算？

5. 金属结构工程包括哪些内容？各部分工程量如何计算？

6. 屋面工程包括哪些内容？各部分工程量如何计算？

单项训练

请根据下列分部分项工程量清单综合单价分析表（表6-24～表6-40），完成分部分项工程综合单价计算。

分部分项工程量清单综合单价分析表

表 6-24

工程名称:土方工程　　　　　　　　　　　　　　　　　　专业:建筑装饰工程

序号	编码编号	项 目 名 称	计量单位	工程量	综合单价组成					综合单价
					基价(A)	管理费(B)	利润(C)	风险(D)	合计(E)	
1	010101 003001	挖基础土方 【项目特征】 1. 土壤类别:三类土 2. 基础类型:满堂基础 3. 坑底面积:开挖线 23m×47.2m 4. 挖土深度:2.0m 5. 弃土距离:5km 【工程内容】 挖土方、基底钎探、运输	m³	2 171.20						

分部分项工程量清单综合单价分析表

表 6-25

工程名称:土方工程　　　　　　　　　　　　　　　　　　专业:建筑装饰工程

序号	编码编号	项 目 名 称	计量单位	工程量	综合单价组成					综合单价
					基价(A)	管理费(B)	利润(C)	风险(D)	合计(E)	
2	010103 001001	土方回填 【项目特征】 1. 回填部位:基础地基处理 H = 1.0m 2. 土质要求:2:8灰土 3. 密实度要求:≥0.97碾压 4. 取土距离:外购黄土	m³	1 085.00						

分部分项工程量清单综合单价分析表

表 6-26

工程名称:土方工程　　　　　　　　　　　　　　　　　　专业:建筑装饰工程

序号	编码编号	项 目 名 称	计量单位	工程量	综合单价组成					综合单价
					基价(A)	管理费(B)	利润(C)	风险(D)	合计(E)	
3	010103 001002	土方填土 【项目特征】 1. 回填部位:基础回填土 2. 土质要求:一般素土 3. 密实度要求:≥0.97夯填 4. 取土距离:外购黄土	m³	570.00						

分部分项工程量清单综合单价分析表

表6-27

工程名称:土方工程　　　　　　　　　　　　　　　　　　　专业:建筑装饰工程

序号	编码编号	项 目 名 称	计量单位	工程量	综合单价组成						综合单价
					基价(A)	管理费(B)	利润(C)	风险(D)	合计(E)		
4	010103 001003	土方填土 【项目特征】 1. 回填部位:室内回填土 2. 土质要求:素土 3. 密实度要求:按规范要求夯填 4. 取土距离:现场取土50m	m³	256.00							

分部分项工程量清单综合单价分析表

表6-28

工程名称:桩基础工程　　　　　　　　　　　　　　　　　　专业:建筑装饰工程

序号	编码编号	项 目 名 称	计量单位	工程量	综合单价组成						综合单价
					基价(A)	管理费(B)	利润(C)	风险(D)	合计(E)		
1	010201 001001	预制钢筋混凝土桩 【项目特征】 1. 土的级别:二级土 2. 单桩设计长度:9.6m 3. 桩截面尺寸:400mm×400mm 4. 混凝土强度等级:C40碎石混凝土 5. 桩的运距:10km 【工程内容】 桩制作、运输,打桩、送桩	m³	960.00							

分部分项工程量清单综合单价分析表

表6-29

工程名称:桩基础工程　　　　　　　　　　　　　　　　　　专业:建筑装饰工程

序号	编码编号	项 目 名 称	计量单位	工程量	综合单价组成						综合单价
					基价(A)	管理费(B)	利润(C)	风险(D)	合计(E)		
2	010201 003001	混凝土灌注桩 【项目特征】 1. 土壤级别:一级土 2. 单桩长度:25m,共100根 3. 桩截面:直径600mm 4. 混凝土强度等级:C30砾石混凝土 5. 成孔方法:旋挖钻机成孔 【工程内容】 成孔,混凝土制、运、浇、养,泥渣外运、凿桩头	m³	2 500.00							

分部分项工程量清单综合单价分析表

表6-30

工程名称:砌筑工程　　　　　　　　　　　　　　　　　　　　　专业:建筑装饰工程

序号	编码编号	项 目 名 称	计量单位	工程量	综合单价组成					综合单价
					基价(A)	管理费(B)	利润(C)	风险(D)	合计(E)	
1	010301 001001	砖基础 【项目特征】 1.垫层:300mm 厚3:7 灰土 15m³ 2.砖规格强度等级: MU10 标准砖 3.基础类型:条形基础 4.砂浆强度等级: M10 水泥砂浆 5.防潮层:墙基防水砂浆 19m²	m³	60.00						

分部分项工程量清单综合单价分析表

表6-31

工程名称:砌筑工程　　　　　　　　　　　　　　　　　　　　　专业:建筑装饰工程

序号	编码编号	项 目 名 称	计量单位	工程量	综合单价组成					综合单价
					基价(A)	管理费(B)	利润(C)	风险(D)	合计(E)	
2	010304 001001	多孔砖墙 【项目特征】 1.墙体类型:内墙 2.墙体厚度:120mm 3.砖规格强度等级: 承重多孔砖 4.砂浆强度等级: M7.5 混合砂浆	m³	15.00						
3	010304 001002	多孔砖墙 【项目特征】 1.墙体类型:外墙 2.墙体厚度:240mm 3.砖规格强度等级: 承重多孔砖 4.砂浆强度等级: M10 混合砂浆	m³	130.00						

分部分项工程量清单综合单价分析表

表 6-32

工程名称:砌筑工程　　　　　　　　　　　　　　　　　　　　　专业:建筑装饰工程

序号	编码编号	项 目 名 称	计量单位	工程量	综合单价组成					综合单价
					基价(A)	管理费(B)	利润(C)	风险(D)	合计(E)	
4	010304 001003	多孔砖墙 【项目特征】 1.墙体类型:内墙 2.墙体厚度:240mm 3.砖规格强度等级:非承重多孔砖 4.砂浆强度等级:M5 混合砂浆	m³	180.00						

分部分项工程量清单综合单价分析表

表 6-33

工程名称:钢筋混凝土工程　　　　　　　　　　　　　　　　　　专业:建筑装饰工程

序号	编码编号	项 目 名 称	计量单位	工程量	综合单价组成					综合单价
					基价(A)	管理费(B)	利润(C)	风险(D)	合计(E)	
1	010401 001001	有梁式带形基础 【项目特征】 1. 100 厚 C10 混凝土垫层,18m³ 2.混凝土强度等级:C35 3.混凝土拌和料要求:现场搅拌砾石混凝土	m³	104.50						

分部分项工程量清单综合单价分析表

表 6-34

工程名称:钢筋混凝土工程　　　　　　　　　　　　　　　　　　专业:建筑装饰工程

序号	编码编号	项 目 名 称	计量单位	工程量	综合单价组成					综合单价
					基价(A)	管理费(B)	利润(C)	风险(D)	合计(E)	
2	010402 001001	矩形柱 【项目特征】 1.柱截面尺寸:构造柱 2.混凝土强度等级:C20 3.混凝土拌和料要求:现场搅拌砾石混凝土	m³	35.00						
3	010405 008001	雨篷 【项目特征】 1.混凝土强度等级:C25 2.混凝土拌和料要求:现场搅拌砾石混凝土 3.水平投影面积:30m²	m³	4.50						

分部分项工程量清单综合单价分析表　　　　　　　　　　表6-35

工程名称:钢筋混凝土工程　　　　　　　　　　　　　　　　　　　　专业:建筑装饰工程

序号	编码编号	项 目 名 称	计量单位	工程量	综合单价组成					综合单价
					基价(A)	管理费(B)	利润(C)	风险(D)	合计(E)	
4	010405 003001	混凝土平板 【项目特征】 1. 板底高程:3.8m 2. 板厚度:120mm 3. 混凝土强度等级:C30 4. 混凝土拌和料要求:现场搅拌砾石混凝土	m³	98.88						
5	010406 001001	直形楼梯 【项目特征】 1. 混凝土强度等级:C25 2. 混凝土拌和料要求:现场搅拌砾石混凝土	m²	18.00						

分部分项工程量清单综合单价分析表　　　　　　　　　　表6-36

工程名称:钢筋混凝土工程　　　　　　　　　　　　　　　　　　　　专业:建筑装饰工程

序号	编码编号	项 目 名 称	计量单位	工程量	综合单价组成					综合单价
					基价(A)	管理费(B)	利润(C)	风险(D)	合计(E)	
6	010407 002001	散水 【项目特征】陕02J01 散3 1.60厚C15混凝土撒1:1水泥砂子,压实赶光 2.150mm 厚3:7灰土垫层,宽出面层300mm	m²	120.00						

分部分项工程量清单综合单价分析表　　　　　　　　　　表6-37

工程名称:钢筋混凝土工程　　　　　　　　　　　　　　　　　　　　专业:建筑装饰工程

序号	编码编号	项 目 名 称	计量单位	工程量	综合单价组成					综合单价
					基价(A)	管理费(B)	利润(C)	风险(D)	合计(E)	
7	010410 003001	过梁 【项目特征】 1. 单件体积:≤0.4m³ 2. 安装高度:2.4m 3. 混凝土强度等级:C20砾石混凝土 4. 坐浆灌缝:水泥砂浆	m²	24.00						

分部分项工程量清单综合单价分析表

表 6-38

工程名称:钢筋混凝土工程　　　　　　　　　　　　　　　专业:建筑装饰工程

序号	编码编号	项 目 名 称	计量单位	工程量	综合单价组成					综合单价
					基价(A)	管理费(B)	利润(C)	风险(D)	合计(E)	
8	010416001001	现浇混凝土钢筋【项目特征】钢筋规格:10mm 以内圆钢筋【工程内容】钢筋制作、运输、安装	t	25.00				(钢筋市场价格:3 500元/t)		
9	010416001001	现浇混凝土钢筋【项目特征】钢筋规格:10mm 以上螺纹钢筋【工程内容】钢筋制作、运输、安装	t	35.00						
10	010416001002	现浇混凝土钢筋【项目特征】钢筋规格:砌体内加固筋【工程内容】钢筋制作、运输、安装	t	4.50						

分部分项工程量清单综合单价分析表

表 6-39

工程名称:屋面工程　　　　　　　　　　　　　　　　　专业:建筑装饰工程

序号	编码编号	项 目 名 称	计量单位	工程量	综合单价组成					综合单价
					基价(A)	管理费(B)	利润(C)	风险(D)	合计(E)	
1	010702001001	屋面卷材防水【项目特征】1. 卷材品种:SBS 防水卷材2. 防水层做法:陕02J01 屋Ⅱ61)20 厚 1:2.5 水泥砂浆保护层,每米见方半缝分格2)1.2 厚 SBS 防水卷材一道	m²	114.75						

分部分项工程量清单综合单价分析表　　　　　　　　表 6-40

工程名称:屋面工程　　　　　　　　　　　　　　　　　　专业:建筑装饰工程

序号	编码编号	项目名称	计量单位	工程量	综合单价组成					综合单价
					基价（A）	管理费（B）	利润（C）	风险（D）	合计（E）	
2	010803 001001	保温隔热屋面 【项目特征】 　1. 保温隔热部位:屋面找坡层 　2. 保温隔热方式:夹心式 　3. 保温隔热材料:1:6 水泥焦渣 　4. 保温层厚度:平均 90 厚	m²	87.30						
3	010803 001002	【项目特征】 　1. 保温隔热部位:屋面保温层 　2. 保温隔热方式:夹心式 　3. 保温材料:憎水膨胀珍珠岩板 　4. 保温层厚度:100mm 厚	m²	87.30						

第七章 房屋装饰工程量清单计价

本章要点

本章以《陕西省建筑装饰工程消耗量定额 2004》及补充定额(以下简称定额)为例,介绍了楼地面装饰工程,墙、柱面装饰与隔断、幕墙工程,天棚工程,油漆、涂料、裱糊工程,其他装饰工程清单计价的说明及主要项目计价工程量的计算,并结合实例介绍了清单计价的具体确定方法。通过本章的学习,掌握主要工程项目定额工程量的计算;掌握综合单价的计算过程。

第一节 楼地面装饰工程清单计价

一、计价说明

1. 定额项目设置和说明

(1)定额设置:楼地面定额分两章编制:一般土建工程和装饰工程(计算管理费和利润的费率不同)。

①第八章楼地面工程:属于一般土建工程(管理费、利润),共包括 4 部分 129 个项目(垫层、防潮层及找平层、变形缝及止水带、地沟),定额项目组成见表 7-1。

楼地面工程项目组成表   表 7-1

章	节	子 目
楼地面工程	垫层	8-1 ~ 8-14(灰土垫层见第一章土石方工程、混凝土垫层见第四章混凝土及钢筋混凝土工程)
	防潮及找平层	8-15 ~ 8-28
	变形缝及止水带	8-29 ~ 8-42
	地沟	一般地区室内管沟:8-43 ~ 8-79
		湿陷性黄土地区室内管沟:8-80 ~ 8-129

②第十章第一节楼地面工程:属于装饰工程(管理费、利润),共包括 4 部分 228 个项目(整体面层、块料面层、单贴块料面层、栏杆扶手),定额项目组成见表 7-2。

楼地面工程项目组成表

表 7-2

章	节	子　目
楼地面工程	整体面层	水泥砂浆、细石混凝土、水磨石(10-1~10-18)
	块料面层(10-19~10-157)	石材、地砖、花砖、塑料橡胶板、地毯、木地板、防静电活动地板
	单贴块料面层	适用于二次装饰时使用(10-158~10-178)
	栏杆扶手(10-179~10-228)	栏杆:铝合金、不锈钢、钢管、金属栏杆
		扶手:铝合金、不锈钢、硬木、钢管、塑料、大理石、螺旋扶手、弯头、靠墙扶手

(2)两章定额子目划分以找平层为界,找平层以上(不含找平层)列入装饰楼地面子目。

(3)楼地面工程定额中的垫层、防潮层和找平层为清单地面配套子目;防潮层和找平层、变形缝及止水带为清单屋面配套子目。

(4)变形缝、地沟为综合子目。变形缝是按通常做法编制,使用时不允许调整。地沟子目中未包括沟盖板和过梁(混凝土、钢筋、模板、安装、坐浆和灌缝)。

(5)散水和坡道未包括土方工程和灰土垫层。

(6)零星项目面层适用于楼梯侧面、小便池、蹲台、池槽以及单件铺贴面积在 $1m^2$ 以上。

(7)扶手、栏杆、拦板子目适用于楼梯、走廊、回廊及其他装饰性栏杆、栏板。

(8)楼梯栏杆、拦板子目中不含扶手,扶手应另执行相应扶手子目。

(9)木地板如有填充材料,按相应章节子目执行。

(10)块料面层子目,也适用于上人屋面上铺设的面层。

2. 主要项目工程量计算

(1)垫层、找平层定额既适用于楼地面工程,也适用于基础工程。地面下的各种垫层按主墙间净空面积乘以厚度以立方米计算,即:

$$V = 地面清单面积 \times 垫层厚度 \tag{7-1}$$

(2)防潮层和找平层按主墙间净空面积以平方米计算,即:

$$S = 楼地面清单面积 \tag{7-2}$$

(3)墙基防潮层,外墙长度按中心线,内墙长度按净长线乘以墙宽,以平方米计算,即:

$$S = L_{中} \times 墙宽 + L_{内} \times 墙宽 \tag{7-3}$$

(4)散水和坡道应分别套用和计算面层、垫层,散水、坡道面层工程量同清单工程量。

垫层按体积计算,散水下 3:7 灰土垫层宽出面层 300mm,要按图纸重新计算,即:

$$S = L_{外} \times (散水宽 + 0.3) + (散水宽 + 0.3) \times (散水宽 + 0.3) \times 4 \tag{7-4}$$

$$V = S \times 设计厚度 \tag{7-5}$$

$$坡道垫层(V) = 面层面积 \times 设计厚度 \tag{7-6}$$

(5)地沟按设计图示尺寸以延长米计算。

地沟长度同清单工程量(设计无要求时按出外墙皮 1.5m 考虑)。

地沟盖板、过梁另行按钢筋混凝土工程有关规则计算,包括制作(混凝土、钢筋、模板)安装、灌缝,制作中的模板在措施项目中考虑。

设计地沟断面与定额子目不符时,可以换算。如不能换算,则分解计算。

(6)整体面层的楼地面、楼梯装饰、台阶装饰等工程量与清单项目工程量相同。面层下的各种垫层需另行计算。

(7)块料面层楼地面:按饰面的实铺面积以平方米计算。与清单工程量计算规则不同的是,门洞、空圈等开口部分的面积并入相应的楼地面工程量内。即:

$$S = 清单工程量 + 门洞、空圈等开口部分的面积 \tag{7-7}$$

(8)扶手、栏杆:适用于楼梯、阳台、回廊等。

扶手、栏杆应分别套用各自定额,其工程量按扶手的长度计算。

木扶手还应套用木扶手的油漆,其工程量按扶手的长度乘以系数计算。

钢管扶手、型钢栏杆还应套用其他金属面的油漆子目,其工程量按扶手、栏杆的重量乘以计算。

(9)踢脚线:整体面层踢脚线按房间主墙间周长以延长米计算。不扣除门洞及空圈所占长度,墙垛、洞口侧壁长度亦不增加。

非成品块料踢脚线按实贴长度乘以高度以平方米计算。

成品块料踢脚线按实贴长度以米计算,可用其清单工程量除以高度计算。

楼梯踏步段踢脚线均按相应定额乘以 1.15 的系数。

二、工程量清单计价编制示例

【例 7-1】 楼地面工程综合单价组价。

某工程水泥砂浆地面清单见表 7-3,试计算综合单价。

某工程水泥砂浆地面清单　　　　　　　　　　　　表 7-3

序号	项目编码	项目名称	计量单位	工程数量
1	020101001002	水泥砂浆地面 【项目特征】 1. 工程位置:台阶上平台 2 工程做法 (1)20 厚 1:2.5 水泥砂浆压实抹光 (2)素水泥浆一道(内参建筑胶) (3)60 厚 C15 混凝土垫层	m²	1.94

解 查《陕西省建筑装饰工程价目表 2009》:10-1 水泥砂浆楼地面基价:1 088.11 元/100m²;计算计价工程量:$S = 1.94(\text{m}^2)$。

分项直接工程费 $= 1\ 088.11 \times 0.019\ 4/1.94 = 10.88$ 元/m²

管理费 $= 10.88 \times 3.83\% = 0.42$ 元/m²

利润 $= (10.88 + 0.42) \times 3.37\% = 0.38$ 元/m²

分项综合单价 $= 10.88 + 0.42 + 0.38 = 11.68$ 元/m²

查《陕西省建筑装饰工程价目表 2009》:子目 4-1C20 砾石混凝土(普通)换:

换算后基价 $= 268.43 + (150.10 - 163.39) \times 1.015 = 254.94$ 元/m³

计算计价工程量(S)$= 1.94 \times 0.06 = 0.116\ 4\text{m}^3$

分项直接工程费 $= 254.94 \times 0.116\ 4/1.94 = 15.30$ 元/m³

管理费 $= 15.30 \times 5.11\% = 0.78$ 元/m³

利润 $= (15.30 + 0.78) \times 3.11\% = 0.50$ 元/m³

分项综合单价 $= 15.30 + 0.78 + 0.50 = 16.58$ 元/m^3

清单综合单价 $= 11.68 + 16.58 = 28.26$ 元/m^3

【例7-2】 踢脚线综合单价组价。

某工程踢脚线清单如下表7-4,试计算综合单价。

某工程踢脚线清单　　　　　　　　　　表7-4

序号	项目编码	项　目　名　称	计量单位	工程数量
1	020105001001	水泥砂浆踢脚线 【项目特征】 1. 踢脚线高度:120mm 2. 工程做法:陕02J01 踢2 (1)8 厚 1:2.5 水泥砂浆罩面压实赶光 (2)10 厚 1:3水泥砂浆打底	m^2	5.92

解　查《陕西省建筑装饰工程价目表2009》:子目10-5 水泥砂浆踢脚线基价:319.13元/100m;计算计价工程量(L)=53.16m。

分项直接工程费 $= 319.13 \times 0.531\ 6/5.92 = 28.66$ 元/m^2

管理费 $= 28.66 \times 3.83\% = 1.1$ 元/m^2

利润 $= (28.66 + 1.1) \times 3.37\% = 1.0$ 元/m^2

分项综合单价 $= 28.66 + 1.1 + 1.0 = 30.76$ 元/m^2

第二节　墙、柱面装饰与隔断、幕墙工程清单计价

一、计价说明

1.定额项目设置和说明

(1)本节定额共包括6部分424个项目,补充定额36个子目。定额项目组成见表7-5。

墙、柱面工程项目组成表　　　　　　　　表7-5

章	节	子　　目
墙、柱面工程	普通抹灰	时候砂浆、水泥砂浆、水泥石灰砂浆、其他砂浆、砂浆厚度调整(10-229～10-296)
	装饰抹灰	水刷石、干粘石、斩假石、拉条甩毛(10-297～10-317)
	镶贴块料-有基层	大理石、花岗岩、干挂石材、石材零星项目、瓷片、面砖(10-318～10-478)
	镶贴块料-无基层	适用于二次装饰时使用(10-479～10-538)
	墙柱面装饰	木龙骨、金属龙骨、夹板卷材基层、面层、隔断、柱龙骨基层及饰面(10-539～10-651)
	幕墙	子目10-652
	补充定额	B10-1～B10-11(文化石和幕墙),B10-12～B10-13(其他腻子乳胶漆),B10-14～B10-17(墙面找平、处理),B10-34～B10-36(GCR 隔墙)

（2）幕墙补充定额分玻璃幕墙（全隐框和半隐框、明框）、全玻幕墙、铝板幕墙形式，使用时按设计图中幕墙形式按补充定额执行。对于设计只有示意图的幕墙，按04消耗量定额中10-652子目。

（3）普通抹灰中的装饰线条适用于展开宽度在300mm以内的腰线、窗台板、门窗套、压顶、扶手、横竖线条等项目，展开宽度超过300mm者执行零星项目。

（4）零星项目系指各种壁柜、碗柜、书柜、过人洞、池槽花台、挑沿、天沟、雨篷的周边。展开宽度超过300mm的腰线、窗台板、门窗套、压顶、扶手，立面高度小于500mm的遮阳板、栏板以及单件面积在1m² 以内的零星项目。

（5）普通抹灰和装饰抹灰项目，凡立面高度大于500mm的遮阳板、栏板，分别按相应墙面子目人工乘以1.2系数，材料乘以1.15系数计算。

（6）梁柱面（包括构造柱、圈过梁）与墙面在同一平面时，其表面抹灰或镶贴装饰执行墙面相应子目。如梁柱面与墙面不在同一平面时，梁柱面应单独执行梁柱面相应子目。

2. 主要项目工程量计算

（1）墙面抹灰、柱面抹灰（包括一般抹灰和装饰抹灰）：其工程量计算与清单项目工程量相同。套用定额注意墙体类型、砂浆厚度和配合比。

栏板抹灰按栏板的垂直投影面积乘以2.2计算，内外抹灰不同时硬分别计算。

压顶抹灰按展开面积计算（展开宽度×长度）。

抹灰分格、嵌缝按抹灰面积计算。

（2）墙、梁、柱面贴块料：按实贴面积计算即同清单项目工程量（高度在300mm以内的墙裙贴块料，按踢脚板子目执行）。

（3）墙饰面、隔断、幕墙等与其工程量清单项目工程量相同。

墙饰面清单（如木墙裙）计价时，一般套用龙骨、基层、面层和其他木材面油漆（10-1035 ~ 10-1265）等子目（油漆要考虑系数，系数在定额中册P355）。

（4）抹灰面油漆（10-1325 ~ 10-1401）、涂料（10-1402 ~ 10-1458）按抹灰面积乘以系数计算（系数在定额中册P355）。

二、工程量清单计价编制示例

【例7-3】 墙、柱面工程综合单价组价：

某工程墙面一般抹灰工程量清单见表7-6，试确定其综合单价。

某工程墙面一般抹灰工程量清单 表7-6

序号	项目编码	项目名称	计量单位	工程数量
1	020201001001	墙面一般抹灰 【项目特征】 1. 墙体类型：外砖墙面 2. 工程做法：陕02J01 外13 （1）6厚1:2.5水泥砂浆扫平 （2）12厚1:3水泥砂浆打底扫毛	m²	195.57

解 查《陕西省建筑装饰工程价目表2009》：子目10-244 外砖墙面20mm厚基价：

$1\ 249.18$ 元/100m^2；计算计价工程量：$S = 195.57 (\text{m}^2)$。

分项直接工程费 $= 1\ 249.18 \times 1.955\ 7/195.57 = 12.49$ 元/m^2

管理费 $= 12.49 \times 3.83\% = 0.48$ 元/m^2

利润 $= (12.49 + 0.48) \times 3.37\% = 0.44$ 元/m^2

分项综合单价 $= 12.49 + 0.48 + 0.44 = 13.41$ 元/m^2

查《陕西省建筑装饰工程价目表2009》：子目 10-285 * 2 抹灰层每增减 1mm，水泥砂浆，基价：$44.26 \times 2 = 88.52$ 元/100m^2；计算计价工程量：$S = 195.57\text{m}^2$。

分项直接工程费 $= 88.52 \times 1.955\ 7/195.57 = 0.89$ 元/m^2

管理费 $= 0.89 \times 3.83\% = 0.03$ 元/m^2

利润 $= (0.89 + 0.03) \times 3.37\% = 0.03$ 元/m^2

分项综合单价 $= 0.89 + 0.03 + 0.03 = 0.95$ 元/m^2

清单综合单价 $= 13.41 - 0.95 = 12.46$ 元/m^3

第三节　天棚工程清单计价

一、计价说明

1. 定额项目设置和说明

(1) 本节定额共包括 4 部分 296 个项目，定额项目组成见表 7-7。

天棚工程项目组成表　　　　　　　　　　　　　　　表 7-7

章	节	子　目
天棚工程	抹灰	石灰砂浆、水泥砂浆、水泥石灰砂浆、石膏砂浆(10-653 ~ 10-667)
	平面跌级天棚	天棚龙骨(木、轻钢、铝合金)、天棚基层、天棚面层、天棚灯槽(10-668 ~ 10-818)
	艺术造型天棚	轻钢龙骨、方木龙骨、基层、面层(10-819 ~ 10-886)
	其他天棚	烤漆天棚龙骨和面层、铝合金格栅天棚、玻璃采光天棚、网架天棚等 10-887 ~ 10-931
	其他	天棚设置保温、风口、嵌缝 10-932 ~ 10-948

(2) 本节除部分项目(包括龙骨、基层、面层)为合并列项外，其余均为龙骨、基层、面层分别列项编制。

其他天棚为综合子目即龙骨、基层、面层合并列项。

平面、跌级天棚、艺术造型天棚为单项子目，即龙骨、基层、面层分别列项。

(3) 平面天棚和跌级天棚：天棚面层在同一标高者为平面天棚，不在同一标高者为跌级天棚。跌级天棚的面层人工乘以系数 1.1。

平面天棚和跌级天棚指一般直线型天棚，不包括灯光槽的制作安装。

灯光槽的制作安装按相应子目执行定额子目 10-815 ~ 818。

艺术造型天棚中包括灯光槽的制作安装。

2. 主要项目工程量计算

(1)天棚抹灰:以主墙间的实际面积计算(室内净面积)。

工程量同清单天棚抹灰数量。乳胶漆的工程量按抹灰面积乘以系数计算。

天棚抹灰装饰线按延长米计算(天棚抹灰清单中含装饰线)。

预制板底勾缝按水平投影面积计算(抹灰不计算勾缝)。

(2)天棚吊顶:按设计图示尺寸以水平投影以平方米计算。

天棚龙骨及龙骨、基层、面层合并列项的子目(其他天棚)按主墙间净面积计算,不扣除间壁墙、柱、垛、附墙烟道、检查口和管道所占的面积。

龙骨、基层、面层分别套用定额时,龙骨定额的工程量同清单工程量。基层、面层定额的工程量按主墙间实钉面积计算,不扣除间壁墙、柱、垛、附墙烟道、检查口和管道所占的面积;扣除 0.3m² 以上孔洞、独立柱、窗帘盒所占面积。

(3)板式楼梯底面的装饰工程量按水平投影面积乘 1.15 系数,梁式楼梯底面按展开面积计算。

(4)其他

①灯光槽按延长米计算,需要注意的是清单工程量按面积计算。

②送风口、回风口按设计图示数量以个计算。

③网架(为非结构受力性装饰网架)按水平投影面积计算。

④嵌缝按延长米计算。

二、工程量清单计价编制示例

【例 7-4】 天棚工程综合单价组价。

某工程天棚抹灰工程量清单见表 7-8,试确定其综合单价。

某工程天棚抹灰工程量清单 表 7-8

序号	项目编码	项 目 名 称	计量单位	工程数量
1	020301001001	天棚抹灰 【项目特征】 1. 基层类型:预制混凝土板 2. 工程做法 (1)5 厚 1:0.3:2.5 水泥石灰膏砂浆抹面找平 (2)5 厚 1:0.3:3 水泥石灰膏砂浆打底扫毛 (3)素水泥浆一道(内掺建筑胶) (4)预制板底用水加 10% 火碱清洗油腻	m²	82.59

解 查《陕西省建筑装饰工程价目表 2009》:子目 10-664 预制混凝土天棚面抹灰基价: 1 379.01 元/100m²;计算计价工程量:$S = 82.59m²$。

分项直接工程费 $= 1379.01 \times 0.825\ 9/82.59 = 13.49$ 元/m²

管理费 $= 13.79 \times 3.83\% = 0.53$ 元/m²

利润 $= (13.49 + 0.53) \times 3.37\% = 0.48$ 元/m²

清单综合单价 $= 13.49 + 0.53 + 0.48 = 14.8$ 元/m²

第四节　油漆、涂料、裱糊工程清单计价

一、计价说明

1. 定额项目设置和说明

本节定额共包括 2 部分 433 个项目,定额项目组成见表 7-9。

油漆、涂料工程项目组成表　　　　表 7-9

章	节	子　目
油漆、涂料工程	油漆 10-1035 ~ 1401	木材面油漆(10-1035 ~ 10-1265)分单层木门、单层木窗、木扶手、其他木材面
		金属面油漆(10-1266 ~ 10-1324)分单层钢门窗、其他金属面、白铁皮、金属构件
		抹灰面油漆(10-1325 ~ 10-1401)
	涂料、裱糊 10-1402 ~ 1467	涂料(10-1402 ~ 10-1458)
		裱糊(10-1459 ~ 10-1467)

2. 主要项目工程量计算

(1)木材面、金属面和抹灰面上的油漆、涂料工程量按附表相应的系数和计算规则计算。

(2)防火涂料工程量计算

隔墙、护壁木龙骨按其面层正立面投影面积计算。

包柱木龙骨按其面层投影面积计算。

天棚木龙骨按天棚水平投影面积计算。

木地板中木龙骨及木龙骨带地板按地板面积计算。

以上刷防火涂料项目,执行其他木材面刷防火涂料相应子目。

天棚金属龙骨按天棚水平投影面积计算。

二、工程量清单计价编制示例

【例 7-5】　油漆、涂料工程综合单价组价

某工程油漆工程量清单见表 7-10。试确定其综合单价。

某工程油漆工程量清单　　　　表 7-10

序号	项目编码	项目名称	计量单位	工程数量
1	020506001001	抹灰面油漆 【项目特征】 1. 基层类型:一般抹灰面 2. 油漆品种、遍数:白色乳胶漆 3 遍 【工作内容】 基层清理、刮腻子、油漆	m²	374.44

解　查《陕西省建筑装饰工程价目表 2009》:子目 10-1331 乳胶漆抹灰面 2 遍基价:

1 002.08 元/100m²；计算计价工程量：$S = 374.44m^2$。

分项直接工程费 $= 1\ 002.08 \times 3.744\ 4/374.44 = 10.02$ 元/m²

管理费 $= 10.02 \times 3.83\% = 0.38$ 元/m²

利润 $= (10.02 + 0.38) \times 3.37\% = 0.35$ 元/m²

分项综合单价 $= 10.02 + 0.38 + 0.35 = 10.75$ 元/m²

查《陕西省建筑装饰工程价目表 2009》：子目 10-1332 乳胶漆抹灰面每增加一遍基价：224.91 元/100m²；计算计价工程量：$S = 374.44m^2$。

分项直接工程费 $= 224.91 \times 3.744\ 4/374.44 = 2.25$ 元/m²

管理费 $= 2.25 \times 3.83\% = 0.09$ 元/m²

利润 $= (2.25 + 0.09) \times 3.37\% = 0.08$ 元/m²

分项综合单价 $= 2.25 + 0.09 + 0.08 = 2.42$ 元/m²

清单综合单价 $= 10.75 + 2.42 = 13.17$ 元/m²

第五节　其他装饰工程清单计价

一、计价说明

1. 定额项目设置和说明

本节定额共包括 8 部分 156 个项目，定额项目组成见表 7-11。

其他工程项目组成表　　　　　　　　　　　　　　　表 7-11

章	节	子　目
其他工程	招牌灯箱	基层(10-1468 ~ 10-1480)、面层(10-1481 ~ 10-1486)
	美术字	泡沫塑料有机玻璃字、木质字、金属字
	压条装饰线条	金属条、木质装饰条、石材装饰条、其他
	暖气罩	柚木板、塑面板、胶合板、铝合金、钢板
	镜面玻璃	镜面玻璃(带框不带框)、盥洗室镜箱(木质塑料)
	货架、柜类	柜台(不锈钢宝笼)货架、收银台、吧台柜、书衣柜、橱柜、吊橱、壁橱
	其他	浴厕配件(盒、杆、帘)洗漱台、旗杆、排水水舌

2. 主要项目工程量计算

(1)柜橱类均以正立面的高(包括脚的高度在内)乘以宽以平方米计算。

(2)暖气罩(包括脚的高度在内)按框外围尺寸以垂直面积以平方米计算。(同清单项目工程量)。

(3)浴厕配件

大理石洗漱台以台面投影面积以平方米计算(不扣除空洞面积)，挡板、吊沿板面积已包含在定额内。(和清单项目计算有区别)

镜面玻璃盥洗室镜箱以正立面面积以平方米计算(同清单项目工程量)。

拉手、杆、盒等按设计图示数量以根(套、副、个)计算(同清单项目工程量)。

(4)装饰线、压条按设计图示尺寸以长度以米计算(同清单项目工程量)。

(5)招牌、标箱、灯箱包括基层和面层两部分。

基层:按设计图示尺寸以平方米计算;面层:按展开面积以平方米计算。

(6)广告牌钢骨架以"t"计算。

第六节　措施项目清单计价

建设工程施工中除了构成建筑物实体本身投入的要素费用以外,还存在施工企业管理水平、施工现场情况以及保证顺利实施完成该项目而发生于该工程施工前和施工过程中技术、安全、生活等方面的非工程实体项目,统称为措施项目。

措施项目清单是指由发生于工程施工前和施工过程中不构成工程实体的项目组成,分为通用措施项目和专业工程措施项目。

措施项目费是指为完成该工程措施项目清单施工必须采取的措施所需要的费用总和。在陕西省包括费率计取部分和工程量计取部分。

措施项目清单计价通常用公式参数法计价和定额法计价。

公式参数法计价是按一定的基数乘以费率计算:

$$措施项目费 = 基数 \times 费率 \qquad (7\text{-}8)$$

这种方法在陕西即为费率计取部分,包括了4个措施项目:安全文明施工措施费、冬雨季及夜间施工措施费、二次搬运费和测量放线、定位复测、检验试验费。

定额法计价同分部分项工程费用计算方法一样,即:

措施项目费 = 措施项目清单工程量 × 综合单价、措施项目费 = 计价工程量 × 基价

这种方法在陕西省即为工程量计取部分,主要是指一些与实体有密切联系的项目,如模板、脚手架、垂直运输及超高降效、机械进出场、施工排水、深基坑防护。

措施项目清单中所列的措施项目清单大多数以"项"列出,所以计价时,首先应详细分析其所包含的工作内容,然后根据所含内容按照相关规定计算确定其综合单价。计价规则中的相关内容、相关费率,招标人编制标底时按相应规定费率计取,投标人编制报价时,仅供参考(不可竞争费用除外)。

措施项目清单为可调整清单,投标人对招标文件中所列项目,可根据企业自身特点作适当的变更增减。如果中标,所报价款归投标人所有。

措施项目清单计价一经报出,即被认为是包括了所有应该发生的措施项目的全部费用。

如果报出的清单中没有列项,且施工中又必须发生的项目,业主有权认为其综合在分部分项工程量清单的单价中。将来措施项目发生时,投标人不得以任何借口提出索赔与调整。

一、脚手架工程计价说明及编制示例

1.计价说明

1)定额项目设置及说明

（1）本章定额共包括8部分60个项目,补充子目8个项目。定额项目组成见表7-12。

脚手架工程项目组成表 表7-12

章	节	子　目
脚手架工程	外脚手架	钢管架(按高度分为13-1～13-7)
	里脚手架	钢管架(基本层6.6m,每增加1.2m)2个
	满堂脚手架	钢管架(基本层、增加层)2个
	悬空垂直封闭	悬空、挑脚手架、水平、垂直防护架、垂直封闭共(13-12～13-17)
	斜道等	钢管斜道(10-18～10-25)架空运输(13-26)
	构筑物脚手架	烟囱(水塔)13-27～13-38、电梯井字架13-39～13-45
	装饰脚手架	外架、内架、满堂架、安全过道、安全笆、吊栏、移动架
	补充定额	成品保护(B13-1～B13-8)、挑架底座、爬架

（2）外脚手架是按双排架编入的,定额中综合了上料平台、防护栏杆等。实际使用单排外脚手架时,按双排外脚手架子目乘以系数0.7。

（3）里脚手架综合了外墙内面装饰、内墙砌筑及装饰、外走廊及阳台的外墙砌筑与装饰。走廊柱与独立柱的砌筑和装饰、现浇混凝土柱和墙结构施工及装饰脚手架的因素。

（4）脚手架发生在工程施工过程中,是指建筑物或构筑物在施工时必须发生的辅助项目,在工程量清单中被列为措施项目。

（5）装饰脚手架适用于由装饰施工队单独承担装饰工程且土建脚手架已拆除时搭设的用于装饰的脚手架。

（6）一般土建的脚手架中已经包括了装饰阶段的脚手架。

2）工程量计算

（1）外脚手架按外墙外边线总长度乘以设计室外地坪至外墙的顶板面或檐口的高度计算。计算公式为:

$$S = L_外 \times H + S_0 \qquad (7-9)$$

式中的$L_外$包括阳台等凹凸部分长度。

屋面有女儿墙者高度算至女儿墙顶面。

有地下室时,高度从设计室外地坪算至底板垫层底。

屋面上的楼梯间、水箱间、电梯机房等脚手架工程量并入主体工程量内。

同一建筑物檐口高度不同时,应分别计算套定额。

计算脚手架时不扣除门窗洞口、空洞等所占面积。

有山墙者,以山尖1/2高度计算。

（2）里脚手架按建筑物建筑面积计算

楼层高度在3.6m以内按各层建筑面积计算。

层高超过3.6m,每增1.2m按调增子目套用一次,不足0.6m不计算。

有满堂脚手架搭设的部分,里脚手架按该部分建筑面积的50%计算。

无法按建筑面积计算的部分,高度超过3.6m时按实际搭设面积,套外墙脚手架子目乘以系数0.7计算。

（3）满堂脚手架按室内净面积计算,不扣除柱、垛所占面积。

室内天棚装饰面距设计室内地坪高度超过 3.6m 时计算满堂脚手架。

高度在 3.6~5.2m 计算基本层,超高 5.2m,每增加 1.2m 计算一个增加层,不足 0.6m 不计算。

天棚面单独刷(喷)涂料时,楼层高度在 5.2m 以下,均不计算脚手架费用。高度在 5.2~10m 按满堂脚手架基本层子目的 50% 计算,10m 以上按 80% 计算。

满堂钢筋混凝土基础,凡宽度在 3m 以上,深度在 1.5m 以上时,增加的工作平台按其底板面积计算满堂基础脚手架(即满堂脚手架基本层子目的 50%)。

(4)装饰装修脚手架

满堂脚手架按设计搭设的水平投影面积计算,凡超过 3.6m、在 5.2m 以内的天棚抹灰即装饰装修,应计算基本层;超高 5.2m,每增加 1.2m 计算一个增加层,增加层的层数 = (层高 − 5.2)/1.2;室内计算了满堂脚手架的,其内墙面粉饰不再计算粉饰架,只按每 100m² 墙面垂直投影面积增加改架工 1.28 工日。

装饰装修外脚手架,按外墙的外边线长乘墙高以 m² 计算。同一建筑物各面墙的高度不同,且不在同一定额步距内时,应分别计算工程量。利用主体外脚手架改变其步高作外墙面装饰架时,按每 100m² 增加改架工 1.28 工日。独立柱按(柱周长 + 6.6m)× 柱高计算,执行装饰装修外脚手架相应子目。

内墙粉饰脚手架,按内墙面垂直投影面积计算。

2. 工程量清单计价编制示例

【例 7-6】　图 7-1 为某一层砖混房屋,计算该房屋的地面以上部分砌墙、墙体粉刷和天棚粉刷脚手架工程量。

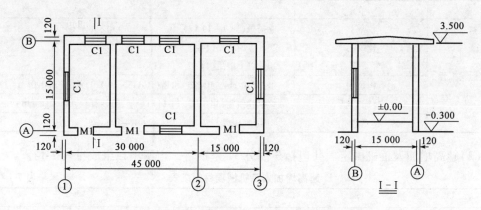

图 7-1　某一层砖混房屋(尺寸单位:mm)

解　外墙脚手架(外墙砌筑)工程量 = (45.24 + 15.24) × 2 × (3.5 + 0.3) = 459.65(m²)

内墙脚手架(内墙砌筑)工程量 = (15 − 0.24) × (45 − 0.24) = 660.66(m²)

内墙面粉刷脚手架(包括外墙内部粉刷)工程量 = 〔(45 − 0.24 − 0.24 × 2) × 2 + (15 − 0.24) × 6〕× 3.5 = 619.92(m²)

天棚粉刷脚手架工程量 = (45 − 0.24 − 0.24 × 2) × (15 − 0.24) = 653.57(m²)

【例 7-7】　某工程外墙镶贴面砖、部分干挂花岗岩板,该工程建筑外形如图 7-2 所示,墙厚均为 240mm,室内外差 300mm。求外墙面装饰的外脚手架工程量。

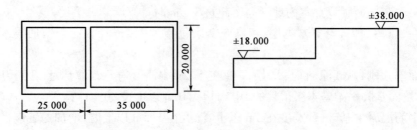

图 7-2　某建筑物平面图和立面图(尺寸单位:mm)

解　据图可知,该建筑有两个檐口高度:

$18 + 0.3 = 18.3\text{m}; 38 + 0.3 = 38.3(\text{m})$。

外墙脚手架工程量应分高低两部分计算:

(1)低檐口脚手架工程量 $= [(20 + 0.24) + (25 - 0.12 + 0.12) \times 2] \times 18.3 = 1285.39(\text{m}^2)$

(2)高檐口脚手架工程量 $= [(35 + 0.12 + 0.12) \times 2 + (20 + 0.24)] \times 38.3 = 3474.58(\text{m}^2)$

(3)②轴线高出 18m 屋面的外架子面积 $= (20 + 0.24) \times (38 - 18) = 404.8(\text{m}^2)$

合计:$1285.39 + 3474.58 + 404.8 = 5164.77(\text{m}^2)$

二、垂直运输和超高降效计价说明及编制示例

1.计价说明

1)定额项目设置及说明

(1)垂直运输定额共包括 3 部分 146 个项目。定额项目组成见表 7-13。

垂直运输项目组成表　　　　　　　　　　　　　　表 7-13

章	节	子　目
垂直运输工程	建筑物	卷扬机(14-1 ~ 14-17)
		20m 以内塔吊(14-18 ~ 14-31)
		20m 以上塔吊(14-32 ~ 14-113)
	构筑物	烟囱(10-114 ~ 10-117)水塔(10-118 ~ 10-119)筒仓(14-120 ~ 14-121)
	装饰工程	多层建筑物(14-122 ~ 14-144)单层建筑物(14-145 ~ 14-146)
	补充定额	剪力墙(非滑模施工)(B14-1 ~ B14-10)

(2)超高增加人工机械定额共包括 3 部分 31 个项目。定额项目组成见表 7-14。

超高增加人工机械项目组成表　　　　　　　　　　　表 7-14

章	节	子　目
超高降效	增加人工机械效率	从 30m 起,定额步距 10m(15-1 ~ 10)
		120m 以上每增加 10m(15-11)
	加压用水泵台班	(15-12 ~ 15-22)共 11 个项目
	装饰工程增加人工机械	多层建筑物(15-23 ~ 15-28)单层建筑物(15-29 ~ 15-31)

超高增加人工机械是指建筑物超高 20m 或 6 层时材料垂直运输、工人上下班时间增加和机械工效降低而增加的费用。

(3)建筑物檐高是指设计室外地坪至檐口板顶的高度。

女儿墙不计算高度。

突出主体建筑屋顶的电梯间、水箱间等不计入檐口高度之内。

（4）适用范围

檐高 3.6m 以内的单层建筑物,不计算垂直运输机械。

檐高 20m（层数 6 层）以内的工程不计算超高降效。

定额子目中同时有檐高和层数两个指标同时,以满足一个指标为准（以施工单位有利为原则）。

垂直运输和超高降效定额中包括了主体和装饰的因素在内。若主体和装饰不是同一个施工单位,而由两个施工单位承包时,装饰按装饰工程的定额计算,主体施工企业按定额乘以 0.85 的系数计算。

（5）采用非滑模施工的住宅楼（剪力墙）工程,不论采用何种施工工艺,均套用剪力墙（非滑模）定额。采用非滑模施工的医院、宾馆、图书馆等,按相应滑模施工子目执行。

（6）建筑物人工、机械降效系数中包括的内容指建筑物 ±0.00 以上的全部工程项目,但不包括垂直运输、水平运输和脚手架。

2）垂直运输工程量计算

（1）建筑物垂直运输按建筑物的结构类型、功能及高度,按建筑面积以平方米计算。

（2）构筑物垂直运输以"座"计算。

（3）装饰工程垂直运输按不同垂直运输高度,按消耗量定额以工日分别计算。需要注意的是,装饰装修楼层包括楼层所有装饰装修工程量。

3）超高降效工程量计算

（1）人工降效按规定内容（指建筑物 ±0.00 以上的全部工程项目,但不包括垂直运输、各类构件的水平运输及各项脚手架）的全部人工工日乘以降效系数计算。

（2）吊装机械降效按吊装项目中全部吊装机械分别对消耗台班量乘以降效系数计算。

（3）其他机械降效按规定内容中的全部机械,分别对消耗台班量（扣除第六章）乘以降效系数。

（4）建筑物超高施工加压用水泵台班消耗量,按 ±0.00 以上建筑面积以平方米计算。

（5）装饰装修楼层（包括楼层所有装饰装修工程量）区别不同的垂直运输高度,按装饰装修工程的人工与机械费以"元"为单位乘以降效系数。

2. 工程量清单计价编制示例

【例 7-8】 某办公楼工程,建筑面积 300m²,砖混结构,2 层。试计算垂直运输费。

解 （1）根据《陕西省建筑工程量计算规则 2009》计算工程量

①建筑物垂直运输机械工程量:300m²。

②计价工程量计算规则:凡定额计量单位为平方米的,均按"建筑面积计算规则"规定计算。

（2）计算清单项目每计量单位,应包含的工程内容的工程数量。

建筑物垂直运输机械工程量清单 300m²,项目编码 AB001。

清单项目每计量单位建筑物垂直运输机械 = 300 ÷ 300 = 1.00（m²/m²）

（3）根据"建筑物垂直运输机械工程"选定额,确定人、材、机消耗量。参照《陕西省建筑工程消耗量定额 2004》20m 内建筑混合结构垂直运输,套定额 14-3,见表 7-15。

20m(6层)以内卷扬机施工(单位:100m²)　　　表 7-15

定额编号		14-1	14-2	14-3	14-4
项目		住宅及服务用房		教学及办公用房	
		混合结构	现浇框架	混合结构	现浇框架
名　称	单位	数　量			
电动卷扬机(单筒快速)20kN	台班	11.700	15.600	12.000	17.600
卷扬机架高 30m	台班	11.700	15.600	12.000	17.600

(4)确定人工、材料、机械单价,计算人、材、机价款。选用《陕西省建筑装饰工程价目表 2009》,计算人、材、机价款,见表 7-16。

建筑物垂直运输机械人工、材料、机械费用计算　　　表 7-16

工作内容:20m(6层)以内卷扬机施工

定额号	项目名称	单　位	基价(元)	其　中		
				人工费	材料费	机械费
14-3	教学及办公用房,混合结构	100m²	1 368.84	—	—	1 368.84

(5)确定管理费和利润。参照《陕西省计价费率 2009》(或根据企业情况)确定管理费费率为 5.11%,利润率为 3.11%

清单项目每计量单位管理费和利润 = 13.69 × (5.11% + 3.11%) = 1.13(元)

(6)计算综合单价:13.69 + 1.13 = 14.82 元/m²

(7)根据工程量清单填写措施项目清单与计价表,进行具体计算,合价见表 7-17。

垂　直　运　输　费　用　　　表 7-17

工程名称:某办公楼建筑工程　　　　　　标段:

序号	项目编码	项目名称	项 目 特 征	计量单位	工程量	金额(元)	
						综合单价	合价
1	AB003001	垂直运输	(1)建筑物檐高:7.39m (2)结构类型:砖混	m²	300.00	14.82	4446

三、大型机械运输、安装、拆卸计价说明

1. 定额项目设置及说明

(1)本附录共包括 4 部分 31 个项目。定额项目组成见表 7-18。

大型机械运输、安装、拆卸项目组成表　　　表 7-18

章	节	子　目
大型机械费用	机械土方工程	推土机、挖掘机配自卸汽车、人工铺填机械碾压、机械铺填机械碾压共 6 个子目
	桩基础工程	打入桩、压入桩、灌注桩、降水共 6 个子目
	吊装工程	机械进出场运输 1 个子目
	垂直运输	建筑物:按高度分进出场、安拆、基础铺拆 3 项共 15 个子目
		构筑物:按进出场、安拆、基础铺拆 3 项共 3 个子目

大型机械场外运输、安装、拆卸是指单独计取的施工用大型机械25km以内场外往返运输、安装拆卸及基础铺拆等。

（2）土方工程、桩基础工程、吊装工程中的消耗量定额虽未按场外运输和安装、拆卸分列，但均已包括了机械的25km内场外往返运输和安装、拆卸工料在内。

（3）檐高20m（6层）以内的建筑物采用卷扬机施工时不得计取大型接卸25km以内场外往返运输及安装、拆卸消耗量定额。

2. 工程量计算

（1）土方工程的大型机械进出场按其对应的第一章定额子目的工程量以1 000m³计算（未列机械场外运输项目的土石方工程量不得作为其计算大型机械场外运输消耗量定额的基础）。

（2）桩基础工程以其施工工艺及所配备的大型机械设备按照一个单位工程计取一次（锅锥成孔不计算）。

（3）吊装工程（适用于采用履带式吊装机械施工的工业厂房及民用建筑工程）以吊装100m³混凝土构件或100t金属构件为单位计算。

（4）垂直运输机械（如塔式起重机）按一个单位工程分别计取一次场外运输、安拆、基础铺拆3项内容（卷扬机不计算）。

四、措施项目费的确定

1. 措施项目的确定与增减

措施项目是为工程实体施工服务的，措施项目清单由招标人提供。招标人在编制标底时，措施项目费可按照合理的施工方案和各措施项目费的参考费率及有关规定计算。

投标人在编制报价时，可根据实际施工组织设计采取的具体措施，在招标人提供的措施项目清单的基础上，增加措施项目。对于清单中列出而实际不采用的措施项目则应不填写报价。

总之，措施项目的计列应以实际发生为准。措施项目的大小、数量应根据实际设计确定，不要盲目扩大或减少，这是估计措施项目费的基础。

2. 措施项目费计算时应注意的事项

措施项目计价方法的多样性体现了清单计价人自由组价的特点，措施项目计价方法对分部分项工程和其他项目的组价都是有用的。在用上述方法组价时，要注意以下几点。

（1）工程量清单计价规范规定，在确定措施项目综合单价时，规范规定的综合单价组成仅供参考。因措施项目内的人工费、材料费、机械费、管理费、利润等不一定全部发生，所以不要求每个措施项目内的人工费、材料费、机械费、管理费、利润都必须有。

（2）在报价时，措施项目招标人要求分析明细，这时用公式参数法组价、分包法组价都是先知道总数，这就靠人为用系数或比例的办法分摊人工费、材料费、机械费、管理费、利润。

（3）招标人提出的措施项目清单是根据一般情况确定的，没有考虑不同投标人的"个性"。因此，投标人在报价时，可以根据本企业的实际情况，调整措施项目内容并报价。

3. 措施项目计价的基本原理

（1）措施项目计价的前提：分部分项清单计价完成后，有关费用已知。

（2）计算方法

编制标底：按计价费率计算或按定额计算。

编制报价：自主计算或按编标底的方法确定。

（3）按费率计算的措施项目（除安全文明施工费外），每项措施项目应分为人工土方工程、机械土方工程、桩基础工程、一般土建工程和装饰工程 5 项工程类别计算（不一定都发生）。

（4）按定额计算的措施项目，其综合单价的形成与分部分项工程计价相同。

4. 按费率计算的措施项目

（1）安全文明施工费（含环境保护、文明施工、安全施工、临时设施）

$$安全文明施工费 = [分部分项工程费 + 措施项目费（不含安全文明施工费）+ \\ 其他项目费] \times 费率 \tag{7-10}$$

（2）夜间施工和冬雨季施工费

①人工土方：

$$夜间施工和冬雨季施工费 = 分部分项人工费 \times 费率 \tag{7-11}$$

②机械土方：

$$夜间施工和冬雨季施工费 = 分部分项工程费 \times 费率 \tag{7-12}$$

③桩基础：

$$夜间施工和冬雨季施工费 = 分部分项工程费 \times 费率 \tag{7-13}$$

④一般土建：

$$夜间施工和冬雨季施工费 = 分部分项工程费 \times 费率 \tag{7-14}$$

⑤装饰工程：

$$夜间施工和冬雨季施工费 = 分部分项工程费 \times 费率 \tag{7-15}$$

$$夜间施工和冬雨季施工费 = ① + ② + ③ + ④ + ⑤ \tag{7-16}$$

（3）二次倒运、检验试验及定位复测费等的计算同上条计算。

5. 按定额计算的措施项目

（1）模板及支撑

配套定额子目在第四章混凝土及钢筋混凝土工程（分现浇和预制模板），分部分项工程量清单（混凝土工程和预制桩基础工程）中每一个混凝土项目对应一个模板定额。

（2）大型机械进出场费

配套定额子目在定额第十六章附录二大型机械场外运输、安装、拆卸。

一般包括土方工程机械、桩基础工程（打压桩和成孔机械）、吊装机械和垂直运输机械（卷扬机除外）。

（3）脚手架

配套定额子目在定额第十三章脚手架工程，包括外脚手架（含基坑支护脚手架）、里脚手架和满堂脚手架。

（4）垂直运输

配套定额子目在定额第十四章垂直运输，包括机械包括卷扬机和塔式起重机。

（5）超高降效

配套定额子目在定额第十五章超高增加人工机械，包括人工和机械降效、加压用水泵台班。

（6）深基坑支护

配套定额子目在定额第二章桩基工程，包括桩基础、锚钉支护和土钉支护。

第七节　其他项目清单计价

一、其他项目清单费用组成

其他项目清单由招标人和投标人两部分内容组成，其他项目清单费用是指暂列金额、暂估价（仅指专业工程暂估价）、计日工和总承包服务费等估算金额的总和。包括人工费、材料费、机械费、管理费、利润以及风险费。

其他项目清单由招标人提供，由于工程的复杂性，在施工之前很难预料在施工过程中会发生什么变更，所以，招标人按估算的方法将这部分费用以其他项目的形式列出，由投标人按规定组价，包括在总价内。

二、其他项目清单费用的确定

分部分项工程综合单价、措施项目费都是由投标人自由组价，而其他项目费不一定是投标人自由组价，因为其他项目费包括招标人和投标人两部分。

（1）招标人部分是非竞争性项目，因而要求投标人按招标人提供的数量及金额进入报价，不允许投标人对价格进行调整（如暂列金额、专业工程暂估价）。

（2）对于投标人部分为竞争性费用的，名称、数量由招标人提供，价格由投标人自主确定。

1）总承包服务费

总承包服务费是投标人为配合协调招标人进行工程分包和材料采购发生的费用。应根据经验及工程分包特点，按分包项目金额的一定百分比计算。

编制最高限价：专业工程的总承包服务费可按分包工程造价的2%～4%计取；材料设备可按其总价值的0.8%～1.2%计取。

编制投标报价：投标人自主确定。

2）计日工费

计日工费是招标人列出的未来可能发生的工程量清单以外的不能以实物计量和定价的零星工作。计价人应以其他项目清单中列出的项目和数量，自主确定综合单价并计算计日工费用，综合单价还应考虑管理费、利润和风险等。

$$人工综合单价 = 人工预算价 \times (1 + 管理费率) \times (1 + 利润费率) \tag{7-17}$$

$$材料综合单价 = 材料预算价 \times (1 + 管理费率) \times (1 + 利润费率) \tag{7-18}$$

$$机械综合单价 = 机械台班单价 \times (1 + 管理费率) \times (1 + 利润费率) \tag{7-19}$$

三、注意事项

（1）其他项目清单中的暂列金额、专业工程暂估价和计日工，均为估算价、估算量，虽在投标时计入投标人的报价中，但不应视为投标人所有。竣工结算时，应按投标人实际完成的工作内容结算，剩余部分仍归招标人所有。

（2）总承包服务费包括配合协调招标人工程分包和材料采购所需的费用。此处提到的工程分包是指国家允许分包的工程，但不包括投标人自行分包的费用。投标人由于分包而发生的管理费，应包括在相应清单项目的报价内。

（3）为了准确计价，招标人用"计日工表"的形式详细列出人工、材料、机械名称和相应数量，投标人在此表内组价。此表为其他项目费的附表，不是独立的项目费用表。

四、其他项目费用的调整（结算时）

计日工表中的数量按实际签证确认（费用不足部分从暂列金额中支付）。索赔、现场签证费用按双方确认的金额计算（从暂列金额中支付）。

暂列金额的扣减：应减去工程价款调整与索赔、现场签证金额计算，如有余额归发包人。

第八节 规费、税金项目清单计价

一、规费

规费是指政府有关部门规定必须缴纳的费用，属于行政费用。按照建设部、财政部印发的《建筑安装工程费用项目组成》（建标〔2003〕206号）文件规定，规费包括：工程排污费、养老保险费、失业保险费、医疗保险费、住房公积金、危险作业意外伤害保险等。

采用综合单价法编制标底和报价时，规费不包含在清单项目的综合单价内，而是以单位工程为单位，按下列公式计算：

$$规费 = （分部分项工程费 + 措施项目费 + 其他项目费）× 规费的费率 \qquad (7\text{-}20)$$

规费的费率由各地主管部门根据各项规费缴纳标准综合确定。

二、税金

税金是指国家税法规定的应计入工程造价的营业税、城市维护建设税及教育费附加。它是国家为实现其职能向纳税人按规定税率征收的货币金额。

采用综合单价法编制标底和报价时，税金不包含在清单项目的综合单价内，而是以单位工程为单位，按下列公式计算：

$$税金 = （分部分项工程费 + 措施项目费 + 其他项目费 + 规费）× 税率 \qquad (7\text{-}21)$$

根据建设部、财政部印发的《建筑安装工程费用项目组成》（建标〔2003〕206号）规定，税率按纳税地点在市区、县镇及其他地区分别以 6.41%、6.35%、6.22% 计取。纳税地点是指承建项目的所在地。

复习思考题

1. 楼地面工程包括哪些内容？常用部分工程量如何计算？

2. 墙、柱面工程包括哪些内容？各部分工程量如何计算？

3. 天棚工程包括哪些内容？各部分工程量如何计算？

4. 油漆、涂料、裱糊工程包括哪些内容？各部分工程量如何计算？

5. 简述措施项目清单如何计价？

6. 其他项目包括哪些内容？如何计价？

单 项 训 练

根据下列分部分项工程量清单综合单价分析表(表7-19～表7-24)，完成下列分部分项工程综合单价的确定。

分部分项工程量清单综合单价分析表　　　　　　　　　表7-19

工程名称：装饰工程　　　　　　　　　　　　　　　　　　专业：建筑装饰工程

序号	编码编号	项目名称	计量单位	工程量	基价(A)	管理费(B)	利润(C)	风险(D)	合计(E)	综合单价
					综合单价组成					
1	020201 001001	墙面一般抹灰 【项目特征】 1.墙体类型：砖外墙面 2.工程做法：陕02J01 外13 (1)12 厚 1：3 水泥砂浆打底扫毛 (2)6 厚 1：2.5 水泥砂浆扫平 (3)刷(喷)外墙涂料(丙烯酸)	m²	1 850.00						

分部分项工程量清单综合单价分析表　　　　　　　　　表7-20

工程名称：装饰工程　　　　　　　　　　　　　　　　　　专业：建筑装饰工程

序号	编码编号	项目名称	计量单位	工程量	基价(A)	管理费(B)	利润(C)	风险(D)	合计(E)	综合单价
					综合单价组成					
2	020201 001002	墙面一般抹灰 【项目特征】 1.墙体类型：砖内墙面 2.工程做法：陕02J01 内17 (1)10 厚 1：1：6水泥石灰膏砂浆打底扫毛 (2)6 厚 1：0.3：2.5 水泥石灰膏砂浆抹面 (3)刷乳胶漆 3 遍	m²	1 850.00						

分部分项工程量清单综合单价分析表

表 7-21

工程名称：装饰工程　　　　　　　　　　　　　　　　专业：建筑装饰工程

序号	编码编号	项 目 名 称	计量单位	工程量	综合单价组成					综合单价
					基价（A）	管理费（B）	利润（C）	风险（D）	合计（E）	
3	020201001003	墙面一般抹灰 【项目特征】 1.墙体类型:阳台混凝土栏板高1100mm 2.工程做法:陕02J01 外13 (1)12 厚 1:3 水泥砂浆打底扫毛 (2)6 厚 1:2.5 水泥砂浆扫平 (3)刷(喷)外墙涂料(丙烯酸)	m²	850.00						

分部分项工程量清单综合单价分析表

表 7-22

工程名称：装饰工程　　　　　　　　　　　　　　　　专业：建筑装饰工程

序号	编码编号	项 目 名 称	计量单位	工程量	综合单价组成					综合单价
					基价（A）	管理费（B）	利润（C）	风险（D）	合计（E）	
4	020204003001	块料墙面 【项目特征】 1.基层类型:砖内墙面 2.工程做法:陕02J01 内35 (1)10 厚 1:3水泥砂浆打底压实抹平扫毛 (2)5 厚 1:2建筑胶水泥砂浆黏结层 (3)5 ~ 8 厚 200mm × 300mm 瓷片 (4)白水泥擦缝	m²	1 800.00						
5	020204003002	块料墙面 【项目特征】 1.基层类型:混凝土外墙面 2.工程做法:陕02J01 外22 (1)刷(抹)界面剂一道 (2)12 厚 1:3水泥砂浆打底扫毛 (3)6 厚 1:2水泥砂浆找平 (4)4 厚聚合物水泥砂浆黏结层 (5)粘贴6 ~ 8 厚 200mm × 200mm 面砖	m²	2 800.00						

分部分项工程量清单综合单价分析表　　　　　表 7-23

工程名称:装饰工程　　　　　　　　　　　　　　　　　　专业:建筑装饰工程

序号	编码编号	项 目 名 称	计量单位	工程量	综合单价组成					综合单价
					基价(A)	管理费(B)	利润(C)	风险(D)	合计(E)	
6	020301 001001	天棚抹灰 【项目特征】 1. 基层类型:现浇混凝土天棚 2. 工程做法:陕 02J01 棚6 (1)刷素水泥浆一道(内参建筑胶) (2)5 厚 1:0.3:3 水泥石灰膏砂浆打底扫毛 (3)5 厚 1:0.3:2.5 水泥石灰膏砂浆抹面找平 (4)刷水质涂料 3 遍	m²	1 500.00						

分部分项工程量清单综合单价分析表　　　　　表 7-24

工程名称:装饰工程　　　　　　　　　　　　　　　　　　专业:建筑装饰工程

序号	编码编号	项 目 名 称	计量单位	工程量	综合单价组成					综合单价
					基价(A)	管理费(B)	利润(C)	风险(D)	合计(E)	
7	020302 001001	天棚吊顶 【项目特征】 1. 吊顶形式:铝合金条板吊顶平面 2. 工程做法:陕 02J01 棚31 (1)0.8～1.0mm 厚铝合金条板面层 (2)条板轻钢龙骨 TG45×48,中距 1 200mm (3)U 型轻钢龙骨38×12×1.2,中距 1 200mm (4)φ8 钢筋吊杆中距 1 200,与吊环固定 (5)板底预留 φ10 钢筋吊环,中距 1 200mm	m²	550.00						

第八章　BIM与工程造价

本章要点

本章介绍了BIM的基本概念、相关软件等知识。通过学习，了解BIM在工程造价管理及施工中的应用及发展现状，从而总结出BIM的发展方向及可能存在的障碍，掌握并能熟练运用BIM系列软件，如BIM核心建模软件等。

第一节　BIM　概　述

一、基本概念

1. 概念

BIM是英文Building Information Modeling的缩写，常被译为"建筑信息模型"。是以建筑工程项目的各项相关信息数据作为模型的基础，进行建筑模型的建立，通过数字信息仿真模拟建筑物所具有的真实信息。BIM实际是一个建设项目物理和功能特性的数字表达，是一个可以共享目标项目信息的资源平台，可以为该项目从概念到拆除的全寿命周期中的所有决策提供可靠依据；在项目的不同阶段，可以由不同的参与人通过在BIM系统中插入、提取、更新和共享信息数据，以反映其各自业务职责，支持各自决策，从而实现协同作业。

2. 基本特点

1）可视化

可视化即"所见所得"的形式。对于建筑行业来说，可视化的真正运用在建筑业的作用是非常大的，例如经常拿到的施工图纸，只是各个构件的信息在图纸上的采用线条绘制表达，但是其真正的构造形式就需要建筑业参与人员去自行想象了。对于一般简单的东西来说，这种想象也未尝不可，但现代建筑业其建筑形式各异，复杂造型不断推出，仅靠人脑去想象是难以胜任的。所以BIM提供了可视化的思路，让人们将以往的线条式的构件形成一种三维的立体实物图形展示在人们的面前；现代建筑业也有设计方面出效果图的事情，但是这种效果图是分包给专业的效果图制作团队进行识读设计制作出的线条式信息制作出来的，并不是通过构件的信息自动生成的，缺少了同构件之间的互动性和反馈性。而BIM提供的可视化是一种能够同构件之间形成互动性和反馈性的可视化,在 BIM 中,由于整个过程都是可视化的,所以,可视化的结果不仅可以用来效果图的展示及报表的生成,更重要的是项目设计、建造、运营过程中的沟通、讨论、决策都在可视化的状态下进行。

2)协调性

协调性是建筑业中的重点内容,不管是施工单位还是业主及设计单位,无不在做着协调和相互配合的工作。一旦项目的实施过程中遇到了问题,就要将各有关人员组织起来开协调会,查找施工问题发生的原因及解决办法,然后做出变更和相应补救措施以解决问题。在设计时,往往由于各专业设计师之间的沟通不到位,而出现各种专业之间的碰撞问题。例如暖通等专业中的管道在进行布置时,由于施工图纸是各自绘制在各自的施工图纸上的,实际施工过程中,可能在布置管线时正好在此处有结构设计的梁等构件在此妨碍着管线的布置,这种就是施工中常遇到的碰撞问题,像这样的碰撞问题的协调解决就只能在问题出现之后再进行解决吗? BIM 的协调性服务就可以帮助处理这种问题。也就是说 BIM 可在建筑物建造前期对各专业的碰撞问题进行协调,生成协调数据,提供出来。当然 BIM 的协调作用也并不是只能解决各专业间的碰撞问题,它还可以解决如电梯井布置与其他设计布置及净空要求的协调,防火分区与其他设计布置的协调,地下排水布置与其他设计布置的协调等。

3)模拟性

模拟性并不是只能模拟设计出的建筑物模型,还可以模拟不能够在真实世界中进行操作的事物。在模拟性设计阶段,BIM 可以对设计上需要进行模拟的东西进行模拟实验。例如,节能模拟、紧急疏散模拟、日照模拟、热能传导模拟等;在招投标和施工阶段可以进行 4D 模拟(三维模型加项目的发展时间),可根据施工的组织设计模拟实际施工,从而确定合理的施工方案以指导施工。同时还可以进行 5D 模拟(基于 3D 模型的造价控制),从而以实现成本控制;后期运营阶段可以模拟日常紧急情况处理方式的模拟,例如地震人员逃生模拟及火灾人员疏散模拟等。

4)优化性

建筑工程中,整个设计、施工、运营的过程就是一个不断优化的过程。优化和 BIM 虽然不存在实质性的必然联系,但在 BIM 的基础上可以做更好的优化。优化受三个条件的制约:即信息、复杂程度和时间。没有准确的信息做不出合理的优化结果,BIM 模型不仅提供了建筑物的实际存在的信息,包括几何信息、物理信息、规则信息,还提供了建筑物变化以后的实际存在。复杂程度高到一定程度,参与人员本身的能力无法掌握所有的信息,必须借助一定的科学技术和设备的帮助。现代建筑物的复杂程度大多超过参与人员本身的能力极限,BIM 及与其配套的各种优化工具提供了对复杂项目进行优化的可能。目前基于 BIM 的优化可以做下面的工作。

(1)项目方案优化:把项目设计和投资回报分析结合起来,设计变化对投资回报的影响可以实时计算出来。这样业主对设计方案的选择就不会停留在对形状的评价上,而更多地可以使业主知道哪种项目设计方案更有利于自身的需求。

(2)特殊项目的设计优化:例如裙楼、幕墙、屋顶、大空间到处可以看到异型设计,这些内容虽然占整个建筑工程的比例不大,但是占投资和工作量的比例往往要大得多,而且通常也是施工难度比较大和施工问题比较多的地方,对这些内容的设计施工方案进行优化,可以带来显著的工期和造价改进。

5）可出图性

BIM 并不是为了设计制作大家日常所见的建筑设计院的建筑设计图纸及一些构件加工的图纸，而是通过对建筑物进行可视化展示、协调、模拟、优化以后，可以帮助业主制作出如下图纸。

（1）综合管线图（经过碰撞检查和设计修改，消除了相应错误以后）。

（2）综合结构留洞图（预埋套管图）。

（3）碰撞检查侦错报告和建议改进方案。

3. BIM 的内涵要素

1）BIM 的信息载体是多维参数模型

传统的模型是用点、线、多边形、圆等平面元素模拟几何构件，只有长和宽的二维尺度。目前国内各类设计图和施工图的主流形式仍旧是 2D 模型，而传统的 3D 模型是在 2D 模型的基础上加了一个维度，有利于建设项目的可视化功用，但并不具备信息整合与协调的功能。

无论是 2D 模型还是 3D 模型，以 CAD 技术为例，其仅仅是运用线、格网、图层、颜色等去表达模型的几何物理信息。在实际建设项目中，工程人员需要大量烦琐的工作运用这种所谓的"聋哑图形"，且错误率极高。

随着软件的发展，尽管各种几何实体可以被整合在一起代表所需的设计构件，且操作性更强，但是最终的整体几何模型依旧难以编辑和修改，且各系统单独的施工图很难与整体模型真正地联系起来，同步化就更难实现。

BIM 参数模型的优势在于其突破了传统及模型难以修改和同步的瓶颈，以实时、动态的多维模型大大方便了工程人员。

首先，BIM 的模型为交流和修改提供了便利。以建筑师为例，其可以运用平台直接设计，无须将模型翻译成平面图与业主进行沟通交流，业主也无须费时费力去理解烦琐的图纸。

其次，BIM 参数模型的参数信息内容不局限于建筑构件的物理属性，而是包含了从建筑概念设计开始到运营维护的整个项目生命周期内的所有该建筑构件的实时、动态信息。

再次，BIM 参数模型将各个系统紧密地联系到了一起，整体模型真正起到了协调综合的作用，且其同步化的功能更是锦上添花。

另外，对于 BIM 模型的设计变更，BIM 的参数规则会在全局自动更新信息。故对于设计变更的反应，相比基于图纸费时且易出错的烦琐处理，BIM 系统表现得更加智能化与灵敏化。

最后，BIM 参数模型的多维特性将项目的经济性、舒适性及可持续性提高到一个新的层次。例如，运用 4D 技术可以研究项目的可施工性、项目进度安排、项目进度优化、精益化施工等方面，给项目带来经济性与时效性；5D 造价控制手段使预算在整个项目生命周期内实现实时性与可操控性；6D 及 nD 应用将更大化地满足项目基于业主对社会的需求，如舒适度模拟及分析、耗能模拟、绿色建筑模拟及可持续化分析等。

2）BIM 的生命力是项目整个生命周期

由美国宾夕法尼亚大学建筑工程学院的 CIC 研究小组引领的美国建筑联盟项目在一篇

题为"BIM 项目实施计划指南"中总结出了 25 种贯穿项目整个生命周期的应用。

BIM 应用分为主要应用和次要应用,贯穿于整个项目生命周期的各个阶段。其中现状建模和成本预算控制贯穿了从规划到运营维护的各个阶段;各阶段规划、规划书编制、场地分析、设计方案论证、3D 协调与竣工模型均为跨阶段应用;其余应用则大部分发生在项目生命周期的某个特定阶段。

3)BIM 的价值优势

对于业主最关心的工程造价、工期、项目性能是否符合预期等指标,BIM 所带来的价值优势是巨大的。

(1)缩短项目工期:利用 BIM 技术,可以通过加强团队合作、改善传统的项目管理模式、实现场外预制、缩短订货至交货之间的空白时间等大大缩短工期。

(2)更加可靠与准确的项目预算:BIM 模型的工料计算相比 2D 图纸的预算更加准确,且节省了大量时间。

(3)提高生产效率、节约成本:由于利用 BIM 技术可大大加强各参与方的协作与信息交流的有效性,使决策的做出可以在短时间内完成,减少了复工与返工的次数,且便于新型生产方式的兴起如场外预制、BIM 参数模型作为施工文件等等,生产效率显著提高,节约了成本。

(4)高性能的项目结果:BIM 技术所输出的可视化效果可以为业主校核是否满足要求提供平台,并可实现耗能与可持续发展设计与分析,为提高建筑物、构筑物等的性能提供了技术手段。

(5)有助于项目的创新性与先进性:BIM 技术可以实现对传统项目管理模式的优化,如一体化项目管理模式 IPD 下各参与方早期参与设计群策群力的模式有利于吸取先进技术与经验,实现项目创新性与先进性。

(6)方便设备管理与维护:利用竣工 BIM 模型作为设备管理与维护的数据库,极大地方便了设备管理与维护。

二、BIM 的技术体系

BIM 是一种比较新的系统技术和管理方法,在其产生、普及应用过程中,建筑行业已经使用了多种数字化、电算化的方法,包括 CAD、CAE、VDC、BLM 与可视化等。

现试举其中部分专业技术与 BIM 的关系(图 8-1)。BIM 与各个专业软件相辅相成构成了建筑行业信息化的基本结构。在范围上,现有的这些专业软件属于 BIM 技术应用的一部分,由于信息共享和分类标准问题,这些软件在数据传输和部分功能上并未完全融入 BIM 体系。理想的 BIM 体系应是诸如 CAD 绘图、工程模拟、决策优化、可视化、无线射频识别等相关专业软件终端成果数据都可以在 BIM 中进行存储、交流、使用。在应用上,通过 BIM 后台数据服务器,方便各专业软件终端数据的统一存储、检索、调用,扩大并链接这些分散的软件具有的功

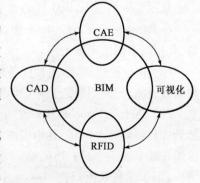

图 8-1　BIM 与专业技术的关系

能。BIM 像一条纽带将这些分散的专业技术整合到一起,提高了这些专业技术的系统性。因此,整个建筑行业从设计、造价、建造到运营维护的信息决策与集成化程度大大提高。例如对于设计完成的图纸,可以使用 CAE 技术从 BIM 模型中抽取项目相关的各种数据进行计算、分析和模拟,对于不合造价等要求的设计方案可通过 CAD 修改,修改完成的数据又可通过 BIM 的可视化功能进行形象演示。RFID(无线射频识别)应用于建筑工程,主要负责信息采集,通过网络传输给 BIM 的信息中心处理,在 BIM 模型中对所有部件与 RFID 信息设定一致的唯一编号,那么这些部件的现场状态就可以用 RFID 技术采集,然后在 BIM 模型中通过可视化的功能形象实时地表现出来,给管理者提供快速、准确的现场信息,提高决策效率。

第二节　BIM 相关软件

1. BIM 核心建模软件

此类软件英文通常叫"BIM Authoring Software",是 BIM 构成的基础。换句话说,正是因为有了这些软件才有了 BIM,也是从事 BIM 的同行第一类要碰到的 BIM 软件。因此我们称它们为"BIM 核心建模软件",简称"BIM 建模软件"。常用的 BIM 建模软件如图 8-2 所示。

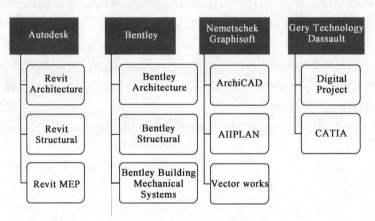

图 8-2　BIM 核心建模软件

从图 8-2 中可知,BIM 核心建模软件主要有以下 4 个门派。

(1)Autodesk 公司的 Revit 建筑、结构和机电系列:在民用建筑市场借助 toCAD 的天然优势,有相当不错的市场表现。

(2)Benteiy 建筑、结构和设备系列:Bentley 产品在工厂设计(石油、化工、电力、医药等)和基础设施(道路、桥梁、市政、水利等)领域有无可争辩的优势。

(3)2007 年 Nemeteschek 收购 Graphisoft 以后,ArchiCAD/ALLPLAN/VectorWorks 三个产品就被归到同一个门派,其中国内最熟悉的是 ArchiCAD,属于一个面向全球市场的产品,应该说是最早的一个具有市场影响力的 BIM 核心建模软件,但是在中国由于其专业配套的功能(仅限于建筑专业)与多专业一体的设计院体制不匹配,很难实现业务突破。Nemetschek 的另外两个产品,ALLPLAN 主要市场在德语区,VectorWorks 则是在美国市场使用的产品名称。

（4）Dassault 公司的 CATLA 是全球最高端的机械设计制造软件,在航空、航天、汽车等领域具有接近垄断的市场地位,应用到工程建设行业无论是对复杂形体还是超大规模建筑其建模能力、表现能力和信息管理能力都比传统的建筑类软件有明显优势,但与工程建设行业的项目特点和人员特点的对接问题则是其不足之处。Digital Project 是 Gery Technology 公司在 CATLA 基础上开发的一个面向工程建设行业的应用软件（二次开发软件）,其本质还是 CATLA,就跟天正的本质是 AutoCAD 一样。

因此,对于一个项目或企业 BIM 核心建模软件技术路线的确定,可以考虑如下基本原则:

①民用建筑用 Autodesk Revit;

②工厂设计和基础设计用 Benteiy;

③单专业建筑事务所选择 ArchiCAD、Revit、Benteiy 都有可能成功;

④项目完全异形、预算比较充裕的可以选择 Digital Project 或 CATLA。

当然,除了上面介绍的情况以外,业主和其他项目成员的要求也是在确定 BIM 技术路线时需要考虑的重要因素。

2. BIM 方案设计软件

BIM 方案设计软件用在设计初期,其主要功能是把业主设计任务书里面数字的项目要求转化成几何形体的建筑方案,此方案用于业主和设计师之间的沟通和方案研究论证。BIM 方案设计软件可以帮助设计师验证设计方案和业主设计任务书中的项目要求相匹配。BIM 方案设计软件的成果可以转换到 BIM 核心建模软件里面进行设计深化,并继续验证满足业主要求的情况。

目前主要的 BIM 方案软件有 Onuma Planning System 和 Affinity 等,其与 BIM 核心建模软件的关系如图 8-3 所示。

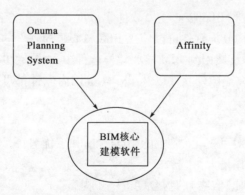

图 8-3　BIM 方案设计软件
注:箭头表示信息传递方向

3. 和 BIM 接口的几何造型软件

设计初期阶段的形体、体量研究或者遇到复杂建筑造型的情况,使用几何造型软件会比直接使用 BIM 核心建模软件更方便、效率更高,甚至可以实现 BIM 核心建模软件无法实现的功能。几何造型软件的成果可以作为 BIM 核心建模软件的输入。

目前常用几何造型软件有 Sketchup、Rhino 和 FormZ 等。

4. BIM 可持续(绿色)分析软件

可持续或者绿色分析软件可以使用 BIM 模型的信息对项目进行日照、风环境、热工、景观可视度、噪声等方面的分析,主要软件有国外的 Echotect、IES、Green Building Studio 以及国内的 PKPM 等,如图 8-4 所示。

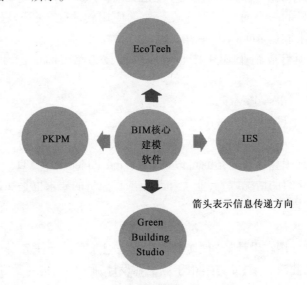

图 8-4　BIM 可持续分析软件

5. BIM 机电分析软件

水、暖、电等设备和电气分析软件国内产品有鸿业、博超等,国外产品有 Designmaster、IES Virtual Environment、Trane Trace 等。

6. BIM 结构分析软件

结构分析软件是目前同 BIM 核心建模软件集成度比较高的产品,基本上两者之间可以实现双向信息交换,即结构分析软件可以使用 BIM 核心建模软件的信息进行结构分析,分析结果对结构的调整又可以反馈回到 BIM 核心建模软件中去,自动更新 BIM 模型。

ETABS、STAAD、Robot 等国外软件以及 PKPM 等国内软件都可以同 BIM 核心建模软件配合使用。

7. BIM 可视化软件

有了 BIM 模型以后,对可视化软件的使用至少有如下优势:

(1)可视化建模的工作量大为减少。

(2)模型的精度与设计(实物)的吻合度进一步提高。

(3)可以在项目的不同阶段以及各种变化情况下快速产生可视化效果。

常用的可视化软件包括 3DS Max、Artlantis、AccuRender 和 Lightscape 等。

8. BIM 模型检查软件

BIM 模型检查软件既可以用来检查模型本身的质量和完整性,例如空间之间有没有重叠、空间有没有被适当的构件围闭、构件之间有没有冲突等;也可以用来检查设计是不是符合业主的要求,是否符合规范的要求等。

目前具有市场影响的 BIM 模型检查软件是 Solibri Model Checker。

9. BIM 深化设计软件

Tekla Structure(Xsteel)是目前最有影响的基于 BIM 技术的钢结构深化设计软件,该软件可以使用 BIM 核心建模软件的数据,对钢结构进行面向加工、安装的详细设计,生成钢结构施工图(加工图、深化图、详图)、材料表、数控机床加工代码等。

10. BIM 模型综合碰撞检查软件

有两个根本原因直接导致了模型综合碰撞检查软件的出现:

(1)不同专业人员使用各自的 BIM 核心建模软件建立自己专业相关的 BIM 模型,这些模型需要在一个环境里面集成起来才能完成整个项目的设计、分析、模拟,而这些不同的 BIM 核心建模软件无法实现这一点。

(2)对于大型项目来说,硬件条件的限制使得 BIM 核心建模软件无法在一个文件里面操作整个项目模型,但是又必须把这些分开创建的局部模型整合在一起研究整个项目的设计、施工及其运营状态。

模型综合碰撞检查软件的基本功能包括集成各种三维软件(包括 BIM 软件、三维工厂设计软件、三维机械设计软件等)创建的模型,进行 3D 协调、4D 计划、可视化、动态模拟等,属于项目评估、审核软件的一种。常见的模型综合碰撞检查软件有 Autodesk Navisworks、Bentley Projectwise Navigator 和 Solibri Model Checker 等。

11. BIM 造价管理软件

造价管理软件利用 BIM 模型提供的信息进行工程量统计和造价分析,由于 BIM 模型结构化数据的支持,基于 BIM 技术的造价管理软件可以根据工程施工计划动态提供造价管理需要的数据,这就是所谓 BIM 技术的 5D 应用。

国外的 BIM 造价管理有 Innovaya 和 Solibri。鲁班是国内 BIM 造价管理软件的代表之一。

鲁班对以项目或业主为中心的基于 BIM 的造价管理解决方案应用给出了如图 8-5 所示的整体框架,无疑会对 BIM 信息在造价管理上的应用水平提升起到积极作用,同时也是全面实现和提升 BIM 对建设行业整体价值的有效实践。因为我们知道,能够使用 BIM 模型信息的参与方和工作类型越多,BIM 对项目能够发挥的价值就越大。

12. BIM 运营管理软件

我们把 BIM 形象地比喻为建设项目的 DNA,根据美国国家 BIM 标准委员会的资料,一个建筑物生命周期 75% 的成本发生在运营阶段(使用阶段),而建设阶段(设计、施工)的成本只占项目生命周期成本的 25%。

BIM 模型为建筑物的运营管理阶段服务是 BIM 应用重要的推动力和工作目标,美国运营管理软件 ArchiBUS 是最有市场影响力的软件之一。

13. 二维绘图软件

从 BIM 技术的发展目标来看,二维施工图应该是 BIM 模型的其中一个表现形式和一个输出功能而已,不再需要有专门的二维绘图软件与之配合。但是,目前情况下,施工图仍然是工程建设行业设计、施工、运营所依据的法律文件,BIM 软件的直接输出还不能满足市场对施工图的要求,因此二维绘图软件仍然是不可或缺的施工图生产工具。

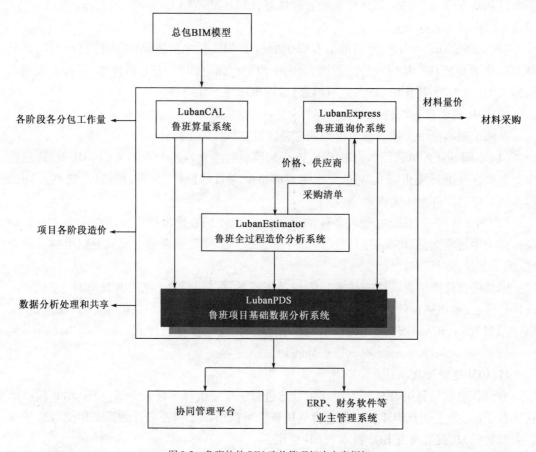

图8-5　鲁班软件 BIM 造价管理解决方案框架

最有影响的二维绘图软件大家都很熟悉,就是 Autodesk 的 AutoCAD 和 Bentley 的Microstation。

14. BIM 发布审核软件

最常用的 BIM 成果发布审核软件包括 Autodesk Design Review、Adobe PDF 和 Adobe 3D PDF,正如这类软件本身的名称所描述的那样,发布审核软件把 BIM 的成果发布成静态的、轻型的、包含大部分智能信息的、不能编辑修改但可以标注审核意见的、更多人可以访问的格式(如 DWF/PDF/3D PDF 等),供项目其他参与方进行审核或者利用。

第三节　BIM 在工程造价管理中的应用

一、我国工程造价管理中存在的问题

1. 工程造价模式与市场脱节

我国在计划经济体制向市场经济体制转变的过程中,为了强化对工程造价的宏观调控,

工程造价模式采用了静态管理与动态管理相结合的方式。即由各地区主管部门统一采用单价法编制反映地区平均成本价的工程预算定额,实行价格管理;同时与分阶段调整市场动态价格相配合,形成指导价与指定价结合,定期不定期公布造价指导性系数,再确定工程造价。这种方式在逐步脱离计划经济体制的过程中起到了一定的积极作用,但随着市场经济的快速发展和市场经济体制的逐步完善,现行建设工程造价管理体制的计划特色依旧明显,并制约了我国工程造价水平的提高和造价行业的发展。

2. 工程计价的区域性问题

我国工程造价采用地区定额计价的方式,区域特色明显。正是这种工程计价区域性和各地计价标准的差异,导致一个造价机构或人员在一个地方积累的造价经验和很多重要相关数据也有了区域性,当造价机构对其他地区的工程项目进行估价时,这些经验或数据大部分不再适用了。而这些工作上积累的历史造价指标、数据是造价机构业务生存的根本。

3. 项目造价数据难以实现高效共享

项目造价管理中,由于需要对阶段工程造价数据进行分析,就必须对造价数据进行拆分和加工。由于造价工程师在工作中积累的造价数据与其他人员共享存在困难,造价工程师无法与工程其他岗位人员协同工作。例如,在对项目进行多算对比时,不仅需要项目的财务数据、仓储数据,消耗数据等,而且还需要这些数据相关部门或岗位的协助。而我国企业组织管理中部门的平级设置,一定程度上造成各部门之间沟通困难,体现在业务合作上效率不高。各司其职并不一定适合当今市场的业务竞争,协同合作已经成为提高组织效率的方式之一。因此,这种效率较低的沟通方式影响了部门之间业务数据交换的及时性和有效性。这也正是我国建筑企业"三算对比"造价管理制度落实不到位的原因之一。

4. 造价数据延后性明显

我国在建设工程招标投标中所采用的工程造价计算模式仍然是以定额计价为主的传统模式,这导致很多数据并不适应当前的市场形势。主要体现在:一方面,定额价格的发布每五年才更新一次,滞后性明显。在当今社会,经济发展如此快速,一年之内同一商品价格波动非常频繁,建设工程定额较长时间才更新显然会与实际市场脱节,而仅凭二次动态调价无疑又增加了一次甚至多次工作量较大的计价工作。无论从时间方面,还是成本方面均不利于提高工作效率和降低项目的成本投入。另一方面,在消耗量指标上,目前造价机构使用的都是当地政府制定的消耗量指标,这些指标反映的是地区社会平均生产力水平,不具有竞争性,且更新缓慢,无法准确反映生产力现状,加之建筑公司之间生产经营水平参差不齐,一味套用统一的定额指标显然无法精准估算工程价格,这也是当前工程造价普遍"三超"的原因之一,即从造价源头上就没有进行准确的预算。

5. 造价人员流动带来的损失

造价咨询机构的主要业务力量是日常从事工程造价的工作人员,他们在为造价机构服务的同时,熟悉了地区定额体系及内容,增加了个人经验,积攒了常用业务数据包括实际的造价指标、消耗量标准、操作方法等,这些数据对于日后开展业务非常重要。对于造价机构而言,新造价员对于本地区数据、业务不太熟悉,没有该地区类似项目历史数据参考,造价误差可能增大,一旦原有造价人员离职会造成企业核心业务实力下降。如何建立企业自己的造价指标库,为同类工程提供对比参考,做好造价文件归档,防止人员流动带来的有形和无形损失,是很多造价机构面临的一个问题。

6. 价格数据统计量大

建筑工程有其明显特色,即建筑材料不仅消耗量大而且种类繁多,按材料产品、规格、型号等分解,品种可达 50 万种以上;同一品牌的不同型号价格也不一。因此,仅建筑材料价格的数据统计就是一个巨大的系统工程。目前一些定额站以及一些企业对价格信息的收集处理方法,还停留在询价员向供应商寻求价格信息,然后放在网上或印成册子供查询。以这样的方法提供数据,与实际的市场行情相比,价格信息的准确性、及时性和全面性都有严重问题。同一地区、不同的造价机构分别对这些数据进行统计,无疑增加了行业的整体成本。如何建立一套及时、准确、统一的地区物价数据库并实现行业共享,是提高工程造价行业效率、降低成本的关键之一。

二、BIM 在造价管理中的应用价值

就提升工程造价水平、提高工程造价效率,实现工程造价乃至整个工程生命周期信息化的过程而言,BIM 都具有无可比拟的优势。

1. BIM 数据库的时效性

BIM 的技术核心是一个由计算机三维模型所形成的数据库,这些数据库信息在建筑全寿命过程中是动态变化的,随着工程施工及市场变化,相关责任人员会调整 BIM 数据,所有参与者均可共享更新后的数据。数据信息包括任意构件的工程量、任意构成要素的市场价格信息、某部分工作的设计变更、变更引起的数据变化等。在项目全寿命过程中,可将项目从投资策划、项目设计、工程开工到竣工的全部相关造价数据资料存储在基于 BIM 系统的后台服务器中。无论是在施工过程中还是工程竣工后,所有的相关数据都可以根据需要进行参数设定,从而得到某一方所需要的相应的工程基础数据。BIM 这种富有时效性的共享的数据平台,改善了沟通方式,使拟建项目工程管理人员及后期项目造价人员及时、准确地筛选和调用工程基础数据成为可能。也正是这种时效性,大大提高了造价人员所依赖的造价基础数据的准确性,从而提高了工程造价的管理水平,避免了传统造价模式与市场脱节、二次调价等问题。

2. BIM 形象的资源计划功能

利用 BIM 模型提供的数据库,有利于项目管理者合理安排资金计划、进度计划等资源计划。具体地说,使用 BIM 软件快速建立项目的三维模型,利用 BIM 数据库,赋予模型内各构件时间信息,通过自动化算量功能计算出实体工程量后,我们就可以对数据模型按照任意时间段、任一分部分项工程细分其工作量,也可以细分某一分部工程所需的时间;进而也可结合 BIM 数据库中的人工、材料、机械等价格信息,分析任意部位、任何时间段的造价,由此快速地制订项目的进度计划、资金计划等资源计划,合理调配资源,并及时准确掌控工程成本,高效地进行成本分析及进度分析。因此,从项目整体上看,提高了项目的管理水平。

3. 造价数据的积累与共享

在现阶段,造价机构与施工单位完成项目的估价及竣工结算后,相关数据基本以纸质载体或 EXCEL、WORD、PDF 等载体保存,要么存放在档案柜中,要么放在硬盘里,它们孤立地存在,使用不便。有了 BIM 技术,便可以让工程数据形成带有 BIM 参数的电子资料,便捷地

进行存储,同时可以准确地调用、分析、利于数据共享和借鉴经验。

BIM 数据库的建立是基于对历史项目数据及市场信息的积累,有助于施工企业高效利用工作人员根据相关标准、经验及规划资料建立的拟建项目信息模型,快速生成业主方需要的各种进度报表、结算单、资金计划,避免施工单位每月都花费大量时间核实这些数据。建立企业自己的 BIM 数据库、造价指标库,还可以为同类工程提供对比指标,在编制新项目的投标文件时便捷、准确地进行报价,避免企业造价专业人员流动带来的重复劳动和人工费用增加;在项目建设过程中,施工单位也可以利用 BIM 技术按某时间、某工序、特定区域输出相关工程造价,做到精细化管理。正是 BIM 这种统一的项目信息存储平台,实现了经验、信息的积累、共享及管理的高效率。

4. 项目的 BIM 模拟决策

BIM 数据模型的建立,结合可视化技术、模拟建设等 BIM 软件功能,为项目的模拟决策提供了基础。在项目投资决策阶段,根据 BIM 模型数据,可以调用与拟建项目相似工程的造价数据,如该地区的人、材、机价格等;也可以输出已完类似工程每平方米的造价,高效准确地估算出规划项目的总投资额,为投资决策提供准确依据。

众所周知,设计决定了建安成本的 70%,因此,设计阶段的造价控制至关重要。在完成项目的 CAD 图纸设计时,将设计图纸中的项目构成要素与 BIM 数据库积累的造价信息相关联,可以按照时间维度,按任一分部分项工程输出相关的造价信息,便于在设计阶段降低工程造价,实现限额设计的目标。

在确定总包方后的设计交底和图纸会审阶段,传统的图纸会审是基于二维平面图纸进行的,且各专业图纸分开设计,仅凭借人为检查很难发现问题。BIM 的引入,可以把各专业整合到一个统一的 BIM 平台上,设计方、承包方、监理方可以从不同的角度审核图纸,利用 BIM 的可视化模拟功能,进行 3D、4D 甚至 5D 模拟碰撞检查,可以及时发现不合实际之处,降低设计错误数量,极大地减少理解错误导致的返工费用,避免了工程实施中可能发生的纠纷。

施工中,材料费用通常占预算费用的 70%,占直接费的 80%。因此,如何有效地控制材料消耗是施工成本控制的关键。目前,施工管理中的限额领料流程、手续等制度虽然健全,但是效果并不理想,原因就在配发材料时,由于时间有限及参考数据查询困难,审核人员无法判断报送的领料单上的每项工作消耗的数量是否合理,只能凭主观经验和少量数据大概估计。随着 BIM 技术的成熟,审核人员可以调用 BIM 中同类项目的大量详细的历史数据,利用 BIM 的多维模拟施工计算,快速、准确地拆分、汇总并输出任一细部工作的消耗量标准,真正实现了限额领料的初衷。

5. BIM 的不同维度多算对比

造价管理中的多算对比对于及时发现问题并纠偏,降低工程费用至关重要。多算对比通常从时间、工序、空间三个维度进行分析对比,只分析一个维度可能发现不了问题。比如某项目上月完成 600 万元产值,实际成本 450 万,总体效益良好,但很有可能某个子项工序预算为 90 万,实际成本却发生了 100 万。这就要求我们不仅能分析一个时间段的费用,还要能够将项目实际发生的成本拆分到每个工序中;又因项目经常按施工段、按区域施工或分包,这又要求我们能按空间区域统计、分析相关成本要素。从这三个维度进行统计及分析成本情况,需要拆分、汇总大量实物消耗量和造价数据,仅靠造价人员人工计算是难以完成的。要实现快速、精准地多维度多算对比,只有基于 BIM 处理中心,使用 BIM 相关软件才可以实现。另外,可以对 BIM-3D 模型各构件进行统一编码并赋予工序、时间、空间等信息,在数据库的支持下,以最少的时间实现 4D、5D 任意条件的统计、拆分和分析,保证了多维度成本分析的高效性和精准性。

三、BIM 在造价管理中的发展趋势

BIM 技术在造价管理中的发展目标不仅仅是个人的高效率工具,而且是企业进行成本管理的现代化方式。以 BIM 技术作为基础,可以将各造价人员所掌握的造价信息汇集到 BIM 数据库,通过 BIM 多维计算处理,对这些数据进行统计、分析、拆分、对比,最后在企业内部作为一个数据平台而共享,大大提高各部门的工作效率,同时还可以根据不同级别,设定不同的数据查阅权限,不仅能够满足不同岗位、不同部门人员从中调用信息,而且有利于对关乎企业生产、发展的核心数据进行保密。利用 BIM 模型得到的数据还可以与企业内部的 ERP 系统相结合,直接将项目 BIM 数据导入到 ERP 系统中,使 ERP 数据的可靠性和获取的便捷性得到极大改善,避免了人工录入项目数据的低效率和差错率等问题,真正形成施工企业资源管理与项目管理一体化的格局,这对降低企业运营成本及项目成本亦具有深远意义。

BIM 技术在我国的应用还处于初始阶段,其相关软件还没有形成统一的系统,BIM 在建设及造价方面的潜在价值还没有充分发挥。任何新技术的应用和发展都需要统一的规则,要促进和实现 BIM 技术在我国快速发展和应用,BIM 相关的技术标准体系亟待制定。只有解决了 BIM 数据传输及信息分类互用标准问题,才能够真正将整个 BIM 体系的相关软件、技术统一整合到一起,产生合力,发挥放大效应。

第四节 BIM 的应用现状及障碍

一、BIM 的发展综述及应用现状

1. BIM 的发展综述

我国工程建设行业从 2003 年开始引进 BIM 技术,目前的应用以设计公司为主,各类 BIM 咨询公司、培训机构,政府及行业协会也开始越来越重视 BIM 的应用价值和意义。先后举办了"全国勘察设计行业信息化发展技术交流论坛"、"与可持续设计专家面对面"的 BIM 主题研讨会、"BIM 建筑设计大赛"、"勘察设计行业 BIM 技术高级培训班(第一期)"等;Autodesk 也正式推出基于 BIM 的 AutodeskRevit Architecture 2010、Revit Structure 2010、Revit MEP 2010、AutoCAD Civil 3D 2010 以及 Autodesk Navisworks 2010 等软件;中建国际设计顾问有限公司(CCDI)、上海现代建筑设计集团、Kling Stubbins 国际建筑设计中国分部以及美国 Aedis 建筑与规划设计中国公司等都在不同项目的不同程度上使用了 BIM 技术。国家"十一五"科技支撑计划和"十二五"建筑信息化发展纲要中也将 BIM 技术纳入研究内容;"十三五"规划提出,与 BIM 结合,以 BIM 技术为基础,以企业数据库为支撑,建立工程项目造价管

理信息系统。

　　现阶段 BIM 的使用者以设计单位为主,就应用广度和深度而言,BIM 在中国的应用还只是刚刚开始,但会逐步推广和深入到建筑行业各个领域。从全球化的视角来看,BIM 的应用已成主流。

　　2. BIM 在国内典型项目中的应用分析

　　BIM 作为一种全新的理念和技术,不同类型的建筑项目都可以在 BIM 平台找到自己亟待解决问题的办法。在欧美国家,应用 BIM 的项目数量已超过传统项目。我国 BIM 应用起步相对较晚,目前在一些工程实施过程中也开始得到应用。

　　BIM 在我国建筑业应用初见成效,尤其适用于复杂项目,但同时也存在诸多问题。研究表明,BIM 作为支撑建设行业的新技术,涉及不同应用方、不同专业、不同项目阶段的应用,绝非一个或一类软件可以解决的,BIM 的发展离不开软件的支持。美国 Building SMART 联盟主席 Dana K. Smitnz 指出"依靠一个软件解决所有问题的时代已经一去不复返了"。因此有必要分析 BIM 应用软件,从而更深层次了解 BIM 的应用。

　　3. 国内外 BIM 应用软件分析

　　基于目前具有国际和行业影响力并应用于中国市场的 32 款 BIM 软件的分析,在项目运营阶段 BIM 技术并未得到充分应用,使得运营阶段在建设项目的全寿命周期内处于"孤立"状态。然而,在建设项目全寿命周期管理中理应以运营为导向实现建设项目价值最大化。如何使得 BIM 技术最大限度符合全寿命周期管理理念,提升我国建设行业生产力水平,值得深入研究。进一步分析,就某一个阶段 BIM 技术而言,应用价值也未达到充分的实现,比如设计阶段中"绿色设计""规范检查""造价管理"三个环节仍出现了"孤岛现象"。如何统筹管理,实现 BIM 在各阶段、各专业间的协同应用,是未来研究的关键。

　　此外,BIM 技术并未实现建筑业信息化的横向打通。对目前在设计阶段与设施运营阶段应用全球最具影响力的两款软件 Revit、Archibus 进行交互性分析。

　　两款软件之间具有一定的交互性,但是在实际 BIM 的运用中两者并未产生沟通。有学者指出,BIM 是 10% 的技术问题加上 90% 的社会文化问题。而目前已有研究中 90% 是技术问题,这一现象说明,BIM 技术的实现问题并非技术问题,而更多的是统筹管理问题。

二、BIM 在建筑业应用障碍分析

　　BIM 在建筑业的应用主要存在以下障碍:

　　(1)BIM 将成下一代主流技术,但推广应用大环境尚不成熟。与国外相比,我国现有的建筑行业体制不统一,缺乏较完善的 BIM 应用标准,加之业界对于 BIM 的法律责任界限不明,导致建筑行业推广 BIM 应用大环境不够成熟。UIA 职业实践委员会联席主席庄惟敏指出"平台的完善度和市场认知是 BIM 发展面临的主要问题"。很多国内外专家认为,现有建筑行业体制、国内标准、规范的差异是推广 BIM 应用亟须突破的障碍。

　　(2)项目运作缺少统筹管理,BIM 应用遭遇"协同"困境。BIM 应用过程中缺少协同设计,尤其在国内项目运作中,项目不同阶段、不同专业及参与方信息缺少统筹管理。BIM 相关软件涉及不同专业,BIM 的理念和技术,为协同设计提供了新的平台,而项目协同设计与否,对能否充分实现 BIM 的价值至关重要。

（3）BIM 理念贯穿项目全寿命期，但各阶段缺乏有效管理集成。BIM 给设计师带来可视化技术，但这只是 BIM 的一个层面。BIM 的精髓在于将信息贯穿项目的整个寿命期，对项目的建造以及后期运营管理综合集成意义重大。相关学者研究表明，在建设工程项目信息系统中，BIM 具有集成管理和全寿命周期管理的优势。目前 BIM 在中国的应用基本依赖于个别复杂项目或某些业主的特殊需求，充分发挥 BIM 信息全寿命周期集成优势，实现 BIM 深层次的应用，还需要做很多工作。

（4）大规模运用到建筑业，亟须推行 BIM 综合应用模式。当前 BIM 应用集中为设计方驱动模式，国内更是如此。从效用角度研究表明，建设单位驱动模式更有利于发挥 BIM 的主要功能。对基于 BIM 的建筑供应链信息流模型进行的研究，表明建筑供应链的参与方缺乏主动应用 BIM 理念，阻碍了 BIM 大规模应用到建筑业。结合应用现状，BIM 在施工阶段和运营管理阶段的功能没有得到充分的发挥。要实现 BIM 在建筑业产业链的大规模应用，亟须推行 BIM 项目全寿命期综合应用模式。

三、BIM 的推广应用

BIM 的理念和技术已经在国内外得到实践应用，但仍面临诸多困难和挑战。目前 BIM 在建筑业的应用带有很大的局限性，从整体趋势而言，BIM 必将经历一个不断进步持续发展的过程。针对 BIM 应用过程中凸显出的行业体制、标准不完善、缺乏协同管理、全寿命期集成等诸多问题，为推动 BIM 在我国建筑业中更广泛更深入的应用，应保证以下几点：

（1）BIM 应用标准层面，政府和行业应整体推进推广 BIM 应用工作。BIM 会推进全球一体化和信息的交流，实现信息交互与共享，政府应积极参与 BIM 标准的制定，完善建筑业行业体制、规范。

（2）BIM 应用技术层面，BIM 应用软件之间缺乏交互性，软件开发企业往往仅考虑自身所在领域软件间的兼容性，与欧美相比我国企业对 BIM 研究及应用尚有差距。企业应提高创新力与国际接轨，面向国际，创新技术工具，提高软件兼容性与互操作性、实现 BIM 同平台对话。

（3）BIM 应用管理层面，推动 BIM 在项目的全寿命周期综合应用。BIM 的应用已不再是简单的理念和方法问题，更重要的应该是管理和实践问题。BIM 应用实践过程中，应进行统筹管理，推行 BIM 辅助设计、指导施工、支持后期运营管理，实现项目全寿命期综合应用。

复习思考题

1. BIM 的基本概念是什么？它有哪些特点？
2. BIM 的价值优势具体体现在哪些方面？
3. 理想的 BIM 体系都包括什么？
4. BIM 相关软件分为哪几类？各类型的代表性软件有哪些？
5. BIM 在工程造价管理中的应用价值优势体现在哪几方面？
6. BIM 在建筑业应用中存在哪些障碍？如何解决这些问题？
7. BIM 未来的发展趋势如何？

参 考 文 献

[1] 刘良军,王春梅.建筑工程计量与计价[M].西安:西安交通大学出版社,2010.

[2] 刘钟莹.工程估价[M].南京:东南大学出版社,2010.

[3] 马楠,张丽华.建筑工程预算与报价[M].北京:科学出版社,2010.

[4] 何关培.BIM 和 BIM 相关软件[J].土木建筑工程信息技术,2010,2(4):110-117.

[5] 邵正荣,陈金良,刘连臣.建筑工程量清单计量与计价[M].郑州:黄河水利出版社,2010.

[6] 王翠琴.土木工程计量与计价[M].北京:北京大学出版社,2010.

[7] 张建新.建筑信息模型在我国工程设计行业中应用障碍研究[J].工程管理学报,2010,8(4):387-392.

[8] 张昆.基于 BIM 应用的软件集成研究[J].土木建筑工程信息技术,2010,3(1):37-42.

[9] 郑君君.工程估价[M].3 版.武汉:武汉大学出版社,2010.

[10] 陈袁兵,孙海雄.建筑工程定额与工程量清单计价[M].武汉:武汉理工大学出版社,2011.

[11] 何关培.BIM 总论[M].北京:中国建筑工业出版社,2011.

[12] 何关培,李刚(Elvis).那个叫 BIM 的东西究竟是什么[M].北京:建筑工业出版社,2011.

[13] 李伟.建筑工程计价[M].北京:机械工业出版社,2011.

[14] 李蔚,张文举,丁扬.建设工程工程量清单与计价[M].北京:化学工业出版社,2011.

[15] 钱昆润,戴望炎,张星.建筑工程定额与预算[M].南京:东南大学出版社,2011.

[16] 戴望炎.建筑工程定额与计价[M].南京:东南大学出版社,2012.

[17] 范菊雨.建筑装饰工程预算[M].北京:北京大学出版社,2012.

[18] 李康平,徐宏灵.建筑工程预算[M].天津:天津大学出版社,2012.

[19] 刘薇,叶良,孙平平.土木工程概预算与投标报价[M].北京:北京大学出版社,2012.

[20] 卢成江.建筑装饰工程概预算[M].北京:冶金工业出版社,2012.

[21] 周咏馨,蔡小平,宋显锐.工程估价[M].北京:国防工业出版社,2012.

[22] 方俊,宋敏.工程估价(上)[M].武汉:武汉工业大学出版社,2013.

[23] 史玉芳,尚梅.工程管理概论[M].西安:西安电子科技大学出版社,2013.

[24] 王全杰.工程量清单计价实训教程(河北版)[M].重庆:重庆大学出版社,2013.

[25] 中华人民共和国国家标准.GB 50500—2013 建设工程工程量清单计价规范[S].北京:中国计划出版社,2013.

[26] 刘长滨,李芊.土木工程估价[M].2 版.武汉:武汉理工大学出版社,2014.

[27] 宋敏,杨帆,冯丽杰.工程计量与计价[M].武汉:武汉大学出版社,2014.

[28] 王辉.建设工程项目管理[M].2 版.北京:北京大学出版社,2014.

[29] 万小华.工程建设定额原理与实务[M].长沙:中南大学出版社,2014.

[30] 张建平.建筑工程计量与计价实务[M].重庆:重庆大学出版社,2014.

［31］ 张晓梅.建筑工程计量与计价［M］.武汉:武汉理工大学出版社,2014.

［32］ 陈丹,王全杰,蒋小云.建筑工程计量与计价实训教程(湖北版)［M］.重庆:重庆大学出版社,2015.

［33］ 邓铁军,吴凤平,成彦惠.工程项目经济与管理［M］.长沙:湖南大学出版社,2015.

［34］ 全国造价工程师执业资格考试培训教材编审委员会.建设工程造价管理［M］.北京:中国计划出版社,2016.